UNREAL
ENGINE 4
材质完全学习教程
【游戏开发者之书】

[日]茄子、[日]纹章 / 著

杨萌萌 / 译

中国青年出版社

Unreal Engine 4 MATERIAL DESIGN NYUMON [DAI 2 HAN]
Copyrigh © 2017 Nasu, Monsho
Originally published in Japan by SHUWA SYSTEM CO., LTD, Tokyo
Chinese translation rights in simplified characters arranged with
SHUWA SYSTEM CO., LTD. through Japan UNI Agency, Inc., Tokyo

侵权举报电话

全国"扫黄打非"工作小组办公室
010-65233456 65212870
http://www.shdf.gov.cn

中国青年出版社
010-59231565
E-mail: editor@cypmedia.com

版权登记号：01-2018-6899

图书在版编目(CIP)数据

Unreal Engine 4材质完全学习教程: 典藏中文版: 游戏开发者之书/
（日）茄子，（日）纹章著；杨萌萌译
. — 北京: 中国青年出版社, 2020. 8
ISBN 978-7-5153-5968-7

I. ①U… II. ①茄… ②纹… ③杨… III. ①虚拟现实-程序设计-
教材 IV. ①TP391.98

中国版本图书馆CIP数据核字（2020）第040951号

策划编辑 张 鹏
责任编辑 张 军

Unreal Engine 4材质完全学习教程（典藏中文版）
【游戏开发者之书】

（日）茄子 （日）纹章／著 杨萌萌／译

出版发行： 中国青年出版社
地　　址： 北京市东四十二条21号
邮政编码： 100708
电　　话： （010）59231565
传　　真： （010）59231381
企　　划： 北京中青雄狮数码传媒科技有限公司
印　　刷： 北京凯德印刷有限责任公司
开　　本： 787 x 1092 1/16
印　　张： 29.5
版　　次： 2020年4月北京第1版
印　　次： 2020年4月第1次印刷
书　　号： ISBN 978-7-5153-5968-7
定　　价： 168.00元

本书如有印装质量等问题，请与本社联系
电话：（010）59231381
读者来信： reader@cypmedia.com
投稿邮箱： author@cypmedia.com
如有其他问题请访问我们的网站: http://www.cypmedia.com

前言

感谢您购买本书。

本书面向美术设计师讲解Unreal Engine（简称"UE"）的材质相关内容。除了材质构成方法外，还讲解了相关的理论基础知识。

我作为场景设计师，有四年左右使用Unreal Engine开发的经验。当时，因为团队里没有专门的技术美术设计师，我一边跟shader开发工程师学习各种知识，一边学习材质。这样的经历让我的知识积累越来越丰富，慢慢觉得各种关于CG的知识从点连成了线，常常感慨："啊，原来如此。这个知识如果早点知道就好了。"

写本书的契机之一是，Epic Games日本的下田先生跟我说："要不要写出来呢？"另外，我想，如果有面向美术设计师的材质说明书，不仅可以模仿着制作材质，而且如果可以像我从前一样，学到一点材质相关的理论基础知识，应该能够理解得更快吧。抱着这样的想法，我开始写这本书了。

我不是技术美术设计师，只是场景设计师。这本书基本上总结了我从经验中收获和学习到的知识。因为是从实际开发中学到的知识，所以我以可以实际使用的范例为基础，以"通俗易懂理解材质"为宗旨，撰写了本书。技术部分是一边向共同作者纹章确认一边写的，所以并不是我本来就有这么深厚的功底。

因此，即使您现在不了解相关知识也完全没关系。映入眼帘的材质的世界是如此有趣，您一定会想试试看的。所以，我希望这本书即使对大家能有一点点帮助也是好的。

编者

本书概要

目标读者

本书的目标群体是美术设计师。但是，对于想学习材质的关卡设计师和开发工程师，也可以通过本书学习到材质的基础知识。本书的定位是材质入门书，因此目标群体如下。

- 游戏开发者中，参与图像制作的人
- 对游戏图像感兴趣的游戏开发者、学生或业余爱好者
- 考虑使用UE4制作映像和参与建筑业图像制作的人

材质在很多领域中都能运用，主要用于人物、场景、效果等方面，但因本书中引用的实例是基于我的经验，所以会在"场景"中使用。

但是，并非对人物和效果的材质制作就没有帮助。虽然实例不能直接使用，但是也会成为你思考需要学习哪些材质相关知识的契机。

此外，本书的讲解不面对Unreal Engine 4的初学者。如果想从基本操作部分开始好好学习的话，推荐参考面向初学者的讲解书《Unreal Engine 4蓝图完全学习教程（典藏中文版）》（掌田津耶乃 著）。

本书的构成

本书中将按顺序讲解材质的基本操作和经常使用的节点的理解和处理的操作。目标是让读者掌握基本知识和操作能力，能够读懂官方发布的样本材质，从初级过渡到中级水平。

本书的构成如下所示。

⊙ 1~6章

从UE4的基本操作、材质的概念开始，学习基本的材质操作方法。

⊙ 7~15章

通过学习各种范例中使用的功能，学会制作材质。因为是将实际开发的项目作为范例，所以读者可以从中学到实用的材质操作技巧。

⊙ 卷末资料

讲解了正篇中未尽说明的材质相关技术知识和用途。内容稍难，面向技术美术设计师或想成为技术美术设计师的人。

因本书面向美术设计师，所以尽量避免了编程部分的讲解。但是材质的制作过程中有很多无法避免的技术知识，这些专业知识会记载到卷末资料的讲解中。如果想学习更深层的知识，可以到卷末资料中查阅。

⊙ 附录资料

在本书中，可以一边跟着各种范例的制作顺序进行操作，一边来学习材质的功能。从第6章开始的学习内容将会使用到附录中的样本资料。附录资料下载于秀和系统的书籍支持页面。

秀和系统：书籍支持页面

http://www.shuwasystem.co.jp/support/7980html/5055.html

本书中将对下载方法和UE4的操作方法作详细说明。

⊙ 附录资料的授权使用范围

附录资料均用于加深对本书的学习和理解。著作权归资料创建者所有，无论有偿或无偿，都禁止提供给第三方。

目录

第6章　制作使用纹理的材质

第7章　制作岩石材质

第8章　材质实例的制作

第9章 制作又旧又脏的墙

第10章 制作水洼材质

第11章 制作积雪材质

第12章 将反复使用的功能收集到节点中

第15章　让植物颜色变化

Addendum　卷末资料

第 *I* 章

材质是什么

本书中将要学习Unreal Engine 4的材质，
让我们从了解材质有什么功能，
用材质可以做什么开始吧。

I-I 游戏图像的材质能做什么

听到材质这个词，想象一下它会有什么功能呢?

我想大部分人应该会想到将纹理应用于物体表面、设置质感这样的功能吧。是的，这样的回答是正确的。

材质是应用在网格表面的资源，可以指定其材料和质感。Maya或者3ds Max这样的DCC工具也有这样的功能，所以应该很好想象吧。

近几年的游戏中使用的材质，因硬件性能的提高，不仅能设置纹理，还能使用程序制造出凹凸的立体效果，也可以增加顶点数、移动顶点位置、实现动画效果，而且这些处理不需要提前设定，可以实时变化。

I.I.I Unreal Engine的材质

本书中使用的Unreal Engine 4（以下简称UE4）是综合型的游戏引擎，可以让我们简单地使用最先进的游戏开发技术，当然也能使用上文中所提到的那些功能。

注册UE4的用户之后，可以免费下载demo项目。下面列举其中的几个demo项目。

水纹和火焰的表现

这是GDC demo 2014这个demo项目中的材质，其中有水纹和火焰的表现。火焰看起来非常逼真，这是因为用材质增加了网格的顶点数，通过变化顶点位置来表现水纹和火焰的运动。书中只能以图片展示，但是实际上也有实时动画，如果方便的话可以下载来看看。

⬆ 实时增加顶点，正在进行运动处理的材质示例

这些都是通过程序增加顶点数、移动顶点位置表现的。

自动改变地形的质感

下面是赛车游戏的demo中使用的地形材质。启动项目时，将左图中的地形稍作改动。

⬆ 地形的形状变化前（左）和变化后（右）

隆起形状的侧面看起来有岩石的质感。虽然只是用造型刷改变了形状，但是它会自动按照变化后的形状展示出岩石的质感。这也是用材质的效果之一，根据网格形状判断侧面部分，展示岩石的质感。

使用了这个材质的美术设计师和关卡设计师，就可以只专注地形的形状了。

让布和草飘动起来

最后这个是风格化渲染demo里面城堡上的旗。旗没有插到旗杆里，通过移动顶点来操作材质，就可以完成让旗帜飘动的动画效果。

这里跟最开始出来的火的demo是同样的效果，但是没有加入增加顶点数的操作。像这样只移动顶点的时候，不会增加处理负担，可以将它作为一种通用方法，用于制作底端放置在平面上，并且有摇动效果的旗、布、草木等。

⬆ 用顶点完成动画的使用示例

像这样用材质做出动画效果也好，或者自动分配质感也好，材质有什么样的功能取决于给它编程什么功能。

这里说得有点夸张了，只是举个例子而已，不是说材质被编程了就什么都能做。当然也有做不了的事情，但是我们可以知道它能做什么，就能用它来制作想要做出的效果。

I-2 游戏开发与材质的关系

正因为UE4能制作出如此精美的图像，才受到了视频和建筑行业的关注。UE4原本是一个面向游戏开发的综合型游戏引擎，用来在游戏开发中制作特效。

游戏开发不能避免因为需要实时处理而产生的处理负担、内存限制。近几年发布的机种有PS4、XboxOne，您可能会认为跟以前比起来硬件的容量变大了，是不是内存不受限制了呢？

很遗憾，并不是这样。因为图像性能提升以及输出分辨率变大，纹理的分辨率也按比例变大。而且纹理文件的体积变大后，读取数据的时间也会变长。

用小容量制作出高品质的图像，既可以不受内存容量的限制，同时又能提供舒适的游戏体验。能够实现用小容量制作出高品质的图像，正是材质如此受瞩目的原因。

平铺式纹理可以自动完成原本需要手动执行的操作，这些操作十分耗时且复杂，而其效果几乎看不出差异。这样做不仅可以节省内存空间，还可以在提高工作效率的同时，让效果看起来更好，所以备受欢迎。

I-3 材质的可视化脚本

材质是受程序控制的，如果这么说的话，可能会觉得材质相关的知识很难理解。但是，UE4的材质使用了**可视化脚本**，让即使不懂程序的美术设计师和关卡设计师也能轻松操作，只要具备图形知识就可以学习相关的内容。

我也是没学过编程的美术设计师，到目前为止也做了很多超级难的材质哦！

即使不懂编程，模仿节点上组成的图，也可以制作材质。这正是可视化脚本的厉害之处。门槛很低，不是吗？

那么，就让我们大步向前，进入材质的世界吧。

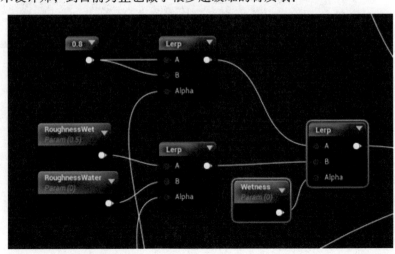

⬆ 可视化脚本中的材质示例

第 2 章

为了学习材质

在学习材质前，
本章将先说明学习材质的方法。

2-1 材质的学习水平

我认为美术设计师从学习材质到掌握技术分为三个阶段。

• 第一阶段，可以进行基本的材质操作，可以边看边模仿制作材质。

• 第二阶段，使用一些材质的功能，在自己理解的范围内制作材质。

• 第三阶段，可以使用所有的材质功能，自由制作材质。

首先，材质的初学者要以第一阶段为目标。通过本书的学习一定可以掌握基本的操作和制作方法。

关于第二阶段，我个人意见是作为美术设计师掌握这个阶段的材质制作技术就足够了。

最后的第三阶段是shader程序员和技术美术设计师的水平。到了这个阶段，就能够理解节点的含义，有逻辑地制作材质。

我是以美术设计师的背景来学习材质的，所以不懂效果的材质的组成，而且也不能像程序员和技术美术设计师那样制作复杂的材质。

但是，我可以以美术设计师的背景，一边查资料一边制作出我想要的材质。我应该是在第二阶段了。

听说Epic Games公司的美术设计师都能够制作材质。但是，并不是所有人都能将材质运用自如。也就是说，达不到第三阶段的水平也完全能制作材质。

2-2 为了达到"第二阶段"

本书是学习材质的书，但并不是看完之后就能基本掌握制作材质的方法，从而达到第二阶段。这时只是站在了第二阶段的入口处而已。

那么，为了达到第二阶段，怎么做比较好呢？以我个人经验来说，了解材质的功能很重要。知道的功能多了，为了表现出想要的效果，就可以选择使用方法A还是使用方法B。A的表现手法使用了A功能，如果具备了这样的理论知识，就可以直接使用了。

重要的是在日常中尽可能多地学习对自己来说有用的功能。当然，不是刚开始就能学会材质的组成方法的。刚开始学习制作材质的时候，要在网上和样本数据（sample data）中找到相似表现的材质，一边模仿着样例制作，一边修改成自己想要的表现。

有的时候你可能会发现做得不太顺利。因为我在工作中接触UE4，所以会跟程序员或者技术美术设计师讨论做法和想法上可能存在的偏差，让他们来教我。能在这样的环境中学习，真是太幸运了。但是，即使身边没有能够请教的人，UE4里面也有可以相互讨论的社区，所以在网上提问就可以了。

2-3 材质学习的流程

2.3.1 找到功能的方法

那么，从哪里能找到需要的功能呢？对于每个人来说需要的功能都不一样。所以没有正确答案，这里给大家介绍一个能够通过检索来获得众多资料的地方。

样本demo数据

从安装包中可以下载demo数据，这是一个宝库。读完这本书之后，即使不能掌握所有功能，也可以从看起来只是简单连接的节点中，一定程度地读出其中使用了什么功能。首先，看到项目之后思考是如何做成的，把能想到的数据材质列出来。可以使用预览功能，或者替换连接主材质节点的节点等方法，把功能拆分开来，这样就能够看出某个功能是用何种方法表现出来的了。

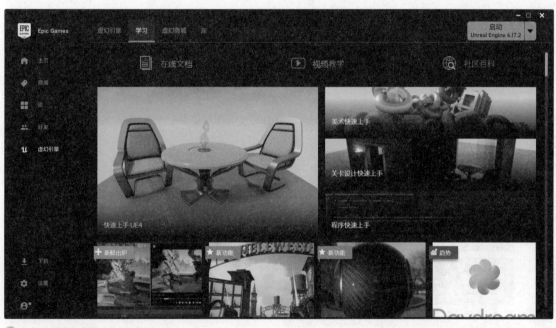

⬆ 有各种样本数据供我们快速学习

Youtube

Youtube是非常有用的学习工具。在Unreal Engine的官方网站中，不仅有上传的各种材质和动画教程，还有新增升级版本的功能介绍和Epic Games发布的游戏中使用的技术说明。

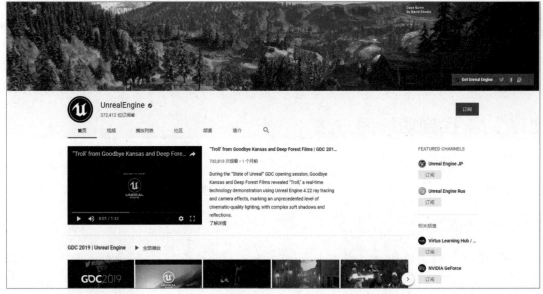

⬆ Unreal Engine的官方网站

　　但是，这些资料有时候对于初学者来说可能太难了。因此，在获得最新资料的时候，也试着查阅一下官方发布的资料吧。

　　虽然视频是用英语来讲解的，但是也有部分是带有中文字幕的。

　　此外，在中文官方的UnrealEngine网站中，也会发布用中文制作的教程和各种研讨会的演讲视频。

　　如果想要找到自己想做的材质相关的资料，我觉得直接输入检索词来查找比较好。可以用英语直接输入进行搜索，例如输入"UE4 Material Ice"，有时候还能搜索到从头讲解材质构成的视频。

⬆ 国外的用户使用英语投稿发布，所以检索时也应该用英语

论坛

这个方法看起来好像是面向水平高一点的人的，但是有时候我们也会在论坛上看到关于特殊材质等的帖子。这些帖子会说明材质的做法，有的也会公布制作材质的表格。

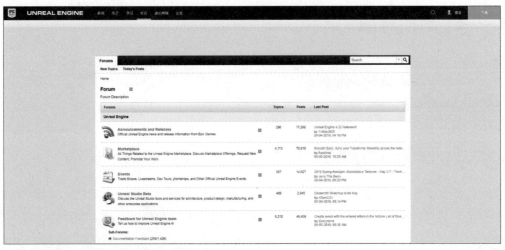

⬆Unreal Forum中有很多留言板，感兴趣的话就多看看吧

2.3.2 建立材质库

有时候找到的功能不能直接满足制作需求，这种情况下，我来给大家介绍一下制作完材质后灵活运用的方法。这个方法是我从一起工作的技术美术设计师那学来的，我也是第一次用。

方法非常简单。把材质的功能截图，然后保存。图片的名称改成能看懂是什么功能的名字。这样一来，想要什么功能的时候看这个图片名称，就可以把图片组合到一起了。

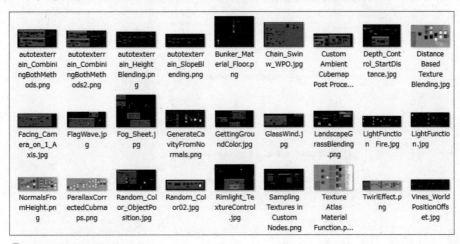

⬆这是我保存的部分功能截图

对于不能像程序员一样，从逻辑上组合材质的美术设计师来说，用这个方法来组合材质是非常方便的。说实话，想要记住那些不怎么常用的节点的组成方法太难了。

幸好，用节点基础可以制作材质，所以即使不能从逻辑上理解其中的原理，按照这样的方法来组合也能得到同样的结果。

像上面这样操作就能做成材质库了，我们可以把觉得能用上的功能都存到库里。这个过程也会在自己的脑海中留有对具体材质的印象。也就是说，通过这样的行为可以增加独立做出功能的能力，很简单吧。

2.3.3 制作材质

最后就是用收集功能来组合材质了。自己动手来实现想要的效果，可以加深理解。

这本书是以实际操作的形式组织的，所以自己动手操作是学习的捷径。大家可以先把这本书里面写的功能动手做一做，来增加自己组合功能的数量吧。

2.3.4 分享与互助学习

当然会有做得不太顺利的时候，这时就去看看Answer Hub上的投稿文章吧。到现在为止我们做的事情不是盲目地组合材质，而是在制作材质时思考如何对想要的功能和效果进行一定程度的分析。

有时候我们会遇到本来想要做成这样的，结果用这种方法做得不太顺利的情况。面对这样的问题，如果能够明确目标，更容易得到解决问题的答案。一定要与其他的使用者互相帮助，你的投稿文章也许会帮到其他人。

⬆ Answer Hub是使用者之间互相帮助的地方。重要的是要尽量通俗易懂地传达信息

❶❶❶❶❶ 灵活使用SNS

在Facebook的"Unreal Engine用户互助"小组里，每天都有活跃用户交流UE4的信息。此外，在Twitter上搜索#UE4或者#UE4Study的标签（hashtag），就能看到很多人把自己的成果发表在Twitter上。上面有很多有用的资料，一定要搜索看看。

第 3 章

UE4 的安装和
基本操作

要学习材质，

不会UE4是不行的。

本章将介绍学习前的准备，

安装UE4和学习创建项目。

3-1 准备工作

3.1.1 创建账户和快速安装

首先需要安装UE4，要安装UE4就要创建账户，所以我们从创建账户开始吧。

❶进入官方网站

进入UE4的官方网站，单击右上角的"下载"按钮。

UE4的官方网站

https://www.unrealengine.com/ja

⬆ Unreal Engine的官方博客主页

❷创建账户

加入社区之后，会弹出注册页面，需要在页面上填写必要信息。阅读服务使用条款的内容，同意的话在方框里打勾，并单击"创建账户"按钮。接着会跳转到最终用户许可协议页面，阅读后同意的话在方框里打勾，然后单击"接受"按钮。

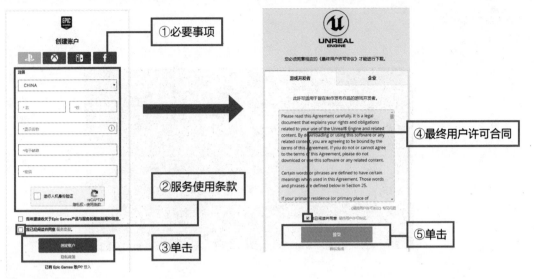

↑填写必要信息，确认最终用户许可协议。

memo

页面上的最终用户许可协议是英语版本，也有日文版本的，网址如下。
https://www.unrealengine.com/ja/eula

❸下载Epic Games Launcher

"感谢您的使用"这个页面出现之后，代表Unreal Engine的账户已经创建好了。

用户可以根据现在使用的操作系统（OS）来选择下载WINDOWS版或者MAC版，下载并安装启动器。

↑根据使用的操作系统（OS）选择合适的版本，单击下载

❹安装启动器

双击下载的"EpicGamesLauncherInstaller-x.x.x-xxxxxxx.msi"，就会打开设置界面（因版本不同，x对应的数字也不同）。设置安装位置，没问题的话单击"安装"按钮。

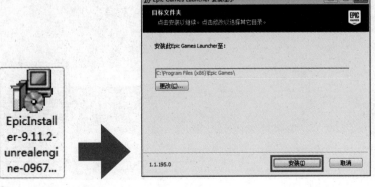

↑双击之后进行安装

27

❺登录页面

安装完成后会自动显示登录页面。输入刚才设置的邮件地址和密码，单击"登入"按钮。

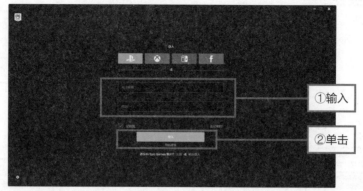

①输入

②单击

⬆登录页面

TiPS 切换语言设置

单击页面中的齿轮图标，可以更改启动器的语言设置。

TiPS 在脱机环境中运行

单击下面的"脱机模式"按钮，就可以在不联网时也能够启动启动器了。

❻启动Epic Games Launcher

启动Epic Games Launcher之后，会出现下面的页面。

启动界面可以接收到Epic Games公司发送的UE4的下载和资料。在启动UE4时，也需要使用启动器。

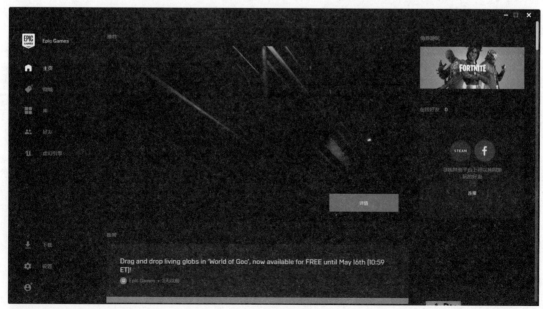

Drag and drop living globs in 'World of Goo', now available for FREE until May 16th (10:59 ET)!

Epic Games · 3天以前

⬆Epic Games Launcher的页面

3.1.2 下载UE4

下载和启动UE4、获取各种demo map和管理项目都需要使用Epic Games Launcher。现在只启动了Launcher，还没有完成UE4的下载。现在我们开始下载引擎。

❶ 选择最新版本

从页面上方的标签中选择"虚幻引擎"。然后选择自己想安装的库。需要使用库来下载UE4和管理项目。请选择最新版本。

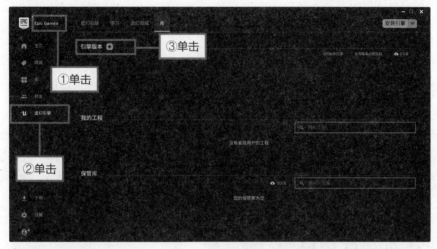

⬆ 虚幻引擎的库页面

❷ 选择版本并下载

下载的版本将是当前最新的版本。本书中使用的是4.17版本。单击画面中出现的▼按钮，选择"4.17.x"之后单击"安装"按钮。

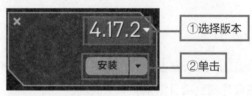

⬆ 引擎的安装图标

---

memo UE4的版本升级

UE4的版本升级很快，每隔几个月就会新增各种功能。材质也会随各版本有一些小的更新或者增加一些新的功能，所以书中介绍的材质难免会与最新的版本有不同之处，另外UE4的基础部分与UE3变化不大，我认为基本上是可以正常使用的。

虽说如此，我也不能保证所有的都能正常使用，谨慎起见，还是使用4.17版本来一起学习吧。

---

❸ 下载中

下载需要一点时间。在下载中会出现右面的画面，UE4的标志完全变成黑色代表完成下载。等待下载完成即可。

⬆ 表示下载中

3-2 启动UE4和准备示例数据

引擎下载完成后，就可以启动引擎了。UE4集中管理制作游戏需要的各种文件和设置文件，集中这些文件的地方叫项目。

本书中将使用存有样本数据的项目进行学习。首先制作新增项目，在项目中结合本书中使用的样本数据进行学习的准备。

3.2.1 关于UE4的操作说明

本书就使用UE4的材质编辑器的使用方法、构成方法、思考方法进行说明，但材质只是UE4功能的一部分，需要了解一定的UE4的基本操作。

本章中，将简单说明安装后UE4的启动、虚幻编辑器的画面构成、视口编辑器的操作等。

如果您是第一次使用UE4，感觉这些说明还不够充分的话，请参考面向初学者的说明书籍。市面上还有其他的UE4的入门书籍，找找你喜欢的吧。

• 《Unreal Engine 4蓝图完全学习教程（典藏中文版）》（掌田津耶乃 著）

3.2.2 创建新项目

❶启动引擎

单击Launcher左上角的"启动"按钮，开始虚幻编辑器的初始化。稍等片刻后项目浏览器就会启动。

↑单击"启动"按钮启动

❷制作项目

选择上面的"新建项目"标签，选择"蓝图"标签中的"空白"项目。在它的下面有项目初始化设定的一些选项，请选择"桌面/游戏机""最高质量""具有初学者内容"。

接着指定项目文件夹的保存位置。项目名称可以取自己喜欢的名字，这里我们先把项目名设定为"MaterialStudy"。

设置好上面这些内容之后，单击右下角的"创建项目"按钮。

⬆ 制作新增项目的画面

ⓜⓔⓜⓞ 项目的保存位置

项目默认保存在"我的文档"的"Unreal Projects"文件夹中，但是也可以根据个人操作习惯设置项目的保存位置。本书中的样本数据全加起来也不超过1GB，但是在实际应用中UE4的项目数据有时会膨胀至几十GB。所以我们还是把项目创建的位置设置为硬盘中空间容量比较充足的地方吧。

❸ 编辑器的启动

项目创建完之后会自动启动虚幻编辑器。使用UE4来做游戏时，我们会使用这个虚幻编辑器的各种功能。

"使用UE4制作游戏"就是指使用虚幻编辑器。

⬆ 启动虚幻编辑器时的画面

虽然启动了UE4，但是为了把样本数据导入项目中，需要先把UE4关掉。

memo 项目文件的管理

打开过一次的项目文件会显示在Launcher的"库"中。下次启动时，只要启动Launcher，就能从"库"里打开想用的项目。

如果想要删除不需要的项目，也可以在这里进行操作。

3.2.3 将样本数据导入项目

❶下载样本项目的数据

样本数据可以从shuwa system网站下载。该样本项目的数据大概有650MB。下载后选择适当的位置解压。

样本下载网站

http://www.shuwasystem.co.jp/support/7980html/5055.html

❷打开项目文件夹

打开"我的项目"中创建好的项目文件夹。打开"MaterialStudy > Content"，确认里面是否有"StarterContent"这个文件夹。

↑打开创建好的项目文件夹

Tips 打开项目文件夹

制作完项目之后，会在Launcher的"我的项目"里面生成图标。双击该图标就可以打开项目文件夹。

❸移动样本数据

复制下载解压后的样本数据文件夹，将它们拷贝到刚才打开的"Content"文件夹中。

↑把样本数据放到Content文件夹中

↑从My Project
里面启动项目

❹再次启动项目

再次启动项目，会看到Launcher的"我的项目"里面新增了刚才做好的项目。双击"MaterialStudy"启动UE4编辑窗口。

3-3 材质编辑器的基本操作

到此为止，学习的准备工作完成了。

从现在开始介绍学习本书时需要的最基本的虚幻编辑器的知识和操作。

3.3.1 界面构成

看到虚幻编辑器的界面后，会发现界面中有各种各样的菜单，下面就来了解一下它们的功能与作用。

编辑器的界面主要显示了六个窗口。不需要马上记住各个窗口的详细使用方法和图标的作用。首先来了解一下各个窗口的作用吧。

本书中将展示使用1、2、4、6窗口的操作。

↑ 虚幻编辑器的界面

◉ 模式

现在开始访问制作关卡（指的是游戏体验所在的场景）时使用的各种工具。通过切换模式可以使用各种工具。本书中会使用涂色（paint）、风景（地貌，landscape）、外部工具（foreage tool）来学习。

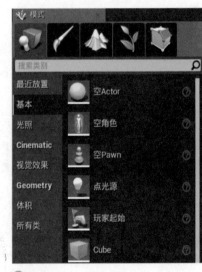

↑ 模式

［说明］ 关卡

在UE4中把贴图数据（map data）称为关卡。关卡中不仅可以设置3D空间的背景，还能设置游戏中不可或缺的敌人、物品、元素、暗机关（gimmick）等元素。

◉ 内容浏览器

浏览器管理制作游戏要用到的所有有用的素材。做完的材质、读取后的纹理、静态网格体等，都可以从这里选择，或编辑设置。另外，对关卡的设置可以通过选择内容浏览器，拖拽和下拉视口后完成。

想要展示源面板时，单击"添加新项"下面的██按钮。

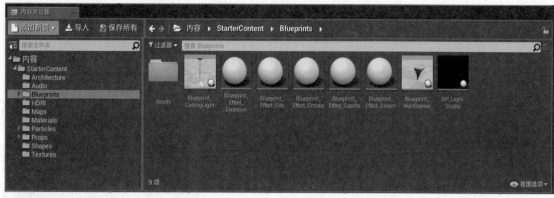
↑ 内容浏览器

［说明］ 静态网格体，骨架网格体

在UE4中，把没有骨骼的网格数据叫作静态网格体。反过来，有骨骼的网格数据叫作骨架网格体。
本书将处理的是骨架网格体。

⊙ 工具栏

这里有各种关于制作游戏和关卡的设置和功能。

↑ 工具栏

⊙ 关卡视口编辑器

一般叫作视口，但是为了与材质编辑器中的视口有所区分，本书中称为关卡视口。

制作游戏的图像和游戏时，用关卡视口可以配置和检查质感。这里制作好的图像也可以在
游戏中体现出来。

↑ 关卡视口

⊙ 大纲

大纲面板以层次化的树状图形式显示了场景中的所有Actor（放置在关卡里的任何物体），在这里还可以整理文件夹。

⬆ 大纲（outline）

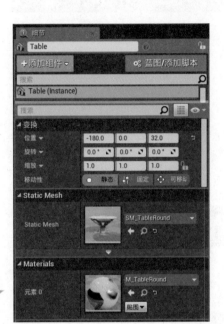

⬆ 细节内容

[说明] **Actor**

Actor是用来表示配置的对象。Actor可以配置的对象包括游戏型（例如人物）、几何体和网格型（包括静态网格体、骨架网格体）、光源型、特效型（例如雾）、音效型等。

⊙ 细节内容

可以在视口选项里设置关卡中Actor的各种属性，在设置的时候，可以参考各个Actor的网格和材质的资料。

3.3.2 关卡视口编辑器的操作

在关卡视口编辑器，可以通过移动照相机来确认Actor是否配置完善。现在我们一起来学习一下基本的照相机操作方法吧。

❶旋转照相机

在视口编辑器，可以在按住鼠标左键或右键后移动鼠标，这样就能旋转照相机。

按住鼠标左键或右键，然后拖拽

⬆ 旋转照相机的操作

❷平移照相机

要平移照相机需要同时按住鼠标的左右键，然后上下或左右移动鼠标。

同时按住鼠标的左右键，然后拖拽

平 ⬆ 移照相机的操作

❸移动照相机

移动照相机需要按住鼠标右键，然后按"W""A""S""D"键。这样就可以前后左右移动了。

右击 + "W" "A" "S" "D" 键

⬆ 移动照相机的操作

❹调整照相机的移动速度

照相机的移动速度可以通过关卡视口右上角的照相机图标进行调整。此外，按住鼠标右键的状态下，将鼠标滚轮向自己的方向滚动会变成低速，反方向滚动会调整为高速。

⬆ 照相机的移动速度调整

TIPS 灵活运用附带的教程

本书中基本没有关于UE4的基本操作部分的说明。基本操作可以在编辑器中附带的教程中学习。单击博士帽图标可以访问各种各样的教程。

第一次学习，只要掌握"欢迎来到虚幻编辑器""Basic > 基本3D视口导航""轻松掌握内容浏览器"这三部分就足够了。

⬆教程的开始按钮　　　⬆可以选择教程

❶❶❶❶ 需要处理的东西太多，画面动不了了

UE4是可以实时展示出制作内容的游戏引擎。因此，对于电脑有一定的配置要求。

如果启动了编辑器，但不能流畅地移动照相机，视口的画质也会下降。

①打开设置画面

单击工具栏中的"设置"按钮，在展开的列表中选择"引擎的扩大功能设置"选项。

②更改画质

下右图表示各个功能的画质设置页面。一起来试试把画质设置为"低"。

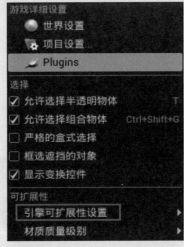

⬆选择"引擎的扩大功能设置"选项　　　⬆画质设置页面

降低了关卡视口的画质之后，处理更轻松了。可以看到发布过程和影子的画质下降了。但是，本书中学习的材质处理不受这些影响，不会影响我们的学习。

⬆画质变化时，看到的画面会不同

第 *4* 章
材质的基本使用方法

本章中将学习制作材质
必需的基本操作方法。

4-1 一起看看样本材质吧

请看在第3章中做好的MaterialStudy项目的内容浏览器。在"内容"文件夹里有"StarterContent"这个文件夹。这是Epic Games为您准备好的，直接就能使用的样本素材。还为您准备了静态网格体、纹理、材质、蓝图等各种素材。

⬆ 确认StarterContent文件夹

在"StarterContent"中准备的"StarterMap"里，有很多材质的样本。首先让我们一起来简单看看UE4的材质到底是什么呢?

4.1.1 查看StaterContent中的材质

首先，打开样本的Maps文件夹。

启动UE4后，选择内容浏览器中"内容"文件夹中的"StaterContent > Maps"，双击"StaterMap"。

❶启动引擎

单击Launcher左上角的"启动"按钮，开始虚幻编辑器的初始化。稍等片刻后项目浏览器就会启动了。

⬆ 从内容浏览器中打开StarterMap

❷确认关卡

打开关卡后，在关卡视口编辑器里将出现下图所示画面。

这就是关卡，可以在这里看到各种外观，就像材质的样本数据集合一样。

⬆会出现这样的画面

❸看各种材质

通过操作照相机来环视一下关卡，就会知道有各种各样的外观了。

画面里不仅有混凝土等人工制品，也有草地、青苔等自然景观，还有摇晃的水面。此外，还有颜色会随不同时间的光线变化而变化的材质。

⬆水 ⬆地面的草、土、青苔

⬆金属 ⬆一段时间后会变颜色的脉冲

这些外观都是用材质和纹理表现出来的，而材质大部分都是用基本的功能制作的。现在您应该能够了解材质能够展示出各种类型的外观了吧。

$4.1.2$ 材质编辑器的基本操作

现在就让我们一边看如何制作材质，一边学习材质编辑器的基本操作吧。

❶打开材质编辑器

首先，我们要确认使用的材质。这是一个表面覆盖着网格的材质，我们可以打开它的细节面板。

选择"Ceramic Tile"的静态网格体。

双击"细节"面板中Materials的元素0的缩略图。

⬆选择Ceramic Tile的静态网格体，打开材质

❷材质编辑器页面

会发现此时打开了一个新的窗口，这就是材质编辑器。

材质编辑器是制作材质的工具。

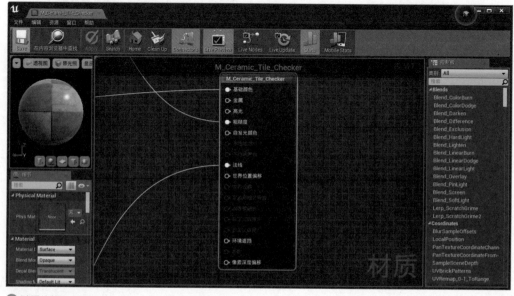

⬆材质编辑器页面

❸ **显示位置的移动**

到目前为止，还不能看到图表的整体，先让我们记住图表的操作方法。

按住鼠标右键拖拽图表，就能移动图表的显示位置。

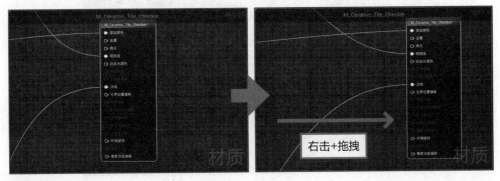

⬆ 按住鼠标右键拖动

❹ **图表显示窗口的放大和缩小**

现在，为了看到图表的整体，我们来改变一下图表的缩放率。

把光标放在图表上，上下滚动鼠标中间的滚轮就可以实现图表的放大和缩小。

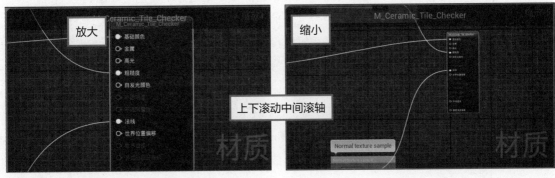

⬆ 上下滚动鼠标中间的滚轮，放大或缩小图表

4.1.3 查看图表

到现在为止，我们已经可以自由移动图表了。下面让我们再来看看图表的内部构成。

◉ 节点

图表是由各种各样的小方块连接的，这些小方块就叫作节点。节点中编入了特定的处理程序，这些处理从简单到复杂都有。

◉ 可视化脚本

材质就是在连接节点与节点，并对它们进行处理的过程中制作而成的，这个系统叫作可视化脚本。可视化脚本是能将已经用程序做好的材质，通过连接节点等直观的操作来制作的系统。通过它，设计师和美术设计师不用编程也能制作材质。提到UE4中的可视化脚本，让人印象最深刻的就是蓝图，但是材质也是其中一种。

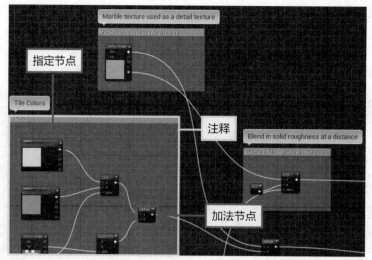

⬆ 通过连接节点来进行各种处理

例如，被红色包围的节点有指定颜色的功能，而被蓝色包围的节点有乘法功能。包围多个节点的白色框叫作注释。

为了方便以后回看，我们可以将注释用注释框的形式添加到组相关节点上，并提供其功能的描述信息。在上面这张图中，被注释框包围起来的操作是指定标题颜色的处理。

单个节点的处理是很单一的，但是组合起来的节点就可以进行各种各样的处理了。

本书将就经常使用的节点进行说明，同时向大家介绍如何通过组合节点来实现各种效果。这里涉及到的材质处理，可能对于初学材质的人来说有一定难度。

说到这里，大家应该明白了材质是通过组合节点来实现各种效果的，那我们就把"Ceramic Tile"的材质编辑器关掉吧。出现保存窗口时，选择不保存选项。

除了书上介绍的这些，关卡中还有各种各样的材质。希望大家能通过阅读本书加深对材质的理解，以便后续再继续学习更多制作材质的方法。

4-2 材质编辑器

4.2.1 制作材质

从现在开始我们一边制作简单的材质，一边学习材质编辑器的基本操作。让我们一起动手实践，边确认操作和结果是否正确，边继续向前推进吧。

❶创建文件夹

在内容浏览器中会用到要学习的材质，我们首先来创建存放这些材质的文件夹。选择"内容"文件夹，单击右键，选择"新建文件夹"选项。

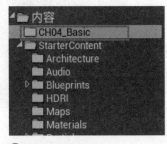

① 选择后单击右键

② 选择

↑ 创建新文件夹

② 修改文件夹名称

此时会新建一个文件夹，把名称改为"CH04_Basic"。

如果还没修改文件夹名称之前就单击了确定，可以再次选中文件夹后单击右键，选择"更改名称"选项，这样就可以修改名称了。

↑ 修改文件夹名称

③ 创建新材质

现在我们开始创建新材质。选择刚才创建的"CH04_Basic"文件夹，单击"添加新项"。能看到很多可以制作素材（指的是在内容浏览器中看到的那些物件，例如贴图、音频、贴图等）的菜单，从中选择"材质"选项。

② 单击

① 选择

↑ 新材质的制作顺序

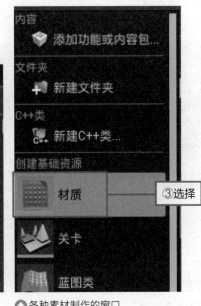

③ 选择

↑ 各种素材制作的窗口

❹更改材质名称

CH04_Basic文件夹中制作了新材质，输入名称"materialtest"。

输入名称后，图标会变成球状。

材质的图标会在这个材质中表现为被设定的质感的缩略图。默认的新材质会呈灰色格子图案。

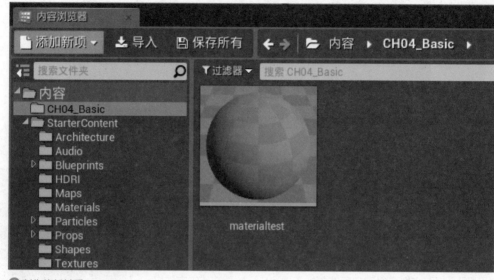

⬆制作的新材质

$4.2.2$ 材质编辑器的页面构成

下面我们来学习材质编辑器的页面构成。

双击刚才制作的"materialtest"，打开材质编辑器。

材质编辑器大致由六个窗口构成。现在只是简单说明经常使用的项目，在这里只需要了解大体结构就可以了。

⬆材质编辑器的页面

❶工具栏

材质编辑器中包含的功能是通过图标展示出来的。

这里有很多图标，但是经常使用的是"Apply应用"和"Save（保存）"这两个。如果这里"实时预览"没有设置为有效的话，要确保设置为有效。背景变为橙色表示设置为有效。实时预览有自动更新视口的功能。本书将在实时预览有效的前提下进行下一步操作。

确认设置为有效

⬆工具栏

❷视口编辑器

视口编辑器中显示的是编辑中的材质和应用网格的材质。可以通过旋转材质和改变光源的方式来确认材质达到了预期的质感效果。

在视口编辑器中做好材质后，可以根据具体的需求切换显示模式和显示使用的网格。这些在视口中的操作与其在关卡视口编辑器中的操作有很多共通之处。

在本书后续的介绍中，也将继续说明完成材质制作后的相关操作，但我们先记住简单的基本切换和视口操作吧。

⬆视口

 每个基本形状都能表示当前的结果。茶壶图标表示预览在内容浏览器中选择静态网格体。

⦿ 视口的操作

视口可以进行很多操作。

与关卡视口操作不同的是，这里需要仔细确认之后再进行操作。

旋转网格	＋拖拽
放大	滚动滚轮或 ＋拖拽
平移	＋拖拽
旋转光源方向	L 键＋ ＋拖拽

❸图表

图表中通过节点与节点的连接处理来制作材质。最初设置好的大的节点叫**主材质节点**（main material node）。

节点的计算是从左到右进行的，用最后连接到主材质节点的节点设置材质的质感。

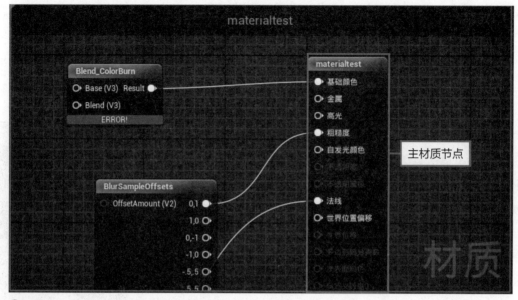

⬆图表

❹面板

面板是在制作材质时使用的节点列表。

从面板中选择想使用的节点，通过在图表中拖入和拉出的操作，可以制作节点。

另外，在图表中的空白处单击右键，就可以显示出简易的面板了。

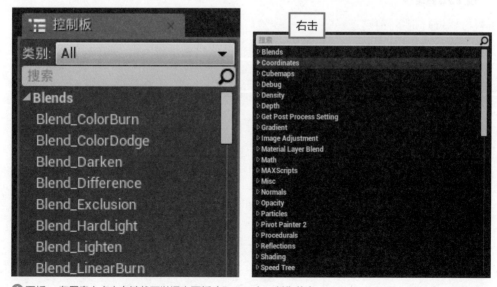

⬆面板。在图表上点击右键就可以调出面板（Palette），制作节点

译者注：面板显示了可以使用的所有函数及变量的列表，区别于像图表那样在关联菜单中显示过滤后的列表。

❺细节信息面板

下图表示的是当前选择的节点的设置项目。没有选择任何选项时，会显示材质的设定项目。

⬆ 细节信息面板

❻统计数据面板

"统计数据"面板中显示了制作的材质需要占用多少内存空间，或者确认参考材质的个数信息。

此外，如果出现错误也会在这里显示出来。

⬆ "统计数据"面板

> **ⓜⓔⓜⓞ　不显示"统计数据"面板的时候**
>
> 如果"统计数据"面板一开始没有显示在页面上，可以单击工具栏中的"Stats（统计信息）"按钮（呈橙色），或者从菜单栏中选择"统计"选项，就可以让"统计数据"面板显示出来了。

❼其他窗口

可以在材质编辑器中显示的窗口不止这些。

通过查看菜单栏的窗口，可以看到还有"搜索结果"和"HLSL代码"这些窗口。

◉ 查找结果面板

"查找结果"面板是在图表中检索配置的节点的窗口。

输入节点名称或者参数名称，就可以显示出包含该名称的节点的列表。单击该列表中的某一节点，就会跳转到相应节点。随着节点数的增加，如果不清楚具体节点的位置，可以通过搜索功能来查询。

↑"搜索结果"面板

◉ HLSL代码面板

高级着色语言（High Level Shading Language，简称 HLSL）是可以处理和描绘顶点和像素的着色语言。在这里可以显示做好的材质的HLSL的源代码。参考这个代码可以用其他工具再现同一材质。

材质的着色

下面就让我们从材质的着色手法开始学习吧。这一节将学习节点的创建、删除、连接方式等，以及制作材质相关的基本操作。

4.3.1 节点的创建、移动和删除

首先来学习最基本的节点的创建、移动和删除。创建节点不止有一种方法，可以用很多方法来完成。学习各种创建节点的方法，然后使用用得最顺手的方法吧。

❶ 搜索节点

首先，来创建着色节点。

在示例中，我们要着色的节点表达式叫"Constant3Vector"。想创建节点时，从面板中搜索想要创建的节点表达式，然后进行设置。在面板的搜索栏中输入"Constant"，这样就能搜索到想要的节点了。

根据已加载的节点的种类的不同，可能会搜索到很多相同名称的节点，但因为都是同样的节点，所以选择哪个都可以。

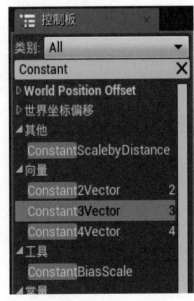

↑搜索查找想要的节点

❷创建节点

从搜索结果中选择"Constant3Vector",通过对图表的拖出和拉入创建节点。

⬆制作Constant3Vector节点

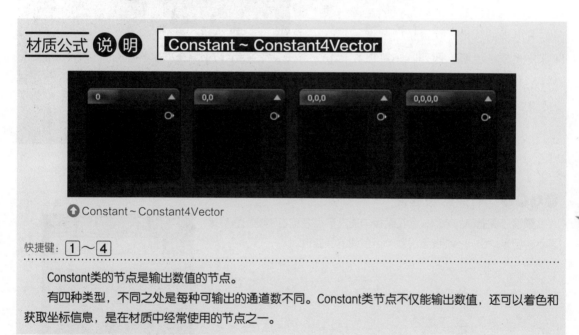

材质公式 说 明 **Constant ~ Constant4Vector**

⬆Constant ~ Constant4Vector

快捷键: [1]～[4]

Constant类的节点是输出数值的节点。

有四种类型,不同之处是每种可输出的通道数不同。Constant类节点不仅能输出数值,还可以着色和获取坐标信息,是在材质中经常使用的节点之一。

❸使用右键菜单创建节点

这是另外一种创建节点的方法。在图表上方单击鼠标右键,会显示注释菜单。这里显示的注释菜单是面板的简易版。

按与上面相同的方法操作,选择"Constant3Vector"就可以创建节点了。

与从面板搜索创建节点相比,我认为使用右键菜单创建节点更方便,因此推荐使用这种方法。

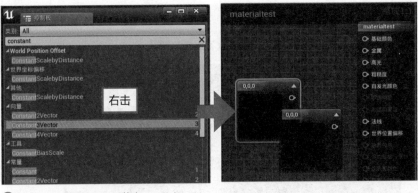

⬆ 创建Constant3Vector节点

❹ 用快捷键进行操作

UE为经常使用的节点都预设了快捷键。
"Constant3Vector"的快捷键是数字"3"键，
同时在图表面板的上方单击鼠标左键。关于
在本书出现的预设了快捷键的节点，都会用
材质公式记录说明。此外，还可以在"卷末
资料A-11快捷键一览"（参照P464）中查阅
快捷键。

⬆ 用快捷键创建节点

Ⓣⓘⓟⓢ 节点的快捷键

预设了快捷键的节点，会在面板中通过节点名称右侧的配置键来
表示。但是，用户不能随意设置节点创建的快捷键。

⬆ 像Constant类的节点一样，经
常使用的节点快捷键是被事先预设
好的

❺ 移动节点

图表中配置的节点可以自由移动。

单击节点，向左拖拽就可以将节点移动到想放置的位置。

下面让我们试试把三个节点纵向排成一列吧。

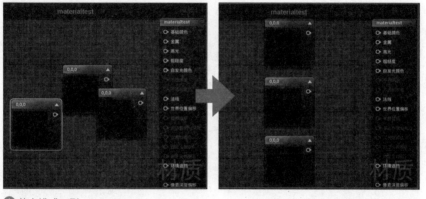

⬆ 节点排成一列

❻删除节点

想删除节点的时候，选择节点，然后按下"Delete"键就可以删除了。

例如选择两个"Constant3Vector"，然后按"Delete"键。

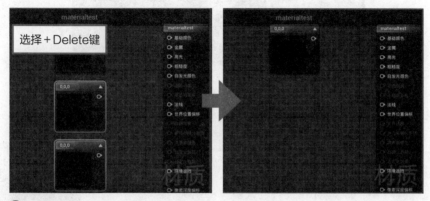

⬆ 选择想要删除的节点，按"Delete"键

🅣🅘🅟🅢 一次选择多个节点

在图表的上方按住鼠标左键并拖动鼠标框选，会出现虚线框，在虚线框范围内的节点都会被选中。此外，如果按"Shift"键并单击，会连选节点；按"Ctrl"键的同时单击节点，可以选择不连续的节点（再同时按"Shift"键的话，可以新增要选择的节点）。

如果想要取消选择的节点，再按"Ctrl"键的同时单击或者拖拽即可。

|*4·3·2*| 理解节点

从开始制作材质以来，一直被反复使用的节点到底是什么呢？

节点分为以下两种：

①**材质式节点**

②**材质功能节点**

前面制作的是材质式节点。材质式节点，即在节点中可以编程处理的，编入了材质计算公式的节点。

材质功能节点,简单来说是使用材质式节点来制作处理的一个节点的集合。本书中第12章将介绍材质功能,这里简单知道即可。

无论哪种节点,都可以从节点里读取制作材质时必要的信息。这里我们以材质式节点为例,看一下节点里面有哪些信息。

❶ 标题栏

显示节点的名称和详细信息。

例如,如果是"Constant3Vector"就会显示输入的数值。在"Multiply"中的节点名称后面的( )里会显示A和B的值。

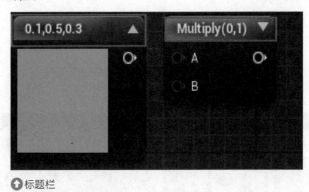

⬆标题栏

❷ 输入和输出

材质处理是从左至右进行计算处理的。因此,左侧是输入引脚,右侧是输出引脚。

根据节点的种类不同,也存在没有输入引脚的情况。

此外,引脚的旁边记载着标有引脚的名称。从引脚的名称可以知道该节点与什么信息连接。

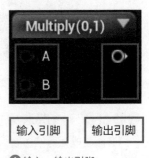

⬆输入、输出引脚

❸ 预览面板

节点计算的结果在预览面板中显示。

单击右上角的▼按钮,可以切换是否显示预览面板。

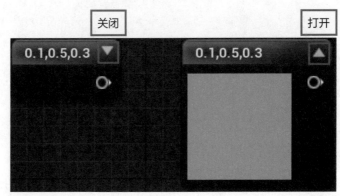

⬆预览面板

4.3.3 给材质上色

现在让我们来给材质设置颜色吧。一边学习给材质上色，一边学习与节点相关的操作。

❶打开拾色器

想要设置颜色，可以使用拾色器来设置。

双击"Constant3Vector"，拾色器就会显示出来了。这里选择合适的黄色系的颜色。

因为默认值是黑色，所以不仅是饱和度要调整，明度也要调亮，让颜色显现出来。

颜色设置完之后单击"确定"按钮。

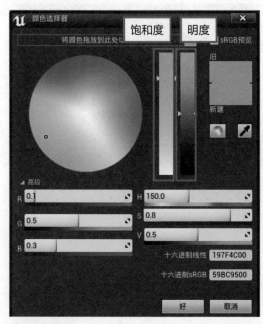

↑拾色器页面

❷确认节点颜色

查看"Constant3Vector"和节点的预览，就能看到刚才设定的颜色。

此外，在节点上方显示了指定颜色的值。

↑在节点预览面板中显示颜色

❸连接节点的基本色

试着将"Constant3Vector"连接到主材质节点的"基础颜色"。

从"Constant3Vector"的输出引脚中拖拽，白线就会延长。拖拽光标直至主材质节点的基础颜色处，光标变成绿色的☑后停止拖拽，这样就连接到节点了。

⬆ 通过拖拽将节点的输出引脚（Pin）连接至基本色

❹确认视口编辑器

向基础颜色连接节点后，在视口编辑器中会显示节点的颜色。

视口编辑器中会显示连接主材质节点的结果。

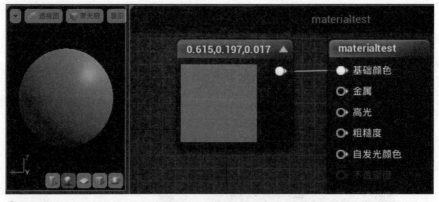

⬆ 视口编辑器中显示与节点相同的颜色

❺断开节点的连接

下面学习断开节点的方法。

把光标移动到"Constant3Vector"的输出引脚，按住"Alt"键并单击鼠标左键。单击输入引脚或输出引脚中的任意一个，就可以断开和节点的连接。

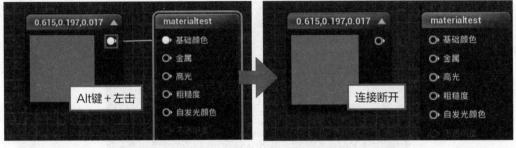

↑ 把光标移动到输出引脚，按住Alt键并单击鼠标左键来断开连接

第

4

章

材质的基本使用方法

> **TIPS 关于引脚的操作**
>
> 单击引脚，就可以在内容菜单中进行关于这个引脚的各种操作。不仅可以断开连接，还可以把节点连接到主材质节点上。

↑ 引脚中显示的部分内容菜单

⑥恢复连接

如果想重新连接已经断开的节点，按下Ctrl＋Z组合键即可。这是在UE4中返回上一步的撤销快捷键。

↑ 恢复引脚连接的状态

⑦应用材质

至此我们已经学会了在材质中设置颜色，但是基本操作还没有做完。

通过单击菜单栏中的"Apply"按钮，可以把在材质编辑器中的操作做为材质的计算结果反映到内容浏览器或关卡编辑器中。

最后，单击"Apply"按钮，完成材质制作。

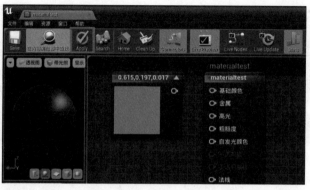

⬆ 单击"Apply"按钮

[说明] 编译

单击"Apply"按钮后，引擎会重新计算材质编辑器中的处理，这种计算处理叫作编译。

不仅单击"Apply"按钮时会进行编译，在更改节点值的时候也会进行编译。当显示出一点灰色格子的颜色时，代表正在进行重新计算。

当编译操作耗时较久时，右下角会显示操作完成还需要多久的倒计时。

在编译处理的这段时间里，请不要进行应用或保存等可能对编译产生影响的操作。

❽通过内容浏览器确认材质

通过应用操作，可以将做好的材质显示在内容浏览器中。大家确认一下吧。

回到内容浏览器页面。在"内容>CH04_Basic"文件夹中查看做好的"materialtest"，请在这里确认是否有与材质编辑器相同的黄色材质。

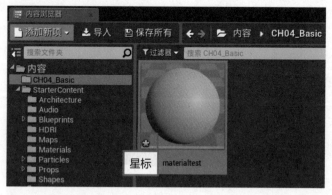

⬆在内容浏览器中确认

ⓣⓘⓟⓢ 星标（Asterisk Mark）

内容浏览器的缩略图上有时会显示"*"，这代表在以前保存的状态里发生了一些更改。编辑的素材中显示"*"时，应根据需要进行保存的操作。

❾ 保存

别忘了保存做好的材质。

在材质上单击鼠标右键，从内容菜单中选择"保存"选项即可。

↑点击鼠标右键后显示的部分内容菜单

---

memo 通过材质编辑器保存

前面我们进行的是在材质编辑器和内容浏览器中分别进行应用和保存的操作。也可以通过单击材质编辑器的工具栏中的"Save"按钮进行保存，使这一操作在材质编辑器和内容浏览器中同时进行。

TIPS 批量保存多个素材

如果想要保存多个素材，一个一个进行保存太麻烦了。这时可以使用内容浏览器中的"全部保存"功能。

单击"Save"按钮后，会显示出编辑好的素材列表，勾选想要保存的内容，勾选的所有素材会被批量保存。如果有不想保存的，取消勾选即可。

此外，还可以使用Ctrl +S组合键来批量保存编辑后的素材。

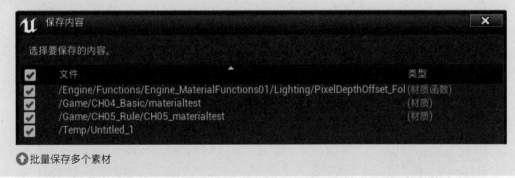

↑批量保存多个素材

4.3.4 在菜单中设定材质

无论多么高级的材质，只作为材质存在也没有意义，通过设置菜单可以初步使其发挥作用。下面学习在菜单中应用材质的方法。

UE4中应用材质的方法有以下两种：

（1）应用在关卡中配置的菜单的方法

（2）设定应用于静态网格体或骨架网格体的材质的方法

下面我们使用方法1在关卡中配置的网格中试着应用刚才做好的材质。

方法2将在第14章（参考P315）中进行说明。

❶打开新关卡

打开学习材质时使用的新关卡。

执行"文件 > 新关卡"命令。出现新关卡的窗口后单击左侧的"Default"图标。

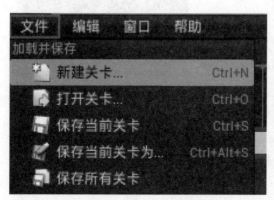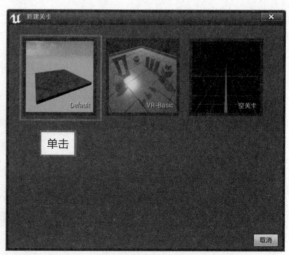

⬆ 在文件中选择新关卡，单击"Default"图标

可能会出现询问是否要保存内容的窗口，如果出现该窗口，选择不保存。

❷确认新关卡

打开配置了地板的静态网格体的关卡。地板离得有点近，拖拽照相机适当调整。

⬆ 打开新关卡的页面

❸将materialtest材质应用到静态网格体

从内容浏览器中选择刚才做好的"materialtest"，把它拖拽到地板的静态网格体中。

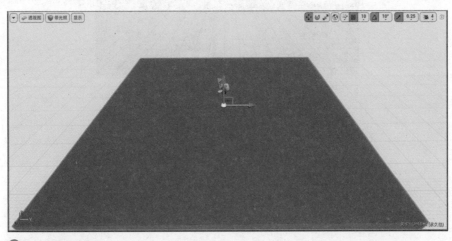

⬆分配静态网格体材质

❹确认地板的颜色

操作后，地板的颜色变成了黄色。这样将materialtest材质应用于地板的操作就完成了。

⬆地板的颜色改变了

TIPS 材质设置方法的不同

上面说明了方法1，如果使用UE4来制作游戏等，这种方法就有点不符合规则了。

在网格中应用材质时，使用方法2来设定静态网格体和骨架网格体的做法更为普遍。如果使用这种方法，在关卡中使用网格时也会同时附带着设定材质。

由于方法1是在关卡中"覆盖"材质，所以用这种方法只会在关卡中配置静态网格体数量的材质。

方法1的使用条件是，像现在这样想要临时确认一下是否将材质分配到了网格中，或者静态网格体虽然一致，但想变化一下，用材质分配不同的东西时使用。

当然，采用复制静态网格体来分配变化的材质也是可以的。但最好还是根据不同的管理方法和内存来判断使用哪种方法比较好。

TIPS　恢复到原来的材质

选择地板的网格，查看Materials的详细内容就能看到通过鼠标拖拽分配的材质。但是如果单击右侧的黄色箭头，就会恢复到静态网格体编辑器设定的材质。

这个黄色箭头的功能是恢复虚拟编辑器中的初始值。除了临时想要将分配的材质恢复至原来的材质时可以使用，想要把接下来制作的材质中输入的数值恢复至初始值时也可以使用。这一点希望大家能够记住。

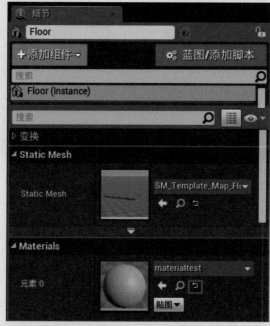

⬆ 用黄色箭头恢复网格中设定的材质

第 5 章

材质的基本规则和质感设定

本章我们将学习制作材质需要遵循的
基本规则以及主材质节点。

5-1 材质的基本规则

材质虽说可以仅通过组合节点就完成制作，但是与编程一样有它的规则。如果知道了规则，就可以在不出错的情况下制作材质了。看到编程的规则，你可能会感觉很难，但是学完本章内容，你可能会发出这样的感慨"哦，原来就这么回事啊，只不过是这种程度的简单规则而已。"

5.1.1 颜色和数值

首先，我们来学习组成材质时的重要思路。材质可以显示各种颜色，但是怎么处理这些颜色，是组合材质的重点之一。

❶ 颜色有RGB三个通道

颜色是由RGB三个通道构成的。这一点与使用Photoshop处理图像是一样的。用Photoshop制作颜色时使用0~255范围内的值，但是材质使用的是0~1的值。

例如红色：

R:1

G:0

B:0

是这样来设置的。

然后，复制在第4章中做好的材质，并准备好本章学习用的文件夹和材质。

❷ 创建新文件夹

在内容浏览器中选择"内容"文件夹，创建新文件夹，输入"CH05_Rule"。

❸ 复制材质（1）

下面复制材质。

从内容浏览器的左侧开始，选择"CH04_Basic"文件夹，显示"materialtest"。

⬆ 创建新文件夹

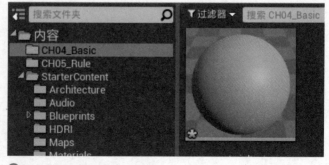

⬆ 打开"CH04_Basic"文件夹

❹复制材质（2）

选择"materialtest"，向"CH05_Rule"文件夹拖拽，如图所示，直到显示"移动或复制
materialtest"时松开鼠标。

⬆从"CH04_Basic"文件夹拖拽"materialtest"

❺复制材质（3）

松开鼠标后，会询问要复制还是移动。选择"向这里复制"选项，
材质就会被复制。

⬆选择向这里复制

❻更改材质名称

选择"CH05_Rule"文件夹，确认里面是否有复制好的材质。

将复制好的材质名称改为"CH05_materialtest"，以便与原来的进行区分。

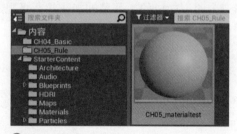

⬆更改材质名称

❼确认材质颜色

双击打开"CH05_materialtest"，里面有第4章做好的"Constant3Vector"。选择"Constant-
3Vector"，查看页面左侧的"细节"面板。对于已设定的颜色，RGB里面分别显示了0~1之间的
数值。

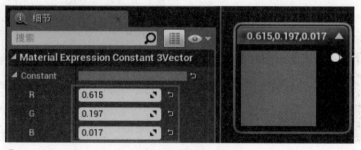

⬆"Constant3Vector"中的数值在0~1范围内

❽为什么是0~1之间的数字

为什么是0~1之间的数字呢？这是因为在UE4中要把颜色替换成方便计算机计算的**浮点数**。在材质中，0~1之间的数字代表了0~100%。

例如，R:1、G:1、B:1代表每个通道的值都是100%（Photoshop中是255），颜色应该是白色。

浮点数也可以设置为比1大的值，可以显示出在Photoshop的图片中不能显示的颜色，比如255以上的值、200%或1000%这样的值。为什么可以使用100%以上的值呢？这个问题我们后面再讲。

| 图像编辑软件的值 | 0 | 255 |
| UE4的值（浮动小数点） | 0.0 | 1.0 |

⬆用图片编辑软件和用UE4处理数值的不同之处

5.1.2 颜色的四则运算

下面讲解数值和四则运算。

如上面讲解的一样，在材质中用数值来处理颜色，所以可以通过数值之间的四则运算来制作颜色。

这里的运算和小学学习的算术是一样的。下面我们试着用四则运算制作各种颜色吧。

先记住，颜色是由RGB三个通道构成的。颜色的加法怎么算呢？我们一边组合材质一边来确认吧。

❶将颜色设置为淡绿色

首先将颜色设置为淡绿色，我们用输入具体数值的方法来制作颜色。选择"Constant3Vector"，输入Constant的具体数值如下。

这里我们没有使用拾色器，而是在页面左侧输入具体数值：

R:0.3

G:0.5

B:0.0

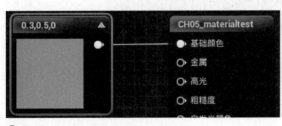

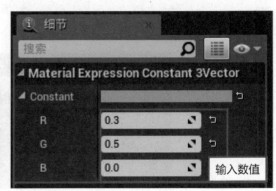

⬆在Constant3Vector中输入数值

❷复制Constant3Vector

复制并粘贴已经设置为淡绿色的"Constant3Vector"。选择节点，使用"Ctrl+C"、"Ctrl+V"组合键完成操作。

将复制的节点向下移动。

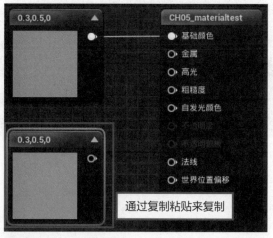

⬆复制Constant3Vector

❸设置复制的Constant3Vector的颜色

把复制的Constant3Vector的颜色设置为暗红色。

输入数值如下：

R:0.7

G:0

B:0

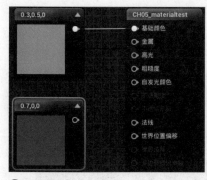

⬆设置红色

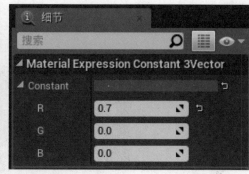

❹制作"Add"节点

制作用这三个颜色做加法的节点。

做加法的节点叫作"Add"。

通过从面板中搜索"Add"，然而在图表中拖拽的方法来制作。

把"Add"分配到两个"Constant3Vector"的右侧。

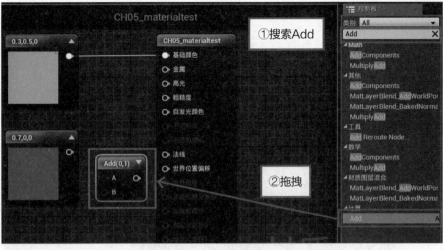

⬆在图表中制作Add节点

材质公式 说 明　Add

快捷键：A

"Add"是进行加法运算的材质式节点。

在A和B的输入引脚中分别输入值，就可以将输入值相加的结果输出。

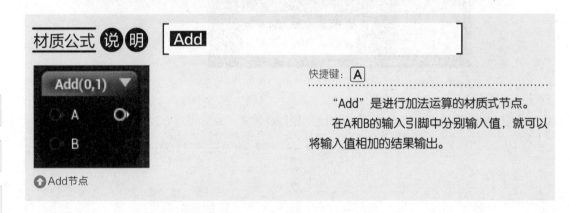

⬆Add节点

❺向Add节点连接淡绿色

为了做加法运算，向Add节点连接"Constant3Vector"。

从淡绿色的"Constant3Vector"的输出引脚中拖拽，将"Add"的A的输入引脚连接至节点。

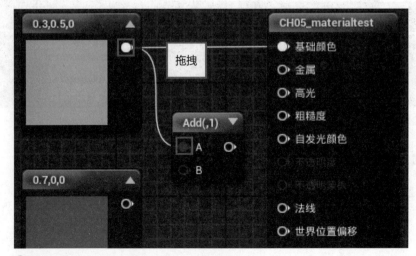

⬆将淡绿色的"Constant3Vector"连接到Add节点

❻向Add节点连接红色

这次我们从红色的"Constant3Vector"的输出引脚中，通过拖拽向"Add"节点的B的输入引脚连接节点。

这样，我们就向"Add"节点连接了两个颜色，也就做好了两个"Constant3Vector"值的加法处理。

⬆ 从红色的"Constant3Vector"向"Add"节点连接

❼通过预览面板确认结果

现在我们来看看结果变成什么样了。单击"Add"节点的▼按钮，就可以通过预览面板确认计算的结果。此时我们就可以确认是否显示为黄色了。

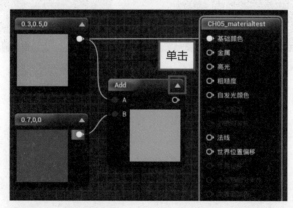

⬆ 显示"Add"的预览

❽确认计算

我们已经知道了结果，下面来确认一下到底是用什么计算公式来进行计算的。

用"Add"进行的计算公式如下，在RGB的每个通道进行了加法运算。

运算后的RGB的值的颜色就是"Add"的结果。

	黄绿		红	
R	0.3	+	0.7	= 1.0
G	0.5	+	0.0	= 0.5
B	0.0	+	0.0	= 0.0

多个通道的加法运算会分别"在各个通道"中进行计算。

不仅各通道之间的计算在"Add"中完成，在材质中进行的计算处理都可以用这个规则进行计算。

5.1.3 不同通道数值的计算

如果是相同的通道数值，可以在各个通道之间进行计算。下面我们来确认一下，如果在不同的通道数值之间进行计算会怎样呢？

❶制作Constant2Vector

删除红色的"Constant3Vector"，制作"Constant2Vector"。

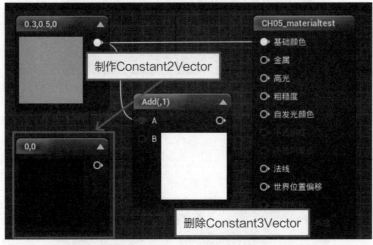

⬆制作Constant2Vector

❷设置红色

在"Constant2Vector"中输入以下数值。这样就可以制作成与删除的"Constant3Vector"相同的颜色了。

R:0.7

G:0

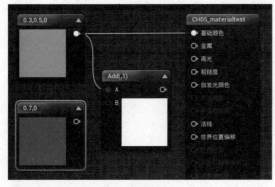

⬆在Constant2Vector中输入数值

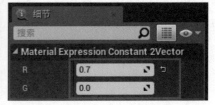

❸连接至Add

通过拖拽将Constant2Vector连接至"Add"。我们来看看"Add"的预览，全是黑色，很奇怪是不是。

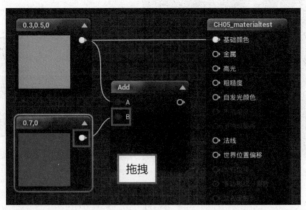

⬆️将Constant2Vector连接至"Add"

❹连接至基础颜色

通过拖拽鼠标将"Add"连接至主材质节点的基础颜色，这时会在"Add"中显示"ERROR！"提示文字。在"统计数据"面板中也会显示出错信息提示。

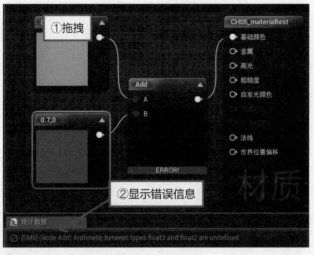

⬆️将"Add"连接至基础颜色

如上所示，将不同的通道数值做加法运算就会报错。这是因为出现了不存在计算对象的通道。所以，**材质的规则是要计算同一通道内的数值。**

但是，有一个通道例外。

这个通道可以作为单通道进行处理，也可以将同样的值放在其他通道中作为多通道进行处理，是一个特殊的通道。

刚才报错的计算公式，将"Constant2Vector"替换成"Constant"，再运行刚才报错的计算公式，"ERROR！"提示消失了，计算可以正常进行。

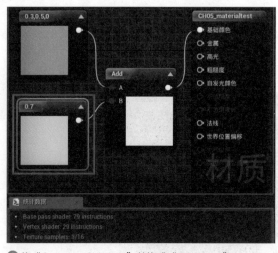

↑将"Constant2Vector"替换成"Constant"

这时，计算将如下所示，0.7这个数值成为了RGB各个通道中的值。

	黄绿		灰	
R	0.3	+	0.7	= 1.0
G	0.5	+	0.7	= 1.2
B	0.0	+	0.7	= 0.7

5-2 主材质节点

现在我们开始就**主材质节点**的项目进行说明。

主材质节点可以将以前的项目中做好的节点连接至各项目中，并具有将其结果设定为材质质感的功能。因此，在材质的最后输入的节点，会自动成为"最终材质输入"。

主材质节点中有非常多的选项，但我们没有必要一次性全部理解。这里，我们将仅对经常使用的重要选项进行说明，其他的将在各章初次使用时进行说明。

5.2.1 基础颜色

基础颜色是设定材质颜色的项目。

因为是设定颜色的项目，所以可以输入颜色的色值（RGB三个通道的信息）。

材质中除基础颜色外还有其他设置颜色的项目，但请记住基础颜色是指定表现物质颜色的项目。设置基础颜色的操作已经在前面的项目中讲解

↑主材质节点

过了，这里就不再赘述。除基础颜色之外还能在质感中指定颜色的项目是自发光色（Emissive Color）和次表面颜色（Subsurface Color）。

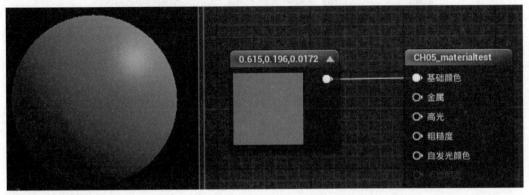

⬆ 连接至基础颜色

|5.2.2| 金属

金属是设置看起来是否像金属的项目。这个项目与基础颜色不同，需要输入0～1的一个通道值。输入的数值如果是1，就是金属，如果是0就设置为非金属。

之前我们说到过颜色和数值的关系，0～1的值代表0～100%，所以如果说100%金属，也就是金属的意思了。

下面我们一边操作一边确认一下效果吧。

❶制作Constant

在金属中，必须输入一个通道的值，所以要在图表中制作"Constant"。"Constant"可以使用快捷键"1"来制作。

在"Constant"的Value中输入1，在连接至基础颜色的"Constant3Vector"中适当连接一些颜色，如下图所示。

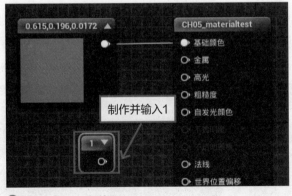

⬆ 制作Constant并输入1

❷连接至金属

通过拖拽把"Constant"连接至"金属"。

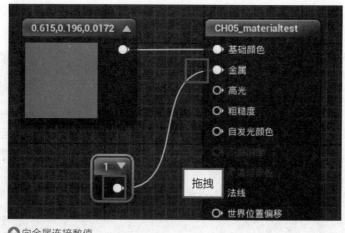

⬆向金属连接数值

❸确认视口编辑器

我们来确认一下视口编辑器。可以看到，通过刚才的操作，材质变成了金属质感。由此可见在金属中输入1，很容易就能看出变成了金属的质感。

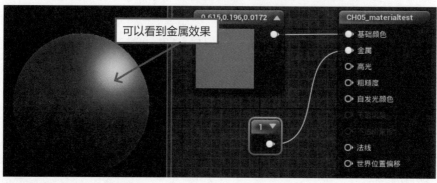

⬆通过视口编辑器确认金属球形

❹把数值设为0

现在我们把"Constant"的值设为0，再看视口编辑器，颜色恢复至原状，看起来像塑料材质吧。因此，如果把金属设置为0，那就"不是金属"，变成非金属的材质了。

而且我们可以知道，不把值连接至金属中，与连接0至金属时的效果是一样的。

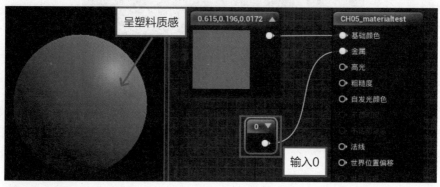

⬆在金属中输入0后的效果

❺再确认一下其他数值

输入各种数值，数值越接近1，呈现的金属质感越明显。

虽然可以通过数值来控制金属的程度，但是一般来说比较好的做法是，如果是非金属就输入0，如果是金属就输入1。

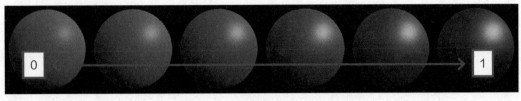

0 ⟶ 1

⬆金属值的变化

TIPS 在金属中输入中间值的情况

金属的值一般来说不是0就是1，但是也不是完全没有使用中间数值的情况。

比如，腐蚀的金属或者生锈的金属，就介于金属与非金属之间的状态。要表现出类似这种锈蚀的素材时，可以视情况来设置中间值。

|5.2.3| 粗糙度

粗糙度是设置材质表面粗糙程度的项目。表面的粗糙程度是什么呢？

首先，我们来对比看看表面光滑的物体和表面粗糙的物体。

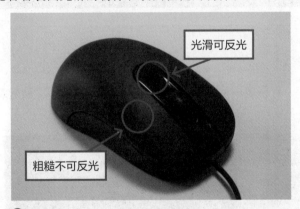

光滑可反光

粗糙不可反光

⬆同时兼具光滑质感和粗糙质感的鼠标

看这个鼠标就可以知道光滑的质感和粗糙的质感了。对比这两种质感，区别就是表面能不能清楚地反光。

如果是光滑的表面，就可以清楚地反射出周围的物体。用白色的日光灯照射，看到的就是天花板上的日光灯。但是，如果是粗糙的表面，反光就不明显了。同样用日光灯来照射，因为反光不明显，所以不能清楚确认物体的形状。

如上所述，根据物体表面的具体粗糙程度，反光程度也会变化。我们根据反光程度，可以判断物体表面是光滑还是粗糙。

与这一现象相似，设置物体表面的粗糙程度的项目就是粗糙度（roughness）。

例如，这个鼠标用了很多年之后，因为被点击了数千万次，食指和中指的地方因反复摩擦渐渐变得不再粗糙。相反，光滑的地方因为有磨损或者沾上了手上的脏东西，也会失去光滑的质感。

这是因为常年使用让物体表面的粗糙度发生了变化。可以通过设置粗糙度的值来表现现实中的物体的老化程度。

粗糙度与金属一样，也是需要输入0～1之间的值的项目。下面我们通过设置粗糙度的值来看看外观会发生什么样的变化吧。

❶把粗糙度的值设置为0

在确认粗糙度之前，先把金属的值设置为0。

首先我们在非金属状态来确认粗糙度。

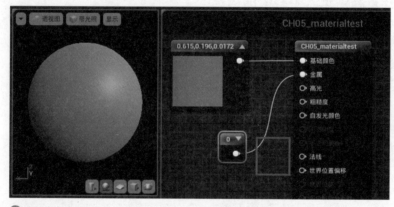

⬆ 确认为非金属

❷复制Constant

为了连接至粗糙度，将金属中使用的"Constant"复制并粘贴，然后将"Constant"连接至"粗糙度"。

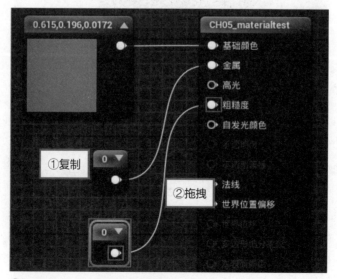

⬆ 将复制的Constant连接至粗糙度

❸确认视口编辑器

查看视口编辑器可以看到，球体变成了反光非常明显的塑料质感。也就是说粗糙度为0时，是光滑的质感。

从字面意思来理解，粗糙度等于粗糙程度，粗糙程度是0%就是光滑的意思。

❹将数值设置为0.5

下面我们尝试把"Constant"的值设置为0.5，表面几乎看不到反光了，高光处也变得模糊了。

仅把粗糙度的值变为0.5，就可以把材质的表面变为粗糙的质感。

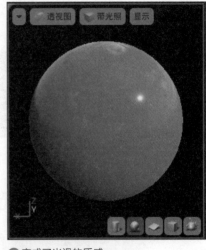

⬆ 变成了光滑的质感

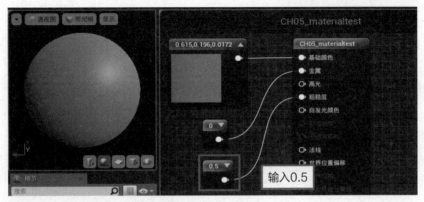

⬆ 确认通过粗糙度的值改变表面的粗糙程度

❺再来试着确认一下其他数值

继续尝试在粗糙度中输入0~1之间的各种数值，来看看效果吧。

如下图所示，我们已经知道了，输入0就是光滑的质感，输入1就是粗糙的质感。

仔细看就会发现，0的质感反光过多，看起来有点别扭，而1的质感又太暗了。

虽然粗糙度的值可以设置为0~1之间的数值，但是与金属不同，我们不会输入最大值和最小值的1和0，而是设置为0.1~0.9之间的数值更好。

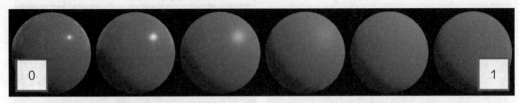

⬆ 非金属的粗糙度值的变化

❻确认金属的粗糙度值

我们再把金属的值设置为1，将球体变为金属状态。

确认在金属状态的情况下粗糙度的值会怎样变化。

如下图所示，与非金属时相同，光滑时会清楚地反光，粗糙时反光模糊。也就是说，粗糙度的值的设置与金属和非金属无关。

⬆ 金属粗糙度值的变化

5.2.4 基础颜色、金属、粗糙度和PBR

到此为止，我们已经说明了基础颜色、金属、粗糙度这三个项目，这些都是在材质设置质感时非常重要的项目。

世界上存在的材质的质感大部分都可以通过设定这三个项目来制作。

UE4的材质使用**物理基础渲染（PBR）**的手法来计算材质，这是近年在游戏图像中经常使用的基础渲染的手法，所以大家应该听说过这个词吧。

PBR是使用现实世界中准确的物理值制作出非常逼真的质感的手法。前面已经介绍的三个项目，我想大家已经了解了它们的设定方法都非常简单。刚才我们只能看到塑料和金属这两种质感，通过使用纹理，可以制作在第4章中见过的StaterMap中的各种质感。

关于PBR，还有另外一点非常重要的特点。用PBR使用与现实世界中相同的值来制作的质感，即使在不同的光线下，也能识别出物体的质感。例如，我们在现实世界中，无论是早上还是晚上看砖，都能识别出砖这个物体，即使在雪山或沙漠中也一样能识别。

但是，使用PBR技术之前的游戏图像中，想要在各种环境中制作出合适的质感是非常困难的。根据地点不同，可能会产生飞白的现象，调整材质的操作会花费很多时间。

在PBR中，通过使用基于图像的光照（Image Based Lighting）※的方法，可以确认各种光线。下图使用HDRI（High-Dynamic Range Image），在傍晚的屋外和夜晚的停车场的光线环境下，配置了几个在SterterMap中的质感。每个质感都是使用正确测量的值制作而成，所以即使光线环境变化，也能识别出同样的质感。

想要了解更多关于PBR的内容，请参阅卷末的"卷末资料A-2 PBR基础理论"（参考P359）。

⬆ 使用HDRI在傍晚（左）和夜晚的车库（右）的光线环境下的样子

本章中出现的HDRI图像均引用自 [CC BY-ND] http://noemotionhdrs.net

※使用具有亮度和色域范围大的数据的图片，将图片信息还原至光照的光线手法。

|5.2.5| 高光

下面要说明的内容是高光，这是在以前的开发环境中也会经常使用的项目。但是，在UE4的材质中，几乎不会使用这个高光的项目。

高光大体上可以理解为反射的意思。前面为了方便大家理解，我用了"反光"这个词，反光与反射基本是相同的意思。

您可能会想，既然要控制反射的强度，应该要使用高光这个项目吧。这种想法没有错，但是在制作大部分材质的时候，没有必要控制高光的值。如果想要在PBR中控制反射的强度，会使用粗糙度来控制。

请记住，制作一般的质感※是不需要调整高光值的。如果想了解UE4中镜面（specular）的作用，请参阅卷末的"卷末资料A-2 PBR基础理论"，其中有详细说明。

|5.2.6| 自发光色

主材质节点中的自发光色是设置自身发光颜色的项目。

如果想让颜色发光，要输入大于1的值。5.1.1节中的"8.为什么是0～1之间的数字"中，稍微涉及到了**超出100%的值**就是指发光的颜色。现在颜色是处理在0～1的范围内的数字，但是当数值比1大时，就会出现颜色发光的现象。

比1大的值可以通过使用乘法来简单制作。下面我们就用乘法来制作1以上的值，连接自发光色来试着制作发光的颜色吧。

❶整理图表

首先，我们来整理图表。如图所示，将"Constant3Vector"以外的节点都删除，断开与"基础颜色"的连接。

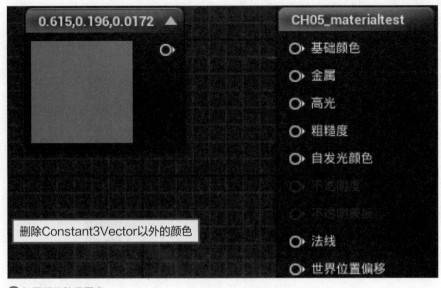

↑如图所示整理图表

※一般的质感……指的是岩石、混凝土、布、植物、金属类等。

❷制作Multiply

下面制作乘法节点。

乘法节点就是"Multiply"。从面板中搜索"Multiply"，通过拖拽来制作。

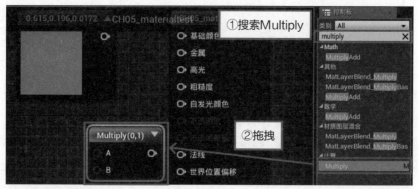

⬆在图表中制作Multiply

材质公式 说 明 **Multiply**

快捷键：M

进行乘法处理的材质公式。默认输入A为0，B为1，使用方法与"Add"相同。

⬆Multiply节点

❸将Constant3Vector连接至Multiply

通过拖拽将Constant3Vector连接至Multiply的A引脚。

然后通过拖拽节点将Multiply连接至主材质节点的"自发光色"。

因为默认B的输入值为1，即使运行乘法，值也不会变化。

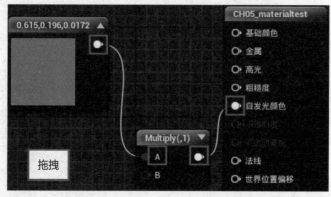

⬆将Constant3Vector连接至Multiply，将Multiply连接至"自发光色"

❹确认视口编辑器

查看视口编辑器。虽然现在看不出来正在发光，但是与连接至基础颜色时不同，光源的影子不见了。因为自发光是自身发光，完全不受光线的影响。

还留有白色的高光，这是来自设置粗糙度的值后的表面的反射。粗糙度中没有任何连接时，数值为0.5，稍微会显示出一点高光。如果想要删除，把粗糙度的值设置为1即可。

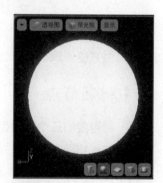

↑ 连接至自发光的结果

❺乘以20

下面我们来看看把相乘的数字变大，会发生什么变化。

选择"Multiply"，查看Material Expression Multiply的详细内容。

里面有Const A和ConstB，还分别有各自数值的输入栏，在这里显示默认A和B的值。如果是Constant的值，可以直接在节点中输入。现在我们想要乘以20，所以在Const B中输入"20"。

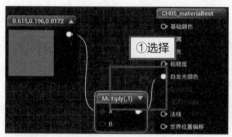
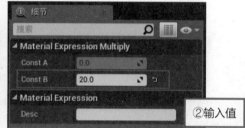

↑ 在Multiply的B里输入20

❻在视口编辑器中确认

在视口编辑器中可以确认材质是否在发光。

❼确认计算

将"Constant3Vector"的值乘以20，计算结果变成什么样了呢？计算公式大概是下图这样的。基础颜色的值是随便输入的一个值，与下面的图不一样也没关系。

↑ 发光变强了

	黄色		Multiply	
R	0.675	*	20	= 6.75
G	0.196	*	20	= 1.96
B	0.017	*	20	= 0.17

把每个通道的值都乘以20，就会出现大于1的值。自发光是数值越大发光越强的。也就是说，如果改变乘的数值（现在是20），就可以控制发光的效果。

在自发光中输入值时，可以如上所述使用"Multiply"，控制发光的强度，这个功能经常用到，请大家一定要记住。

下面给大家介绍一下本章中没有使用的其他四则运算的节点。

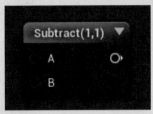 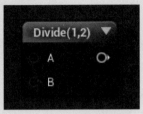

⬆Subtract节点（左）和Divide节点（右）

快捷键：[D] ※Subtract没有快捷键

"Subtract"是减法节点，"Divide"是除法节点。

二者都是可以与"Add""Multiply"一样进行处理的计算节点。

 5-3 小结

我们来简单总结一下本章中学习的内容，最后再复习一下吧。

❶颜色就是数值

- 为方便计算机计算材质的颜色，将RGB的值在各个通道中用数字0~1进行替换。

❷主材质节点

- 最重要的三个项目是"基础颜色""金属""粗糙度"，可以通过这三个项目来设定质感。
- 如果想要表现出发光的效果，就把"自发光色"连接到大于1的有颜色的值。

❸材质的计算规则

- 进行四则运算的节点是"Add""Multiply""Subtract""Divide"。
- 在计算公式中输入的通道数值需要相同。

即使不能立刻理解这些内容，也可以一边制作材质一边慢慢理解，不需要刚开始就完全理解，继续往下进行吧。

第6章

制作使用纹理的材质

本章将学习制作使用纹理的材质的方法。

从这部分开始，我们慢慢对实用的材质进行说明。

6-1 使用纹理的材质

纹理一般指的是粘贴在3D网格表面的图像文件。通过使用纹理，可以以像素为单位给出网格表面的详细质感信息。

不光是表面颜色的信息，还有使用法线贴图（normal map）后的凹凸感，使用粗糙度贴图（roughness map）后的粗糙度，通过使用纹理来设置，可以表现得更加逼真。

不仅在游戏制作领域，只要是使用3D网格的场景，通常都不是仅用单色方式来实现的，而用使粘贴纹理进行处理。下面让我们从运用基本纹理的材质开始吧。

6.1.1 材质的制作流程

本章将说明材质的制作流程。

工程并不难，但是需要了解的相关知识很多。还没熟练掌握的时候，先集中精力做工程，各种设置和知识后面再理解也可以。

- 准备工作
- 制作使用纹理的材质
- 粘贴基础颜色贴图
- 粘贴粗糙度贴图、法线贴图
- 平铺纹理

6-2 准备工作

在制作材质之前，先对数据进行说明。

本书中通过使用学习用的关卡、网格数据、纹理来学习材质。材质的组成方法按照顺序进行说明。

各章中学习用的数据分在不同文件夹中。

本章使用的数据在内容浏览器的"内容 > CH06_Texture"中。

6.2.1 纹理数据的确认

下面我们来确认一下本章中使用的纹理吧。

❶确认数据位置

选择内容浏览器的"内容 > CH06_Texture > Textures"。

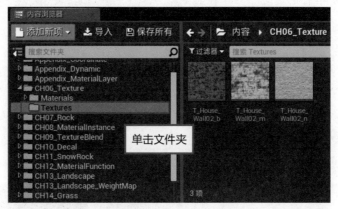

⬆从内容浏览器中选择文件夹

❷确认纹理

内容浏览器中显示三种纹理。

这个纹理是墙壁上使用的block的纹理。

使用的纹理从左至右为基础颜色贴图（base color map）、蒙版贴图（mask map）、法线贴图（normal map）。

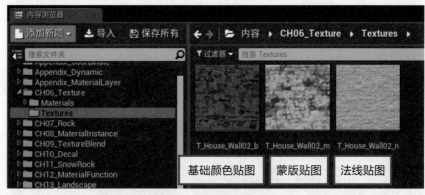

⬆从左至右为基础颜色贴图、蒙版贴图、法线贴图

每个纹理通过结尾的字母可以看出是什么种类的贴图，通过名字就可以判断类型。

_b	基础颜色贴图 连接基础颜色贴图的纹理，设置该材质的颜色
_m	本书中将这类纹理称为蒙版贴图 RGB通道中存有不同信息的复合贴图 R通道中设置粗糙度贴图，B通道中设置金属贴图。G通道基本不使用，需要特别的贴图时在这里保存
_n	法线贴图 通过使用这个贴图，可以让材质表面出现凹凸，具有仿真效果

在游戏开发中使用的纹理，基本上都会制作成统一规格。本书中使用的纹理也是按照游戏开发中经常使用的规格来给大家准备的。

本书中纹理的基本规格是统一的。在其他章节中使用新纹理的时候，也用同样的规格来制作（一部分除外）。

［说明］　蒙版贴图

蒙版贴图是为了能够节约纹理的张数，将粗糙度贴图、金属贴图等各种信息分别分配到RGB通道的各个通道来使用。

RGB通道中各通道按下图所示保存信息。

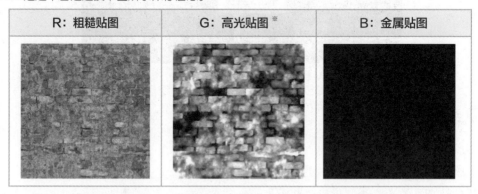

| R：粗糙贴图 | G：高光贴图※ | B：金属贴图 |

可见，蒙版贴图即使用RGB的颜色通道来查看，也很难确认每个信息处于什么状态。想确认信息时，通过各个通道显示的内容进行确认吧。

［说明］　纹理编辑器

在内容浏览器中双击纹理，就可以打开纹理编辑器了。纹理编辑器是对纹理相关内容进行设定的浏览器。

使用纹理编辑器可以像蒙版贴图一样，在RGB的各个通道中确认保存的纹理信息和不同的纹理信息。

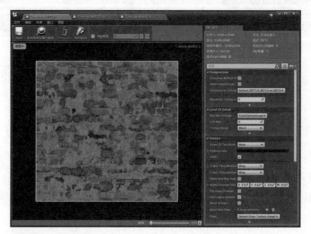

⬆纹理编辑器视口

※本书的规格中，G通道在制作材质时是保存必要的特殊的贴图的。本章中放入了高光贴图，但并不是说这里只能放高光贴图。

视口编辑器左上角的"显示"中，可以进行显示通道的切换。

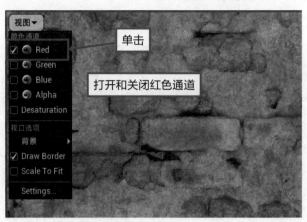

↑ 只显示了R通道的视口编辑器

[说明] 法线贴图

法线贴图是将High Polygon model具有的凹凸信息保存至图像中的功能。通过在Low Polygon model中使用法线贴图，就可以表现出High Polygon model所具有的凹凸的仿真效果，是凹凸贴图（Bump Mapping）的一种。

↑ 应用法线贴图的前后对比

我们说的仿真，如图所示，是否应用了法线贴图，立体感是有差别的，这种立体感的差别是影响图像质量的关键。

法线贴图是通过Zbrush等制作的High Polygon model，向Low Polygon model传递凹凸信息制作而成的。因此，适用法线贴图的网格，与High Polygon model显示的效果毫无差异，能够表现出精细的凹凸细节。

|6.2.2| 为正确处理纹理进行设置

本书中适用已事先准备好的各种样本数据，但是为了在纹理数据中显示正确的质感信息，所以进行了与默认不同的设置。原因是用默认读取的纹理数据不能正确显示是否已设定。

制作材质时，作为输入参数的纹理信息是否正确，这一点非常重要。根据信息正确与否，材质的效果也将发生变化。

本书中从默认更改设置的地方有两个，这里说明的纹理设置可以在纹理编辑器进行编辑。

❶撤销蒙版贴图的sRGB的勾选

使用蒙版贴图的时候，应该禁用sRGB，用实时数据处理来更改设置。

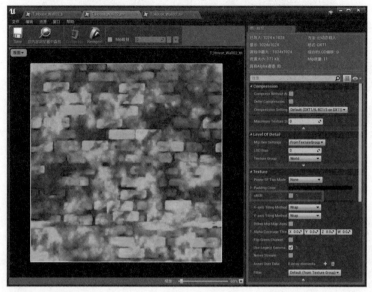

⬆蒙版贴图禁用sRGB

首先，想要在PBR的环境中正确显示质感时，颜色的纹理（连接基础色、自发光色的纹理）需要设置为sRGB的基础颜色数据[※]，其他的纹理需要设置为实时数据。

sRGB、实时，听到这样的词会有流水线的感觉。没错，这些正是为了进行流水线作业而进行的设置，但是没必要把它想得很难。就像刚才说得那样，将颜色信息的纹理设置为sRGB，其他的设置为实时数据即可。

sRGB	仿真
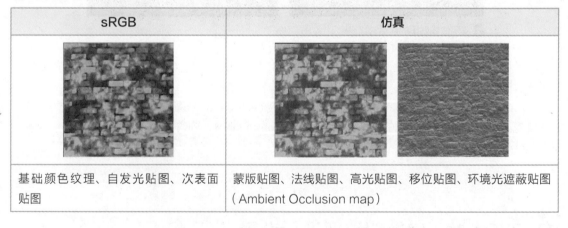	
基础颜色纹理、自发光贴图、次表面贴图	蒙版贴图、法线贴图、高光贴图、移位贴图、环境光遮蔽贴图（Ambient Occlusion map）

刚才说的sRGB、实时这些术语，在"卷末资料A-2 PBR基础理论"（参考P359）中有详细说明，感兴趣的话可以参考阅读。

其次，UE4在输入纹理时，除法线贴图和立方体贴图这些特殊纹理之外，所有的sRGB设置都可以被读取。因此，像蒙版贴图一样，连接至粗糙度、金属等的纹理中输入后，必需更改设置。

※本书内容以颜色纹理用sRGB的基础颜色来制作为前提。

TIPS 其他软件与UE4质感不同时

这几年使用Substance Designer、Substance Painter、DDo等纹理制作软件来制作纹理的情况越来越多。这些软件中带有可以在PBR环境中确认的查看器，所以可以在里面一边确认质感一边制作纹理。

将做好的纹理输入到UE4中来制作材质时，经常出现问题，即在这些软件中看到的质感与UE4中的质感不同！

大部分情况下，是由于勾选了连接粗糙度的纹理的sRGB选项导致的。如果觉得质感不合适，就先确认一下"sRGB"是否被勾选。

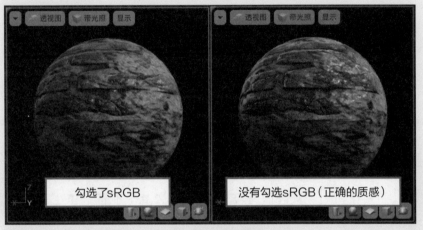

⬆ 是否勾选了粗糙度贴图的sRGB，表现的质感是不同的

❷反转法线贴图的G通道

本书中使用的法线贴图都加入了反转G通道的设置。反转G通道的设置可以通过勾选"Flip Green Channel"来实现。

顺便提一下，UE4中输入法线贴图时，将自动被识别为法线贴图，同时也将自动运行法线贴图专用的压缩和撤销sRGB的勾选等设置。

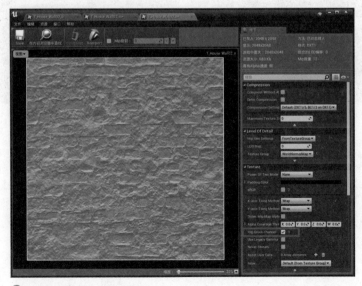

⬆ 反转法线贴图的G通道设置

在UE4中读取法线贴图，使其应用于静态网格体等时，会有人想到"法线贴图反转"。

法线贴图可以从各种软件"烘焙"而来（译者注：烘焙贴图是将模型与模型之间的光影关系通过图片的形式转换出来的贴图，将这种贴图应用在模型上，可以达到以假乱真的效果），但是很多软件与UE4的坐标操作方向不同，因此有时法线贴图会反转。

这时，请勾选"Flip Green Channel"。在Photoshop中也有反转G通道方向的方法，但是因为需要进行烘焙（bake）调整等修改操作，所以在此并不推荐。

6-3⁴ 制作使用纹理的材质

6.3.1 粘贴基础颜色贴图

下面我们开始制作使用了纹理的材质。使用在6.2节"准备工作"中确认的三个砖块（block）纹理来制作block材质吧。

❶制作材质

从内容浏览器中选择"Material"文件夹。在文件夹中单击鼠标，选择"材质"，制作材质。

因为是使用了墙壁的砖块纹理的材质，所以输入"M_Brick"。

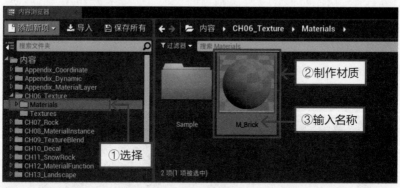

⬆制作材质

---

memo 完成的材质数据

在"Materials"文件夹中，已经存在"Sample"这个文件夹了。这个文件夹中将放入本章中制作完成的材质。

在不明白组合方法时，请参考这里。

❷移动窗口位置

双击打开做好的"M_Brick"材质。

将材质编辑器移动到可以看到内容浏览器窗口的位置。

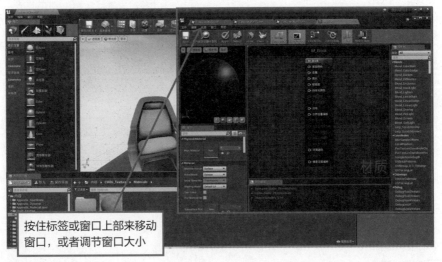

按住标签或窗口上部来移动窗口，或者调节窗口大小

⬆ 调整材质编辑器的位置

ⓣⓘⓟⓢ 窗口的配置

在UE4中可以根据需要适当调整窗口位置，或做成标签，或与其他窗口整合到一起。如果觉得默认配置用起来不顺手，可以切换一下试试看。

❸拖拽使用的纹理

返回到内容浏览器，从"Textures"文件夹中选择"T_House_Wall02_b"，将其拖拽到材质编辑器中。

①选择 　　②拖拽

⬆ 选择"T_House_Wall02_b"，拖拽到材质编辑器

❹确认TextureSample

查看材质编辑器的图表。从拖拽的纹理中确认做好的"TextureSample"节点。

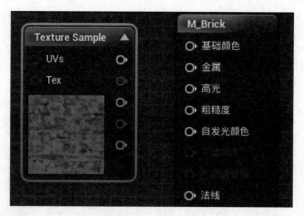

⬆做好的TextureSample

材质公式 说 明 | TextureSample

⬆TextureSample

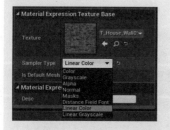

快捷键：[T]

这是为了输出纹理信息而使用的材质公式。TextureSample是在材质中编辑纹理时使用的。纹理不仅限于我们经常使用的基础颜色、粗糙度、法线贴图，立方体贴图（cube map）、影片纹理（movie texture）等也可以从这个节点中参考使用。

TextureSample的"细节"面板中有取样类型（Sample Type）这个项目，它是结合读取的纹理设置，在材质中指定如何处理数据的。

读取一般的基础颜色纹理（基础颜色贴图等）时会设置Color，但是像蒙版纹理一样撤销了对sRGB的选择时，就需要设置线性颜色（Linear Color）了。事先在纹理编辑器中设置好，是最合适的。如果后面再更改纹理设置，单击"Apply"按钮，会显示出错，将无法编译，这一点请注意。

❺将TextureSample连接到基础颜色

读取的纹理是基础颜色贴图，基础颜色贴图表示了该素材的颜色。此外，将素材的颜色连接到主材质节点的"基础颜色"，就可以反映到材质中了。

要将砖块纹理的颜色反映到材质中，从（TextureSample连接到主材质节点的"基础颜色"中就可以了。

输出引脚有5个，将最上面的白色○（RGB引脚）拖拽连接至基础颜色。

⬆ 从TextureSample的RGB引脚拖拽连接到"基础颜色"中

TiPS 节点的5个引脚

TextureSample中，右侧排列着5个输出引脚，从每个引脚输出的信息部都不同。

如图所示，最上面的是输出RGB三个通道的信息。下面的四个R、G、B、A分别输出，所以变成了一个通道的信息。

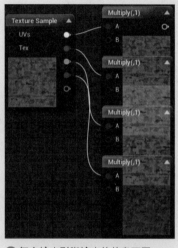

⬆ 每个输出引脚输出的信息不同

❻用视口编辑器确认

连接后，通过视口编辑器进行确认。里面将显示砖块纹理。通过使用TextureSample，可以制作使用纹理的材质。

⬆ 砖块纹理反映到视口编辑器中

6.3.2 粘贴粗糙度贴图和法线贴图

粗糙度贴图具有重要作用，它可以表现物质表面的质感是光滑的还是粗糙的。法线贴图可以在物质表面增加仿真凹凸信息，还可以增加Polygon中无法表现的高细节度。

下面就让我们像基础色贴图一样，在材质中设置粗糙度贴图和法线贴图，制作砖块的质感吧。

❶ 配置粗糙度贴图、法线贴图

从内容浏览器的"Textures"文件夹中，通过拖拽将"T_House_WallBrick02_m"和"T_House_WallBrick02_n"配置到材质编辑器中。

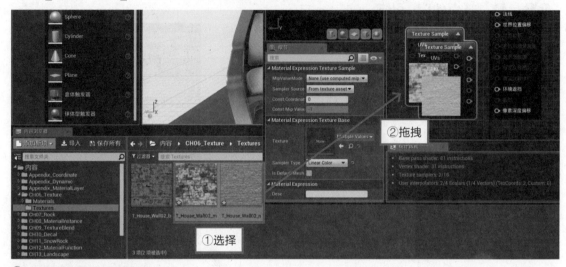

⬆ 选择蒙版贴图、法线贴图并拖拽

❷ 整合配置

同时读取两个以上的纹理，将会在制作时重叠，所以我们把它配置成方便使用的模式。

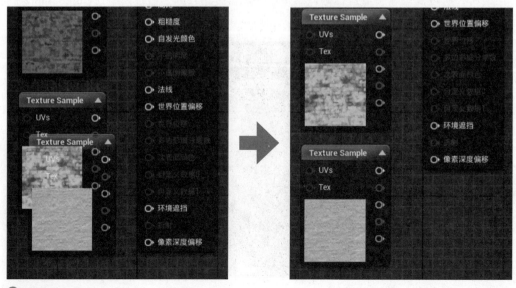

⬆ 分散配置

❸连接粗糙度贴图

先连接粗糙度贴图。粗糙度是设置物体表面粗糙程度的项目。通过将粗糙度贴图连接至粗糙度，可以表现出砖块和石灰质感的区别，形状不同，物体表面的粗糙程度也不同。

将粗糙度的R引脚通过拖拽连接至主材质节点的粗糙度中。

之前是RGB引脚，现在是R引脚。在蒙版贴图的R通道中保存粗糙度的信息，注意不要弄错了。

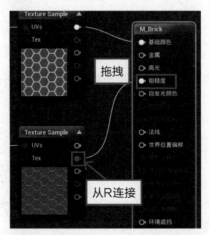

⬆ 从粗糙度贴图的R引脚连接至粗糙度

❹确认视口编辑器

查看视口浏览器。

乍一看可能会感觉跟前面的实例比好像没什么大的变化，但转动视口编辑器的光线，通过光的反射的改变就可以确认物体表面的粗糙度的变化了。

通过按L键并单击鼠标左键，可以移动视口编辑器的光线位置。

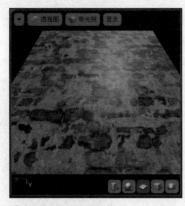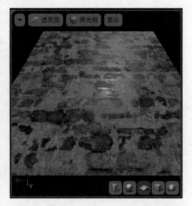

⬆ 应用粗糙度贴图前（左）和应用粗糙度贴图后的状态（右）。通过移动光线可以确认显示反射的不同

🅣🅘🅟🅢 粗糙度贴图和质感的故事

与材质稍有不同，粗糙度贴图在表现质感时，担任非常重要的角色。不仅能表现物体表面的光滑和粗糙，还有传达物体本身故事的功能。

这里我们举一个便于理解的例子，说明涂漆的金属素材。

❶ 这是一个新的煤油灯，表面为涂漆的质感。因为是被涂漆的素材，不是金属，所以表面是光滑的。实际上煤油灯并没有这么光滑，为方便大家理解做成了如图所示的质感。

⬆ 粗糙度值为一定的状态（新品）

❷ 下面在粗糙度的值里加入斑点，这样表面反射就会发生变化，表现出了用旧的感觉。这里加入变化的只有粗糙度贴图的值。通过使反射情况发生变化，可以营造出用旧的感觉。

⬆ 在粗糙度值中加入斑点，使其状态发生变化（使用的质感）

❸ 再根据网格的形状增加老化的变化，给人的感觉更加真实了。被用旧的质感，不是在网格中平均输入数值，因为突出的地方经常被触摸，会加快物体表面的老化。反过来，凹进去的地方容易聚集灰尘和积水等，会根据环境发生各种变化。

⬆ 给网格的边缘部分的粗糙度值增加了变化

⬆ ❷和❸结合在一起的状态

　　这里用方便大家理解的形状，在粗糙度中加入了变化。请在制作时，考虑实际使用时手经常触摸的地方、经常被放置的地方以及使用时间等，思考在哪个部位加入较强的老化的质感，然后进行调整。
　　虽然我们应该讲纹理的制作方法，但是这里让大家了解到通过粗糙度能做出什么样的效果，这对于制作材质也是非常重要的。

❺连接法线贴图

下面连接法线贴图。为了表现砖块的凹凸，需要使用法线贴图。法线贴图是带有法线信息的纹理，所以需要连接到主材质节点的"法线"（normal）上。

将法线贴图的RGB引脚通过拖拽连接到法线上。

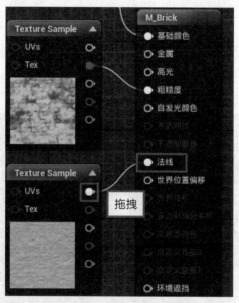

⬆ 法线贴图的RGB引脚连接到法线上

［说明］　法线

主材质节点的法线是设置法线信息的项目，主要功能是输入法线贴图。通过法线贴图中的凹凸信息，可以模仿凹凸变化。

---

❻确认视口编辑器

再次确认视口编辑器。

通过法线贴图，显示出了砖块的立体凹凸。

通过连接基础颜色贴图、蒙版贴图的粗糙度信息和法线贴图，可以制作出逼真的砖块质感。

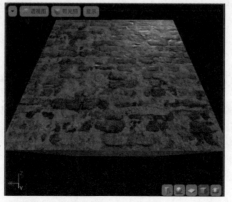

⬆ 应用法线贴图的状态

6.3.3 平铺纹理

如果是像贴在墙上一样的纹理，为了表现花纹的细腻程度和砖的大小的变化，需要对纹理进行平铺，此时大多是通过调整其数值大小来实现。

平铺纹理在游戏中使用频率很高，所以我们一起学习一下控制平铺值的方法吧。

❶ 配置纹理坐标（TextureCoordinate）

首先做一个控制UV坐标信息的材质公式。

从面板中选择TextureCoordinate，拖拽到图表中。

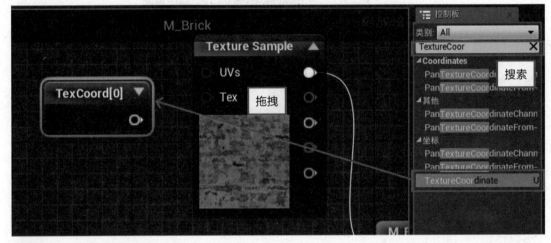

⬆ 配置TextureCoordinate

材质公式 说明 **TextureCoordinate**

快捷键：U

Coordinate是坐标的意思，是输出UV坐标（纹理坐标）的材质公式。这个纹理公式中可以具体指定从面板粘贴到纹理的UV通道和平铺的次数。

UV坐标是将纹理（2D）粘贴到3D网格的坐标，所以它是由U和V两个通道构成的。因此，从TextureCoordinate输出的值变成两个通道。

⬆ TextureCoordinate

❷ 从TextureCoordinate连接

将TextureCoordinate的输出引脚通过拖拽连接到各TextureSample的UVs引脚中。

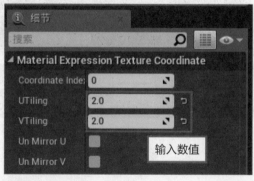

⬆从TextureCoordinate通过拖拽连接

❸设置平铺值

现在我们已经可以控制平铺值了，下面来试试更改值。

选择TextureCoordinate，在"细节"面板中的UTiling、VTiling中分别输入2。

⬆输入平铺值

❹确认视口编辑器

查看视口编辑器，其中显示了通过两次平铺，砖块的质感比刚才变得更加细腻了。

通过这种方法就能制作纹理平铺的材质了！

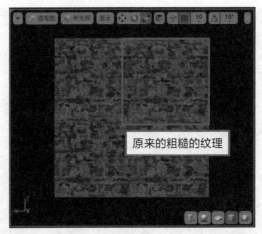

⬆进行了两次平铺，砖块的质感变得细腻

更改UTiling、VTiling的值后，平铺次数的变化如图所示。

数值为1时，将结合网格的UV坐标将纹理进行等倍制图。

大致确认后，保存材质并关闭。

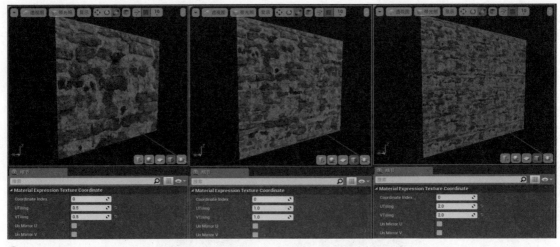

⬆平铺值不同纹理的表现也不同

第 7 章

制作岩石材质

本章中将一边制作岩石的材质，
一边学习细节制图的方法和
处理法线贴图的方法。

7-1 在岩石材质中使用的功能

　　岩石的素材不能仅配置一个来使用，而是需要各种大小的素材进行组合，才能制作出自然的布局。

　　现实生活中也是如此，岩石的大小不一，小石头几米远的地方就会有大石头。在游戏中，同样也会制作各种大小的岩石，并通过缩放进行布局，但要注意避免纹理的分辨率低导致的图片变得模糊的情况。

　　为了使用数量较少的纹理，同时保持分辨率，岩石的材质制作需要使用细节制图的功能。

⬆ 使用组合法线贴图和细节制图来制作岩石的材质

［说明］　细节制图

　　细节制图是将具有详细信息的材质平铺堆积的手法。通过这种方法，即使纹理的分辨率不足，也能添加详细的信息。如下面左图所示，在使用的纹理分辨率较低时，不能表现出本来的线码，但是通过堆积线码的平铺纹理，可以增加具体的细节。

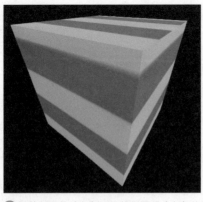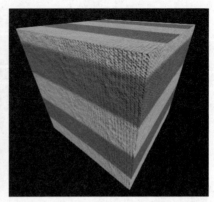

⬆ 细节制图前（左）和细节制图后（右）的差异

　　在细节制图中使用的平铺纹理（这个例子中编织的线码的纹理）叫作细节贴图（detail map），法线贴图也叫细节贴图。

　　细节制图可以应用在很多领域，从岩石、树木等较大的物体到衣服的线码都可以使用。

7.1.1 材质的制作流程

本章将说明材质的制作流程，现在开始制作使用法线贴图的细节制图的处理。

- 准备工作
- 制作岩石的材质
  - 读取纹理和设置平铺
  - 在法线贴图中增加细节贴图
  - 调整细节法线的强度

7-2 准备工作

下面我们来确认使用的纹理，本章中使用的数据在内容浏览器的"内容 > CH07_Rock"中。

7.2.1 纹理数据的确认

选择Textures文件夹，使用下面这4个岩石的纹理。

⬆ 使用纹理信息

法线贴图多了一张，这两个法线贴图用法不同。

T_RockMesh_n是对Low Polygon的岩石网格使用的，用于表现岩石的大的凹凸形状。沿着网格形状的法线贴图叫作对象法线贴图（object normal map）。

T_Rock_Basalt_n是为了表现岩石表面的详细凹凸而使用的细节贴图。这个纹理是以基础颜色贴图、蒙版贴图为一组来表现岩石的质感的。

[说明]　　对象法线贴图

　　在本书中，对象法线贴图是指增加沿着网格形状的细节的法线贴图。这个词不是固定命名为"对象法线贴图"，有的时候也会有"网格形状的法线"类似的说法。

　　特意叫对象法线贴图也可以，但是因为是在岩石的材质上组成的，为了在每个法线贴图进行明确的任务，所以以为方便理解起了对象法线贴图这个名字。

7.2.2 水平和网格数据的准备

　　只做好材质是没有意义的，我们要将应用了做好的岩石材质的岩石纹理配置到关卡中，准备好可以确认的环境。

❶打开Advanced_Lighting关卡

　　做为配置网格的关卡，使用"StarterContent > Maps > Advanced_Lighting"。双击打开关卡。

⬆打开Advanced_Lighting关卡

ⓜⓔⓜⓞ　Map Build Data Registry

　　关卡的文件里有一个叫Memo Map Build Data Registry的文件，这是从4.14版本里追加的高光贴图的烘焙信息的文件。以前是一个文件，但是从4.14版本开始作为其他的文件进行处理。

❷删除颜色检查

　　打开中间配置了颜色检查的关卡。但是我们并不需要颜色检查，所以将它删除。

⬆删除颜色检查

ⓣⓘⓟⓢ Advanced_Lighting关卡

使用HDRI通过基于图像的照明环境可以确认质感。HDRI已经事先分好组了，但是也可以自己更换使用读取内容。

HDRI已被事先读取至内容浏览器中，通过分配在球形"BP_LightStage"的"细节"面板中的HDRI Cubemap可以更改。

此外，"BP_LightStage"带有平行光源的光线。通过旋转"BP_LightStage"，可以改变平行光源的方向，也可以在"细节"面板中更改光线的各种设置。结合使用的HDRI来调整看看吧。

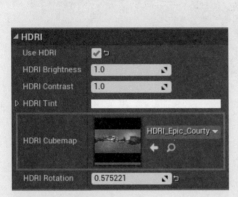

⬆ 可以更改HDRI Cubemap

⬆ "BP_LightStage"的Actor。有显示光源方向的箭头，所以应该很好理解

❸配置岩石的网格

网格数据在"CH07_Rock > Meshes"中，使用静态网格体"SM_Rock"。从内容浏览器拖拽至关卡，并配置网格。

通过上述步骤，网格和关卡就准备好了。本章中做好的岩石材质将分配至这个网格中。

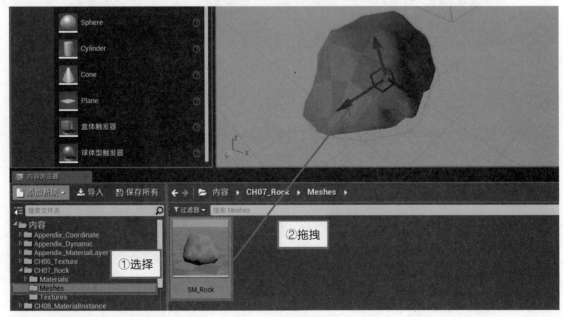

⬆ 通过拖拽静态网格体进行配置

TIPS 觉得关卡中的各种Actor太碍事时

玩游戏时，关卡中有为了配置人物的Actor（Player Start）和为了调整画面后期处理的音量（post process volume）等。

本书中没有关于玩游戏的说明，所以不会说明这些Actor。如果页面中因为有这些Actor而让大家觉得碍事，可以通过按"G"键来隐藏。

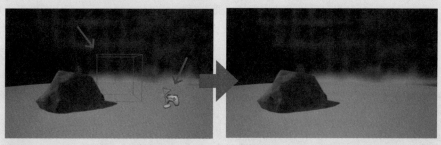

⬆将关卡视口浏览器中的音量和标志隐藏

G键是游戏视口的快捷键。游戏视口是让关卡视口浏览器与游戏运行时看起来相同的模式，在关卡中配置的音量和各个Actor的标志可以隐藏起来。

TIPS 想要将特定的Actor隐藏起来时

玩家想要将特定的Actor隐藏起来时，可以使用H键。想再次显示该Actor，从大纲窗口进行选择，单击类似眼睛的图标，或使用Shift + H组合键进行选择。注意，不能用切换按钮进行切换。

Actor的显示和隐藏可以在视口编辑器中右键单击"可视性"按钮进行操作。

⬆可以使网格和标志隐藏

❹制作保存用的文件夹

因为想要保存本章中学习的关卡，所以将其重新命名进行保存。

在内容浏览器的"CH07_Rock"里创建新文件夹，命名为Maps。

⬆创建Maps文件夹

❺将关卡重命名保存

在编辑器左上角的"文件"菜单中单击"命名并保存现在的关卡"。然后，会显示询问保存位置。指定刚才做好的Maps文件夹的保存地址，并命名为"Level_Rock"进行保存。

7-3 岩石材质的制作

|7.3.1| 读取纹理和设置平铺

我们先进行岩石材质纹理和平铺的设置。与第6章学习的内容相同，一边复习一边进行设置吧。

❶制作新材质

选择"Materials"文件夹，单击新增，选择材质。

文件夹里新增了材质。因为是用于岩石的材质，所以命名为"M_Rock"。

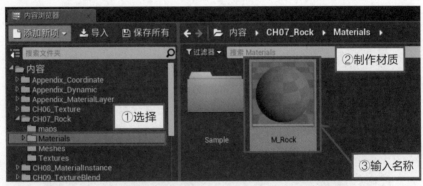

⬆制作新材质

❷读取Texture

双击打开材质，在材质编辑器中显示材质。选择Textures文件夹，选择4个岩石的纹理，拖拽至材质编辑器。

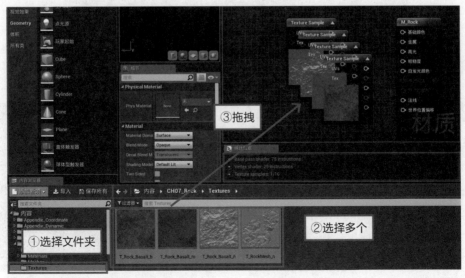

⬆将纹理拖拽至材质编辑器进行读取

❸ 整理纹理

在材质编辑器中制作了4个TextureSample，但是它们都重叠在一起了，我们把它们纵向排成一列，如图所示。参考图中的排列方式，按照基础颜色贴图、蒙版贴图、法线贴图、细节法线贴图的顺序进行排列。

❹ 制作TextureCoordinate，连接至平铺纹理

为使用纹理平铺，制作TextureCoordinate，用平铺连接到使用T_Rock_Basalt的三个纹理中。

TextureCoordinate的值使用默认值即可。

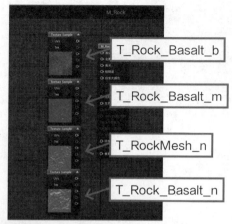

⬆ 把纹理纵向排成一列

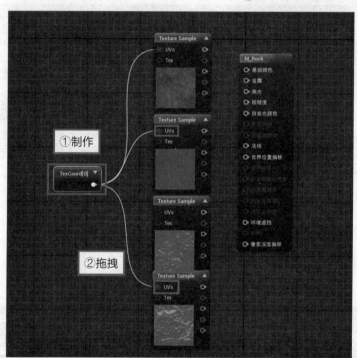

⬆ 从TextureCoordinate拖拽连接至三个使用T_Rock_Basalt的纹理

❺ 将基础颜色、粗糙度连接至主材质节点

首先，将读取的纹理分别连接至各个项目中。这里我们只连接基础颜色和粗糙度，法线的设置在下一个工程中进行。

从基础颜色的TextureSample的RGB引脚连接至主材质节点的"基础颜色"。粗糙度从TextureSample的R引脚连接至"粗糙度"。

这样纹理的读取和平铺纹理设置就做好了。

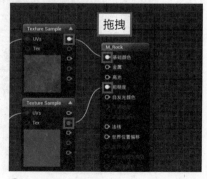

⬆ 将读取的纹理分别连接至各个项目中

|7.3.2| 在法线贴图中新增细节贴图

为了表现岩石的凹凸设置了法线贴图，但是不仅要把法线贴图连接到法线，还要把两个法线贴图组合使用。

使用的法线贴图是表现物体形状的对象法线贴图和表现岩石细节凹凸质感的细节法线贴图，只用对象法线贴图无法表现出来的岩石的具体质感，则需要通过细节法线贴图来表现。

此外，通过在材质中组合对象法线贴图和细节贴图，后面可以只调节细节法线贴图的强度，还可以结合岩石的大小更改岩石的质感纹理的平铺数值，优点众多。

查看只应用了对象法线贴图的效果，会发现显示出了岩石的棱角和龟裂。这里需要形状的信息，但更需要表现质感的细节信息。

那么，我们在对象法线贴图的T_RockMesh_n中，可将T_Rock_Basalt_m做为细节贴图来使用，进行新增法线贴图的混合处理。

⬆ 只应用了对象法线贴图的效果

❶ 制作BlendAngleCorrectedNormals

首先，组合混合两个法线贴图的处理。

混合法线贴图时，使用BlendAngleCorrectedNormals节点。

从面板中搜索BlendAngleCorrectedNormals，通过拖拽进行制作。

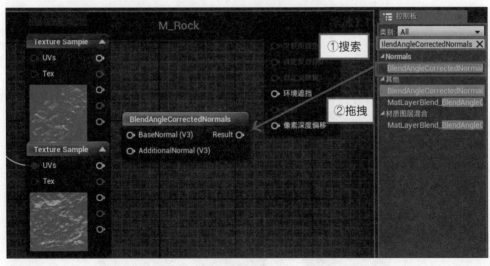

⬆ 配置BlendAngleCorrectedNormals

❷ 确认BlendAngleCorrectedNormals

查看BlendAngleCorrectedNormals。输入引脚有两个，即BaseNormal（V3）和Additional（V3）。在Base中将对象法线连接至Additional中的细节法线。

BlendAngleCorrectedNormals，正如它的名字一样，可以将法线贴图通过正确的角度进行混合处理。法线贴图的混合处理除了这种方法外，还有其他方法，但是使用这个节点可以最准确且快速地处理。像岩石这样进行静态配置，且距离照相机近的物体，混合正确的法线贴图比较好。

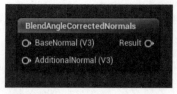
⬆ BlendAngleCorrectedNormals

这个节点与到目前为止我们使用的材质公式节点不同，被称为材质功能的材质公式节点制作的功能，都被整合到了这个节点中。

关于材质功能，我们将在第12章进行学习，这里就不详述了。材质功能节点的特点是节点的颜色是蓝色，而且不显示节点的预览。

❸向BaseNormal连接法线贴图

将T_RockMesh_n的RGB引脚连接至BlendAngleCorrectedNormals的BaseNormal。

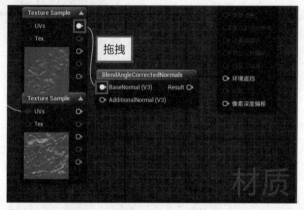
⬆ 将T_RockMesh_n连接至BlendAngleCorrectedNormals的BaseNormal

❹向AdditionalNormal连接细节贴图

下面将T_RockMesh_n的RGB引脚连接至BlendAngleCorrectedNormals的AdditionalNormal。这样这两种法线贴图的混合就设置好了。

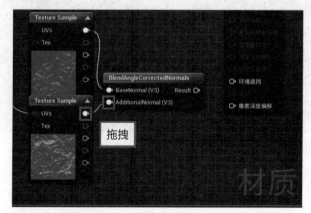
⬆ 将T_RockMesh_n连接至BlendAngleCorrectedNormals的AdditionalNormal

❺ 连接至法线

最后将BlendAngleCorrectedNormals的输出引脚连接至主材质节点的"法线"。通过上述操作，混合的法线贴图的结果就反映到材质中了。

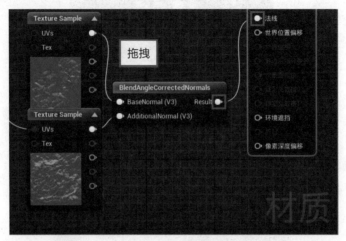

⬆ 将BlendAngleCorrectedNormals连接至法线

❻ 通过视口编辑器确认

混合的法线贴图变成什么样了呢？我们可以在视口编辑器中确认。

好像细节贴图的效果太强，对象法线看不到了。

如图所示，比较对象法线的效果与混合的对象法线和细节法线的效果，可以确认是否进行了混合。

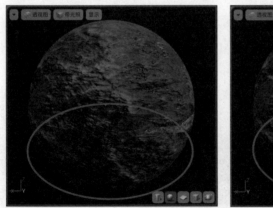 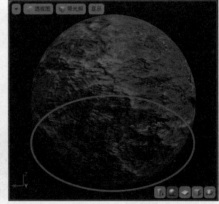

⬆ 只有对象法线的效果（左）与混合的对象法线和细节法线的效果（右）

但是，细节贴图的效果过强，导致对象法线看不到了，所以需要调整细节法线的强度。

我们想确认现阶段的法线被分配在网格中呈现什么样的效果，单击"Apply"按钮。

ⓉⒾⓅⓈ 只确认法线信息

在制作材质时，有时需要分离基础颜色和粗糙度的信息，只确认法线的效果。这时可以将显示模式切换到详细光线来进行确认。

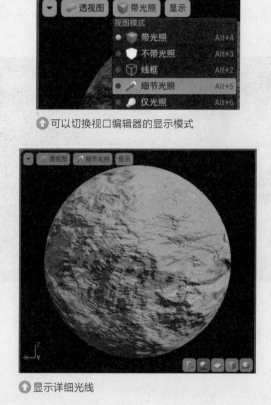

⬆ 可以切换视口编辑器的显示模式

⬆ 显示详细光线

❼ 在网格中应用材质

在岩石的网格中应用材质。返回至关卡编辑器的页面。

选择内容编辑器的Materials文件夹中的"M_Rock"，向岩石网格中拖拽，即可实现在网格中应用材质。

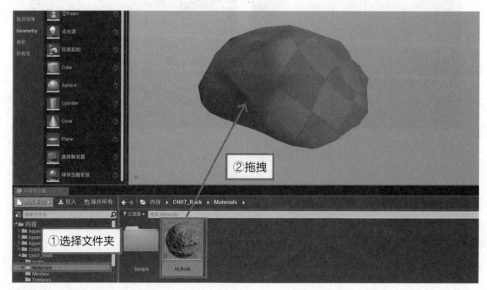

⬆ 拖拽M_Rock应用于网格

❽确认网格

在网格中分配材质，显示出岩石的质感。这种质感虽然不错，但是细节法线的效果还是过强，导致几乎看不到对象法线的效果。

如果想制作像这种粗糙质感的岩石，用这种方法也不错，但是这里我们想控制细节法线的强度，从而应用对象法线的效果来表现岩石的凹凸。

⬆应用了岩石网格的岩石材质

ⓉⒾⓅⓈ　DetailTextureing

不仅在法线贴图中，在基础颜色中也会有需要使用细节制图的时候。使用目的有多种多样，但是我觉得应该是因为光线的角度使法线贴图看不出效果，需要通过增加细节从而使细节法线贴图效果更好※，或者是因为想要通过组合基础颜色贴图制作花纹的时候来使用。

在这些情况下，通过使用DetailTexureing节点就可以轻松将基础颜色贴图用于细节制图了。

会显示Diffuse，但是基础颜色贴图的连接并没有问题。Diffuse和Normal都可以细节制图。

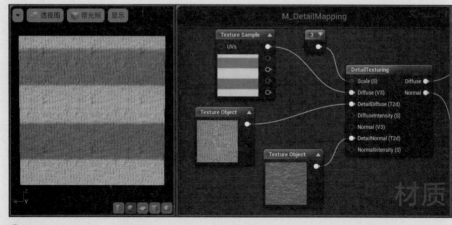

⬆使用DetailTextureing的实例

※这时不在基础颜色中混合，也有将环境遮挡连接到主材质节点来表现效果的方法。

7·3·3 调整细节法线的强度

最后，我们来调节细节法线强度。

在材质中想要调节法线强度，理解法线贴图到底是什么就显得非常重要了。重要的地方会用粗体标示出来，请牢记这些内容。

如第6章所讲述的，法线贴图在图片中保存了High polypon model所具有的凹凸信息。可以模仿High polypon model中详细的凹凸表现。

法线贴图在R通道中保存X轴方向的法线方向信息，在G通道中保存Y轴方向的法线方向信息。也会在B通道中保存Z轴方向的法线信息，但是因法线贴图的特点，Z轴保存的信息大多表现为白色[※]，对凹凸的表现并无太大的影响，因此，**法线贴图主要通过R通道和G通道来表现凹凸形状。**

 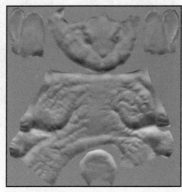 

⬆ R通道（左）、G通道（中）、B通道（右）的信息

在图片中保存的法线信息，是RGB的整数值，在0~255的范围内。取中间值128为基准，比128大则表现为凸起，比128小则表现为凹陷。但是在UE4中图片具有的颜色信息会置换为浮点数，因此，**以0为基准，处理−1.0~1.0范围内的值。**

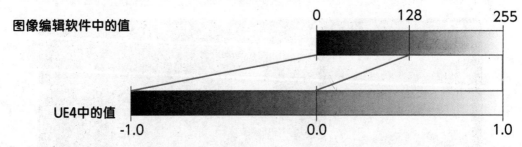

⬆ 图像编辑软件中处理0~255范围内的值，但是在UE4中处理−1.0~1.0范围内的法线的值

❶确保制作空间

下面我们在了解法线贴图的基础上，开始处理如何调节法线的强度。

首先，我们要准备好配置节点的空间。会在细节法线的TextureSample和BlendAngleCorrectedNormals之间进行处理，所以我们把BlendAngleCorrectedNormals和主材质节点从右侧分离出来。

※正确的做法是，在B通道中保存128~255范围内的值。

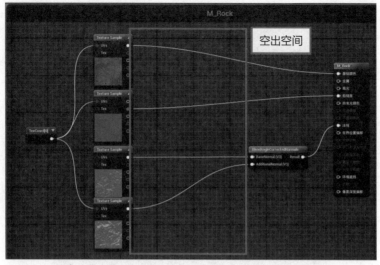

⬆ 在TextureSample和BlendAngleCorrectedNormals之间腾出空间

❷ 制作ComponentMask

　　法线贴图在R通道和G通道中保存法线信息，因此首先要抽出R和G的值，使强度变为可调节状态，来制作节点。

　　抽出通道的材质公式是ComponentMask。在面板中搜索，通过拖拽制作ComponentMask。

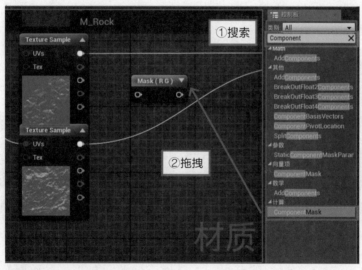

⬆ 配置ComponentMask

材质公式 说 明 ┃ ComponentMask

这是从输入的信息中输出指定通道的材质公式。输出通道不是只有一个通道，可以同时指定多个通道。指定通道的操作在"细节"面板中进行。

⬆ ComponentMask

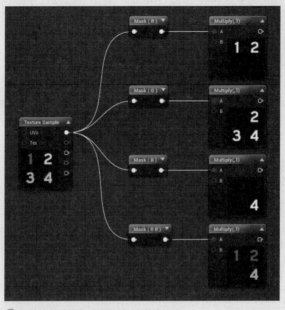

⬆ 从输出值中可以只抽取各通道的信息

❸连接至法线，B通道进行遮罩

将细节法线的TextureSample的RGB引脚连接至ComponentMask。

想要抽取的是R通道和G通道，所以ComponentMask通道可以保持默认值。

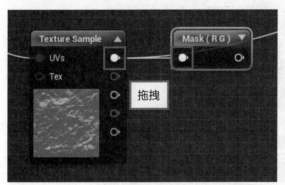

⬆ 将TextureSample连接至ComponentMask

❹配置Multiply，连接至ComponentMask

调整法线的强度，可以通过增减R和G的值来进行调节。为了增减值，可以使用Multiply运算。

在R和G的值上，增加比1大的值，强度会变大；增加比1小的值，强度会变小；增加1，强度不变。如果刚开始输入的值就是1，那么强度不会发生变化。

下面我们在ComponentMask的右侧配置Multiply。

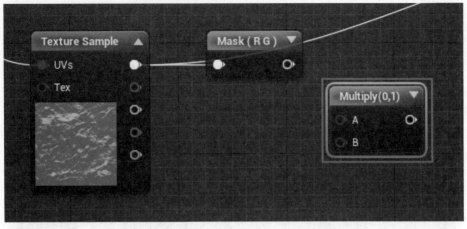

⬆️配置Multiply

❺制作constant，输入1

为连接至Multiply并更改R和G的值，需要制作constant。Value中输入1。

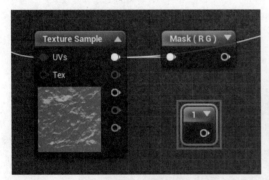

⬆️制作constant，并在Value中输入1

❻连接Multiply、constant、componentmask

将componentmask连接至Multiply的A引脚，将constant连接至Multiply的B引脚。
这样细节法线的强度就可以通过constant进行控制了。

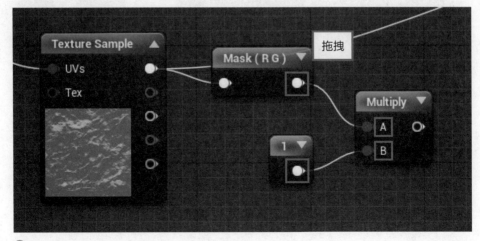

⬆️在Multiply中连接componentmask和constant

❼使用AppendVector增加B通道

　　现在Multiply的值是R和G两个通道。BlendAngleCorrectedNormals中必须连接三个通道的信息。因此，要增加细节法线的B通道的信息，使其恢复至三个通道。要增加通道，需要使用AppendVector。

　　从面板中搜索，然后拖拽AppendVector完成制作。

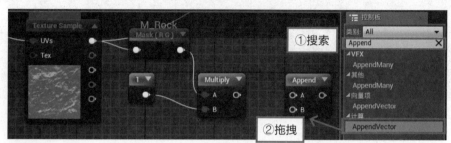

⬆配置Appned

材质公式 说 明 　AppendVector

⬆AppendVector

　　AppendVector是增加通道的材质公式。

　　A是被连接的值，B是连接的值。如图所示，在每个不同的纹理连接R通道的信息，作为R和G通道（①），然后再从其他纹理增加R通道，制作RGB三个通道的信息（②）。

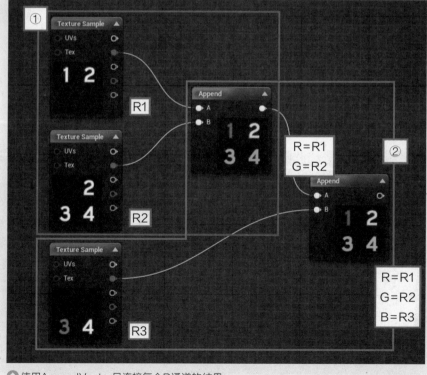

⬆使用AppendVector只连接每个R通道的结果

⑧连接Multiply和AppendVector

　　在AppendVector的A中输入被连接后的值，将Multiply的输出引脚连接至AppendVector的A引脚。

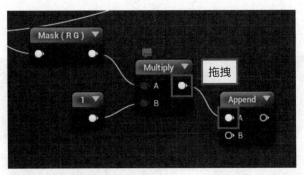

↑Multipl连接至AppendVector的A

⑨增加细节法线的B通道

　　下面将细节法线的TextureSample的B引脚（蓝色的引脚）连接至AppendVector的B引脚。这样就恢复到三个通道了。

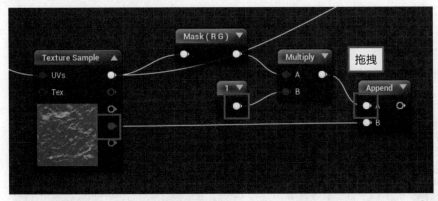

↑细节法线的TextureSample的B引脚连接至AppendVector的B

⑩确认处理操作

　　通过上述操作我们完成了调节法线贴图强度的功能。为了确认操作，试着用一下预览功能吧。预览功能可以将选择的节点中处理的结果在预览中显示出来。

　　在AppendVector上单击鼠标右键，从内容菜单中选择"Start Previewing Node"。

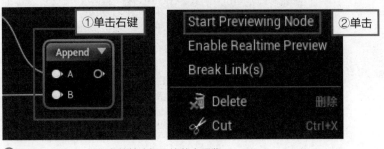

↑选择Append，从内容菜单选择开始节点预览

⑪通过预览功能进行确认

开始预览后节点变成蓝色，而且视口编辑器中将显示"Previewing"的字样。视口编辑器中将显示AppendVector的处理结果。

现在constant是1，所以AppendVector的结果与细节法线的TextureSample相同。也就是说，现在变成了强度不可调整的状态。

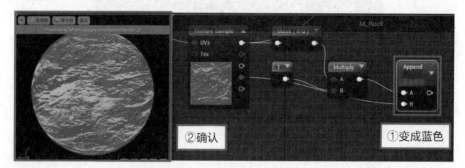

⬆Append Vector的预览结果显示在视口编辑器中

⑫确认已改变constant的值

Constant的值降为0.5时，结果会发生怎样的变化呢？我们来确认一下吧。

查看预览，与刚才进行比较，可以确认细节法线的强度下降了。做为调节法线强度的功能，正在进行正确的操作。

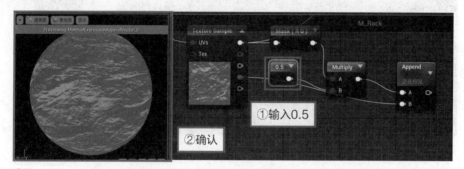

⬆Constant的值变成0.5时的预览。可以确认法线强度变弱

⑬停止预览

确认完成后，停止预览。再次在AppendVector节点上单击右键，选择"Stop Previewing Node"。

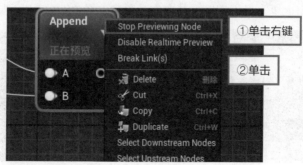

⬆从内容菜单单击停止节点的预览

⑭连接AppendVector至BlendAngleCorrectedNormals

通过将细节法线的处理连接至BlendAngleCorrectedNormals，完成法线的处理。将Append Vector的输出引脚连接至BlendAngleCorrectedNormals的AdditionalNormal。

如下图所示，连接至节点后，法线处理完成。单击"Apply"按钮。

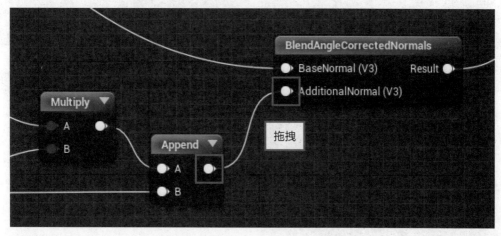

⬆连接AppendVector至BlendAngleCorrectedNormals

⑮确认结果

细节法线的强度下调至0.5，尝试在关卡视口编辑器中进行确认。细节法线的强度比刚才下降了，对象法线有没有变得明显呢？来确认一下吧。

⬆细节法线的强度下调至0.5后岩石材质的效果

如果想像刚才一样，稍微降低一些细节贴图的效果，或者反过来想要增加细节贴图的效果时，如果有调整细节贴图强度功能的话，调节起来就会非常轻松了。

最后我们来确认一下constant中输入了各种数值的岩石，表现为怎样的效果。另外，平铺数值变化的话，即使细节贴图的强度相同，看上去也会有变化，因此我们要输入各种数值来确认岩石的状态是否达到了想要的效果。

⬆ 细节贴图的强度是0.2（左上）、1（右上）、2（左下）

大概的测试结束后，把texturecoordinate的值设置为1，调整细节贴图强度的constant值恢复到1之后，保存材质。这个材质在下一章也会用到。

Column

整理材质

制作好材质后，刚刚完成的时候还好，过一段时间再看，就会忘记当时都做了怎样的处理，想要了解详细信息还要重新确认节点的处理。重新确认节点的处理非常麻烦，为了避免这样的麻烦，在材质中准备了注释的功能。

添加注释

想要使用注释，只需要在节点的"细节"面板中输入Desc信息就可以了，非常简单。

例如，本章的岩石材质，可以在调节细节贴图强度的constant节点中，如图所示写下它的用途。

像Constant这种常用的常数，如果不能深入理解它的处理方式的话，那么它到底用于调整什么内容，很多时候都会不清楚，所以使用注释功能是非常方便的。

⬆ 在Desc中输入的注释，会在节点中显示出来

参数化后，节点的Desc中将保留注释，材质实例中也可以看到注释。

对于参数的输入值，如果有指定范围或者有特殊规定时（例如，想输入1以上的值时），这种方法非常方便。

另外，材质实例我们将在下面的第8章中学习。

⬆ 将光标指向参数，注释就会显示出来

在多个节点中添加注释

另外，选择多个节点，在"内容"菜单的"选择并添加注释"上单击右键，或者按C键，也可以对多个节点构成的处理保存注释，而且还可以改变颜色。

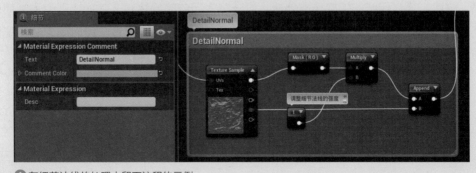

⬆ 在细节法线的处理中留下注释的示例

这个注释功能，在选择注释和移动注释时，其中包含的节点也会一起移动。按住Shift键来移动的话，就会只移动注释了。

灵活使用Reroute节点

注释很重要，但是通俗易懂的处理流程也关系着清晰度。如果增加节点的数量越来越多，它们就会像意大利面一样缠在一起。为了解决这个问题，在Unreal Engine 4.15中增加了Reroute节点。

⬆ Reroute节点

　　Reroute通过与节点的引脚连接，可以随意移动连接的线条。为了让节点不被遮盖，可以通过控制线条让图表看起来更清晰。

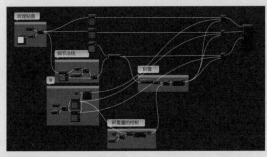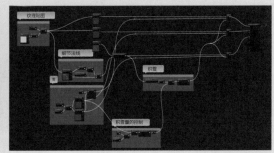

⬆ 没有Reroute节点与有Reroute节点

注释的作用

　　如果是多人一起开发游戏的话，可以看到其他人做的材质，而且还会经常重新看自己做的材质。这时，通过保留的如何构成处理、以什么为目的等的注释，就能让所有人都可以清楚地知道材质的处理了。让其他人看明白当然很重要，但是让自己过一段时间之后也能清楚地把握材质的处理也是非常重要的。材质做好之后，记得要进行整理。

第 8 章

材质实例的制作

本章将使用第7章做好的岩石材质，

学习材质实例的相关内容。

UE4便于修改游戏中使用的大量材质信息，

另外，为了方便管理，还有材质实例这个功能。

在使用了UE4制作的游戏中，都会使用这个功能。

本章我们一起来看看材质实例到底是什么吧。

8-1 美术设计师处理的是材质实例吗

多次制作材质后，会发现我们制作的是功能大概相同，只是纹理和平铺数不同的材质。

如果功能相同，只是参考纹理和数值不同的话，只替换数值就可以了，比处理连接了很多节点的材质编辑器轻松多了，大家会不会这么想呢？

将这些必要的设置项目作为**参数**就可以进行编辑的材质叫作**材质实例**。如图所示，材质的页面在前面是不是见过呢？左侧排列着可以编辑的参数，右侧是视口编辑器，这就是材质实例编辑器。

像DCC工具的材质一样，只需要显示可以设置的参数，就可以只通过编辑设置质感了。

大家可以这样理解，到目前为止，美术设计师接触的材质是用这个材质实例编辑器制作的程序着色编程。

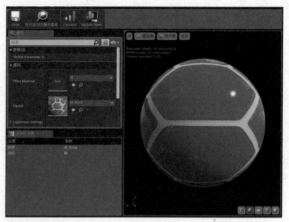

⬆材质实例编辑器的页面。左侧排列着可编辑的参数

8.1.1 处理大量数据需要强大的材质实例

使用材质实例不仅可以反复使用相同功能，还可以适用于管理大量信息的处理和更改规格等，在提升效率方面有很大优势。

原因就是材质和材质实例的关系就像父子关系一样。

我们把作为参考元的材质叫作父材质，做成的材质实例叫作子材质，父材质具有的功能和设置，子材质也可以继承。

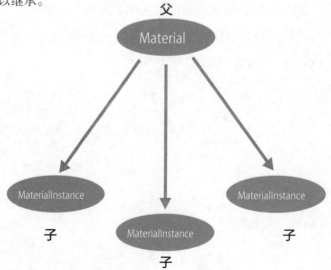

⬆材质和材质实例的父子关系

例如，新增纹理，将纹理的色彩饱和度规定为降低一半。请想象一下在所有的材质中增加这一功能，如果只是一两个的话，不是什么苦差事，但是在游戏中使用的材质数量有多少？即使是小型游戏也要有100个左右，大型游戏则可能有几万个。

如果这时使用材质实例的话，通过向父材质添加功能后，所有的子材质实例都会自动添加该功能，这样就不需要对所有的材质一个一个手动添加该功能了。用这种方法可以马上进行规格增加的处理。

因此，经常使用制作好所需功能的父材质，在网格中分配材质实例的方法。

8.1.2 材质实例的其他优点

材质实例的优点仅是便于管理，使用参数编辑值时，没有编辑的操作，只需要滑动就可以反映出效果了。

此外，更高级的使用方法是在蓝图中编辑材质的值，在游戏中就可以改变材质。

例如，受到攻击的人物会闪烁这种表现就非常适合这种方法。在游戏中把数值发生变化的材质叫作**动态材质**（dynamic material）。如果您对动态材质感兴趣，请查阅"卷末资料A-5 动态材质实例"（参考P410）的说明。

如上所述，使用材质实例可以与游戏的表现进行连接，还有方便调整操作等优点。接触之后就会知道这是一个更方便使用的功能。

从现在开始，我们使用第7章做好的岩石材质，为了可以用材质实例进行编辑，一边添加修改一边学习。

8.1.3 材质的制作流程

现在工程已经进入到第二阶段。

首先准备好一个参数，学习材质实例的制作方法和编辑方法。然后一边说明其他类型的参数化，一边制作。

- 材质实例的制作和使用方法
- 将细节法线的强度调整参数化
- 制作材质实例
- 材质实例编辑器的页面构成
- 尝试编辑材质实例
- 各种参数化的方法
- 纹理的参数化
- 平铺的参数化
- 制作法线的开关参数

8-2 材质实例的制作和使用方法

8.2.1 尝试将细节法线贴图的强度调整参数化

材质实例是由材质制作而成的。但是，光做好并不能编辑参数，这时需要将父材质中包含的各种数值（岩石材质的各种纹理和Constant值）变为参数这个类别，这就叫作**参数化**。

变为参数后，才可以在材质实例中编辑值。Constant和constant3vector这样的常数经常作为参数使用。下面我们从常数的参数化开始讲解。

❶复制岩石材质

为了学习本章内容，先复制第7章中的岩石材质。

选择"内容 > CH07_Rock > Materials"文件夹。

⬆在M_Rock上单击右键进行重复选择

> **memo 跳过第7章的方法**
>
> 如果没有第7章做好的M_Rock材质，可以复制Sample文件夹中的M_CH07_Rock_Fix的材质进行学习。

❷移动材质

将M_Rock拖拽到CH08_MaterialInstance > Materials中，会出现询问移动还是复制的选项，这里选择"复制到这里"。

⬆复制材质

❸给材质命名

打开CH08_MaterialInstance文件夹中的Materials，将复制的材质命名为"M_Rock_Master"。双击打开材质编辑器。

⬆给材质命名

❹选择Constant

首先将调节细节法线强度的Constant转换为参数。选择Constant。如果忘记了是哪个节点，请参考下图进行选择。

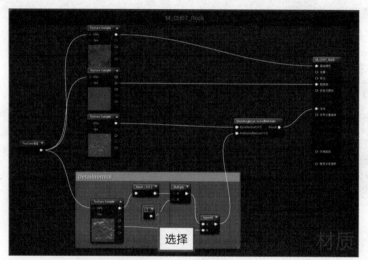

⬆M_Rock的全景图和应该选择的Constant节点

❺参数化

单击鼠标右键，选择"Convert to Paramater"选项。

⬆从菜单中选择"转换为参数"选项

⑥确认参数化的节点

通过上述操作，Param的文字变成了某个节点。

这是参数化的节点。将Constant参数化后，变成了ScalarParameter这个节点。

Param旁边的（1）是输入节点的值。材质中输入的值在材质实例中处理为它的参数初始值。

如果输入了1以外的值，请您将这里的值重新设置为1。

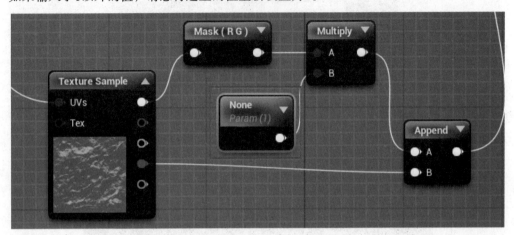

⬆ 转换为ScalarParameter

材质公式 说 明 ScalarParameter

⬆ ScalarParameter

快捷键：S

....

将Constant参数化后的节点，利用快捷键也可以制作。

⑦输入参数名称

做好参数节点后，用材质实例来表示时，为其设置一个能够了解这是什么参数的名称。

选择ScalarParameter，并在"细节"面板的Parameter Name中输入Detail Normal Intensity。确认节点也反映为同样的名称。

做完以上操作后单击"Apply"按钮。

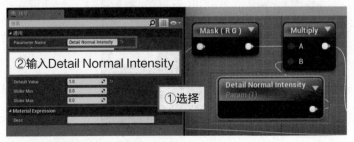

⬆ 在ScalarParameter中输入参数名称

memo 参数名称中不能使用占两个字节的字符

"参数"中输入的名称可以是占两个字节的字符（全角输入），但是与网格和纹理名称一样，一般来说参数名称中输入的是占一个字节的字符。

原因是，如果使用占两个字节的字符，会像"Ａ"和"A"这样全角和半角混在一起，在指定参数的指代时，可能发生输入错误。

另外，占两个字节的字符不能保证操作的稳定性，所以请尽量避免使用。

但是，如果在不参照材质和蓝图的内容里面，例如在注释和Desc的记述中，用中文来记述也没有问题。

|8.2.2| 制作材质实例

在材质实例中确认，细节法线的强度调节参数化后的结果是如何反映的。

❶制作材质实例

首先，学习材质实例的制作方法。返回到内容浏览器，选择Materials文件夹。在M_Rock_Master上单击鼠标右键，在展开的菜单中选择"创建材质实例"选项。

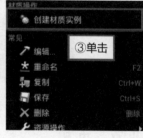

⬆ 在内容浏览器的M_Rock_Master中制作材质实例

❷更改名称

在内容浏览器中制作了材质实例。材质实例做好后会自动在原来的材质名称后加上"_Inst"。使用默认名称也没问题，但是这里我们更改为"MI_Rock_Master"。MI是Material Instance的简称。因为其他素材也会用素材种类的缩略字母来命名，所以这里我们也统一用缩略字母来命名。这样，材质实例就做好了。

⬆ 做好的材质实例

8.2.3 材质实例编辑器的页面构成

下面我们来看看材质实例编辑器的页面构成。

双击"MI_Rock_Master",打开材质实例编辑器的页面。

材质实例编辑器的页面大致由4部分构成。有的部分与材质编辑器是一样的。下面我们来看看各个项目吧。

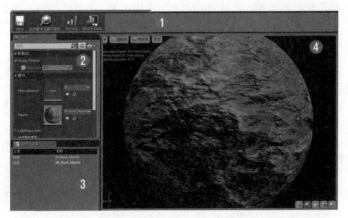

❶工具栏

与材质编辑器相比数量要少，使用频率也没那么高。

参数用于想要在材质实例中全部显示可编辑的参数时。

⬆工具栏

❷"细节"面板

"细节"面板中显示了很多信息，但是大致分为两类：参数类和一般类。一般类中有参考的父材质和与Lightmass的设置材质属性重写的相关设置。

需要注意的是参数类，在材质中参数化的项目都将在这里显示。

⬆在"细节"面板中显示的内容

❸ 实例化父类

这里记载了材质实例参照的父材质。材质实例也可以由材质实例构成,这种情况下,在材质实例中将继承设定的参数值。

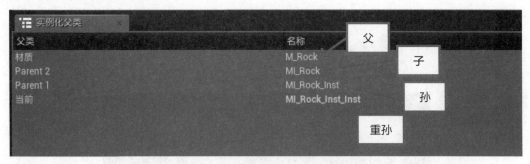

⬆从MI_Rock_Master中再做两次材质实例后的结果如图所示,继承关系进一步加深,甚至出现了重孙

❹ 视口编辑器

视口编辑器与材质编辑器相同,显示材质的结果。显示选择和视口编辑器的操作方法与材质编辑器相同。

与材质编辑器不同的是,左上角显示了材质的处理数和参照纹理的个数。

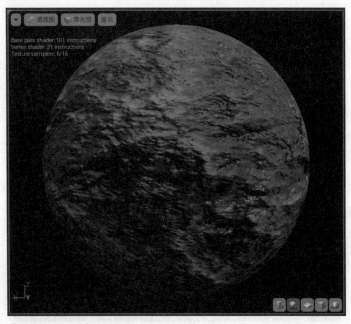

⬆材质实例的视口编辑器

8.2.4 编辑材质实例

下面我们来尝试在材质实例中编辑参数。

❶确认参数类

首先，确认参数类。参数类中标明了Scalar Parameter values，它的下面显示了Detail Normal Intensity和刚才做好的参数名称。但是，它的文字呈灰色，无法编辑。

⬆Scalar Parameter Values下面有做好的参数

❷变为可编辑状态

材质编辑刚开始是无法编辑参数的。要编辑时，可以通过勾选最左边的复选框使其变为可编辑状态。

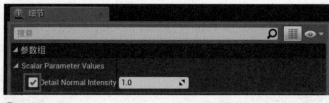

⬆勾选左边的复选框

❸更改值

文字清楚地显示出来后，表示变为可编辑状态。下面我们来尝试更改数值。现在材质设置的初始值为1，先输入0.3试一下。

❹确认视口编辑器

查看视口编辑器，细节法线的强度变弱了。

材质中改变常数时，显示灰色的材质，但是在材质实例中变为无缝。在材质实例中无需等待编译即可编辑参数。

此外，如果更改使用了slider的值，外观也将与值一起变化，因此便于细微地调整。

通过上述操作，我们就学习完了关于参数化和材质实例的基本操作。

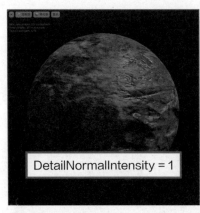 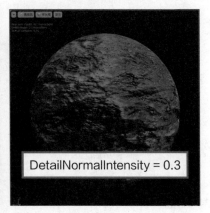

DetailNormalIntensity = 1　　DetailNormalIntensity = 0.3

⬆因DetaiNormalIntensity的值不同，发生变化

TIPS 通过材质编辑器实时反映值

用参数实时确认值的变化是材质实例的一个优点，但Scalar或Vector的参数可以在材质编辑器上实时通过关卡视图节点来确认结果（材质编辑器的视图节点没有实时反映）。只适用于加法参数。

TIPS 输入

不仅是材质实例，将光标指向输入值的地方，光标将变为左右箭头。在这样的状态下，左右拖拽可以调整输入滑块。

⬆光标变成左右箭头后，左右拖拽

TIPS 返回初始值

单击输入栏左边显示的黄色箭头，可以恢复至初始值。

⬆单击黄色箭头，恢复初始值

8-3 常数以外的参数化

第二阶段的工程将学习常数之外的参数化。

首先，我们也进行了常数的参数化，但是仅限于在材质中可转换的参数。可参数化的主要节点，请参阅下表。

⊙Constant（定数）

节点名称	参数化后的节点名称
Constant	ScalarParameter
Constant2Vector	
Constant3Vector	VectorParameter
Constant4Vector	

⊙TextureSample（纹理）

TextureSample	TextureSampleParameter2D

⊙StaticSwitch（开关）

StaticSwitch	StaticSwitchParameter
StaticBool	StaticBoolParameter

⊙ComponentMask（组件掩码）

ComponentMask	StaticComponentMaskParameter

参阅上表可知，必须使用Constant类或TextureSample类进行参数化。此外，还有我们还没使用过的StaticSwitch，这个我们最后进行说明。

现在，我们开始一个一个制作一览表中的各种类型的参数化。大家可能会觉得参数化看起来很复杂，但是一个一个思考的话，并不难。

8.3.1 纹理参数化

首先是纹理参数化。通过将纹理参数化，可以更改材质实例中参考的纹理。通过更改平铺纹理，可以改变岩石的种类，配合岩石的形状，法线贴图也变得容易更改了。

TextureSample与Constant类似，同样可以进行转换。我们来做一下，当作复习。

❶选择TextureSample

返回M_Rock_Master的材质编辑器页面。

选择基础颜色的TextureSample。

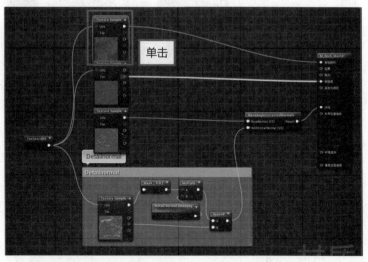

⬆ 选择基础颜色的TextureSample

❷转换参数

单击右键，选择"Convert to Parameter"选项。

转换为参数的节点叫作TextureSampleParameter2D。

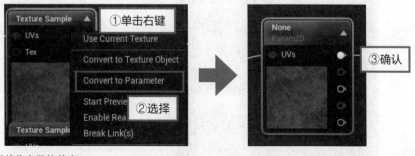

⬆ 转换为参数的节点

材质公式 说 明 [TextureSampleParameter2D]

⬆ TextureSampleParameter2D

TextureSampleParameter2D是将TextureSample参数化后的结果。后面的2D代表只有Texture2D的纹理可以在这个材质公式中进行参照。

想要将立方体贴图和SubUV的纹理参数化时，应分别使用TextureSampleParameterCube和TextureSampleParameterSubUV。

❸ 输入参数名称

参数化后输入参数名称。在"细节"面板的ParameterName中输入BaseColorMap。

⬆ 输入BaseColorMap参数名称

❹ 将其他纹理也参数化

将其他的纹理也参数化吧。将蒙版贴图、法线贴图、细节法线贴图也按照工程1~3的步骤进行参数化。输入参数的名称如下。

- 遮罩贴图 → 『MaskMap』
- 法线贴图 → 『NormalMap』
- 细节法线贴图 → 『DetailNormalMap』

通过上述步骤，纹理的参数化就完成了。这样纹理和材质实例变为可替换状态。

单击"Apply"按钮，在材质实例中确认。

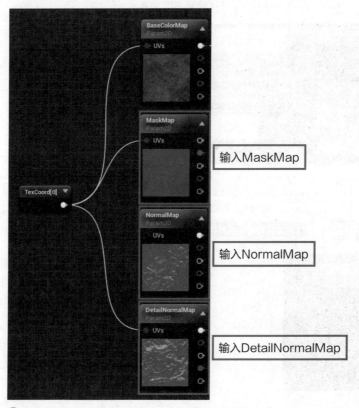

⬆ 将三个TextureSample参数化，并分别输入参数名称

❺ 在材质实例中确认

在材质实例中确认更改结果。打开MI_Rock_Master的材质实例编辑器，从参数类中确认Texture Parameter Values中的纹理参数。

有保存了4个纹理的插槽，每个都显示了参数名称。勾选BaseColorMap左侧的复选框，将其变为可编辑状态。

⬆ 将BaseColorMap变为可编辑

🅣🅘🅟🅢 参数的排列和类别

没有特殊指定参数的排列顺序时，通过参数种类进行分类，在里面将按照参数名称的英文字母顺序进行排列。通过在4.17版本中保存的Sort Priority，可以指定参数的顺序。

如果在Sort Priority中输入值，那么参数将按照升序排列。在Group中输入类别名称，则可以将它们分组。

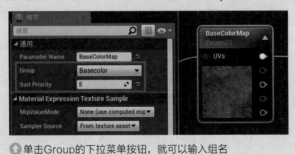

⬆ 单击Group的下拉菜单按钮，就可以输入组名

❻ 替换BaseColorMap

默认为插口中的纹理是参考了材质编辑器中TextureSampleParameter2D的纹理。下面尝试替换纹理吧。

将内容浏览器"内容 > Start Content > Textures"中的纹理T_Rock_Smooth_Granite_D拖拽至BaseColorMap的插口中。

可以立即在视口编辑器中确认纹理的反映。

↑替换BaseColorMap后，视口编辑器也发生了变化

❼替换BaseColorMap

这样就可以更换岩石的质感了。

尝试测试一下替换其他的纹理吧。大概确认后，单击右侧的黄色箭头，将参考纹理恢复至原状。

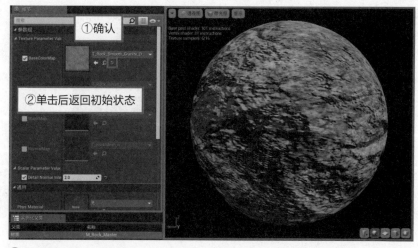

↑更改纹理后马上反映出来

|8.3.2| 平铺参数化

下面为了使纹理的平铺值变为可编辑状态，将其参数化。

在操作之前，请回想一下刚才可参数化的节点一览表，TextureCoordinate是不可以转换为参数的。如果要将不可参数化的节点中包含的数值变为可编辑，需要怎么做呢？

❶制作Multiply

下面返回到M_Rock_master的材质编辑器页面。

我们来处理像TextureCoordinate这样的节点。节点中有值，我们使用这个值在节点外也可以编辑的节点。通过平铺处理，就可以控制使用的Multiply值。在Texture Coordinate右侧配置新Multiply。

如果已经在TextureCoordinate中输入值，那么将这里的平铺值恢复至1。

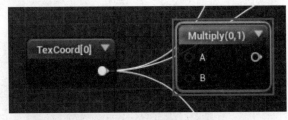

⬆ 新增Multiply

❷连接TextureCoordinate和Multiply

将TextureCoordinate的输出引脚通过拖拽连接至Multiply的A引脚。

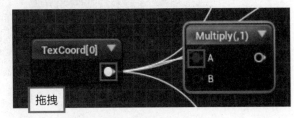

⬆ 连接TextureCoordinate至Multiply

❸将Multiply连接至各个纹理

将Multiply连接至NormalMap以外的各个纹理。Multiply变成与TextureCoordinate相同的值，重新连接后结果也不会变。

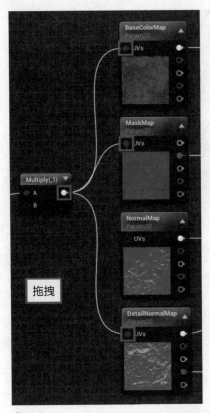

⬆ 将Multiply连接至NormalMap以外的各个纹理

TIPS 重新连接多个连接的引脚

　　经常会有像现在这样，参考平铺值将1个节点连接多个的情况。这种情况下，按住Ctrl键移动多个连接引脚后，就可以将多个连接保持在原来的状态下，替换连接至其他的节点了。这种情况经常会有，如果能记住这个操作使用起来将非常方便。

⬆ 按住Ctrl键移动，可以一键改变连接源

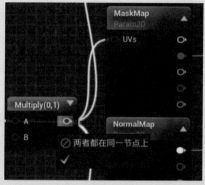

⬆ 不能从相同节点连接至相同节点，因此显示提示信息，但是只断开了与TexCoord的连接，所以没问题

❹ 新增VectorParameter

　　制作为调整平铺数的参数。为使平铺数可以分别调整U和V的值，使用VectorParameter。从面板中搜索VectorParameter，通过拖拽进行制作。

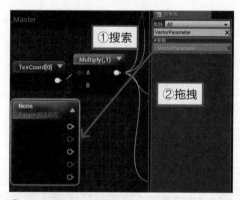

⬆ 制作新VectorParameter

材质公式 说 明 ┌ VectorParameter ┐

⬆ VectorParameter

快捷键：V

....

VectorParameter可以将Constant2Vector ~ Constant4Vector的节点参数化。与转换前的通道数无关，都变成4个通道（RGB、R、G、B、A）。

❺输入参数名称和默认值

因为变成了控制平铺数的参数，所以在"细节"面板VectorParameter的Parameter Name中输入Tiling。默认值设置为（1，1，0，0）。

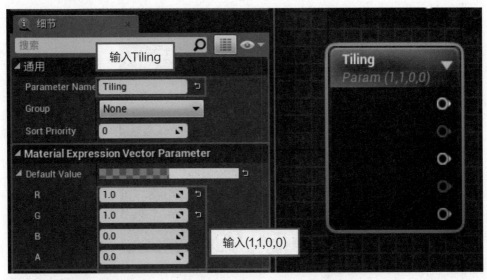

⬆ 在参数名称中输入Tiling

为什么把默认值设置为（1，1，0，0）呢？如果在TextureCoordinate的值上加上0，那么无论原来UV坐标的值是什么，都会变成0。每个都是0的话，就只能获取在纹理的左上角的像素的值，所以外观看起来会变得很奇怪。

所以尽量把参数中的初始值设置得方便使用比较好。如果初始值是1的话，就可以直接粘贴纹理来使用了，只在需要的时候才更改Tiling的值，这样做会比较好。与刚才Detail Normal Intensity的初始值是1的理由是一样的。

Tips 用Scalar Parameter进行平铺

为了分别更改U和V的值，这次我们使用的是Vector Parameter，但是使用Scalar Parameter也是可以的。如果使用Scalar Parameter，U和V输入了相同的平铺数，适合在使用相等的纹理平铺时。

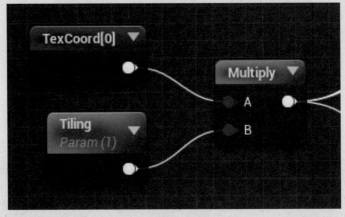

⬆ 使用Scalar Parameter，设置相等的平铺数

❻连接VectorParameter和Multiply

VectorParameter与TextureSample相似，有5个输出引脚。请将最上面的RGB引脚连接至Multiply的B引脚。

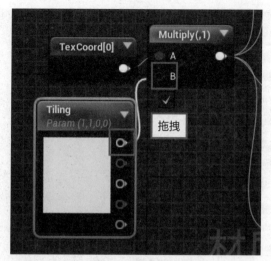

⬆将VectorParameter的RGB引脚连接至Multiply

❼确认出错

连接了Multiply之后，显示出错，这是为什么呢？

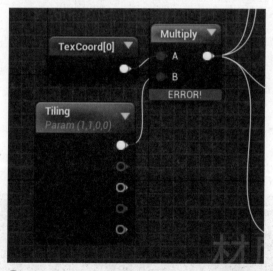

⬆与VectorParameter连接后，Multiply中显示ERROR!

出现错误提示时，查看一下"统计数据"面板，这里会显示为什么出错。

这个出错信息警告的是，虽然进行了计算，但是float2和float3连接了不同的类型。

> ▷ 统计数据
>
> ⊘ [SM5] (Node Multiply) Arithmetic between types float2 and float3 are undefined

⬆详情中显示出错信息

［说明］ float

我想简单说明一下这里出现的float这个单词。float表示可以处理小数点以下的信息，但在处理材质中，float严格的语言上的意义并不重要。比如，刚才的出错信息中出现的float2和float3，我们只需要看后面的数字就可以了。后面的数字与通道数的意义相同。

如果是float2，那就是两个通道的信息，如果是float3，指的就是三个通道的信息。

从TextureCoordinate中输出的是float2。

从Vector Parameter中输出的是float3。

与材质的规则相同，有相同通道数之间的计算，所以需要在这里统一输入的值。

❽为了统一通道数，制作ComponentMask

减少输出值的通道数时，使用ComponentMask。调节细节法线的强度时也使用了它。

配置ComponentMask图表。

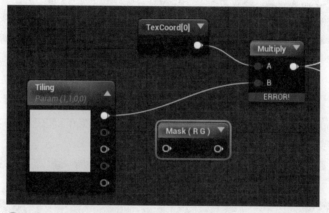

⬆ 新增ComponentMask

❾将VectorParameter连接至ComponentMask

因为从TextureCoordinate中输出的通道数是2，所以ComponentMask的使用通道也保持默认的R和G就可以。将Constant3Vector的RGB引脚连接至ComponentMask。

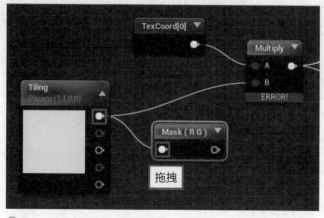

⬆ 将Constant3Vector的RGB引脚连接至ComponentMask

⑩将ComponentMask连接至Multiply

　　将ComponentMask的输出引脚连接至Multiply的B引脚。通道数一致后，Multiply中显示的出错提示将消失。

　　这样，我们就完成了编辑UV平铺值的参数。单击"Apply"按钮，在材质实例中确认。

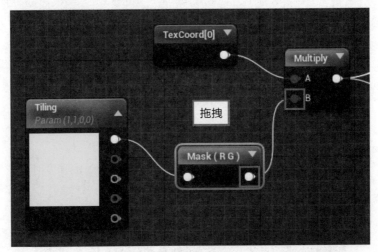

↑将ComponentMask连接至Multiply，出错提示消失

T I P S　也可以用AppendVector

　　刚才说明了ComponentMask的使用方法，如果用VectorParameter的R和G引脚连接至AppendVector，也可以得到同样的效果。

　　在组成材质时，想要获得相同的结果，可以有很多种方法。不能说哪个方法最好，选择熟悉的方法来使用就可以了。

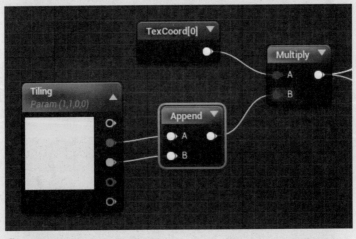

↑使用AppendVector的组成方法

T I P S　纹理偏移的组成方法

　　在制作材质时这个功能不常用，但是纹理偏移可以通过与纹理平铺相似的方法制作。调整偏移时，将Multiply更改为Add就能得到想要的效果了。

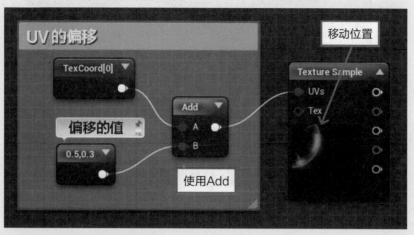

⬆ 通过偏移值可以移动纹理的位置

可能在背景制作中使用的机会不多。以我的经验，我会将贴花（Decal）[※]中使用的纹理整理成一个，通过纹理偏移的功能来调整使用位置。

使用方法有很多，这个功能在有意识地想要调整纹理位置时用起来会比较方便。

⬆ 使用偏移功能制作的贴花和使用的纹理

⑪ 在材质实例中确认

下面我们来确认一下更改的结果。打开MI_Rock_Master的材质实例编辑器，在参数类中查找VectorParameterValues中的Tiling的参数，勾选左侧的复选框，使其变为可编辑状态。

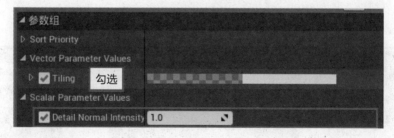

⑫ 编辑Tiling的值

使用VectorParameter时与Constant4Vector一样，可以编辑R、G、B、A的4个值。

在Tiling中，R对应U的值，G对应V的值。分别输入你想输入的数值，确认岩石的质感在平铺值改变时的变化。如果输入较大的值，规模会变小；输入较小的值，规模会变大。

※贴花是指将纹理等像贴纸一样贴在网格表面的功能。将在第10章进行说明。

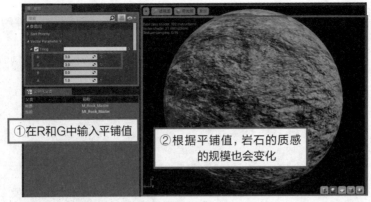

↑ 在视口编辑器中确认平铺值的变化

8.3.3 | 制作法线的开关参数

最后我们来学习制作开关参数的方法。

在开关参数化之前，首先就**开关**进行说明。开关就是**分支处理**。

在材质中处理开关叫作StaticSwitch，可以静态[*]切换处理。因为是静态，所以在运行游戏前，要判断使用哪个处理。

在什么时候需要使用开关呢？例如，制作"在基础颜色中是否使用纹理"的开关。如果不使用纹理，就在VectorParameter中设置单色；如果使用纹理，就可以在TextureSample中显示纹理的颜色。

通过将开关处理参数化，在材质实例中选择处理就可以使用了。

开关处理是有点难度的部分，所以我们一边制作，一边接触材质实例，一边加深理解。

接下来，我们试着在岩石材质中将"是否使用细节法线贴图"做成开关。

❶设置法线贴图的开关

首先，从制作开关开始。制作参数化的开关时，使用StaticSwitchParameter。

然后，返回到M_Rock_Master的材质编辑器页面。

在面板中搜索StaticSwitchParameter，在图表的主材质节点的法线左侧拖拽制作。

↑ 配置StaticSwitchParameter

※在游戏运行时可以更改的叫动态，在游戏运行时无法更改的称之为静态。

材质公式 说 明 | StaticSwitchParameter

StaticSwitchParameter

StaticSwitchParameter是StaticSwitch参数化后的材质公式。在材质实例中进行开关处理时使用。

输入有True和False的两个引脚。对于开关的参数名称判断Yes或No，并判断连接哪一个的处理。Ture = Yes，False = No，所以应该相应地将参数名和处理进行连接。

❷输入参数名称

已经做好了StaticSwitchParameter，输入参数名称。

在Parameter Name中输入DetailNormalMap Use。

命名时要能体现"是否使用细节法线贴图"的意思。

⬆给参数命名

memo 指定Switch的切换

Switch类的节点，不光是StaticSwitchParameter，还默认设置有False。根据制作处理的目的也可以切换使用True或False。初始值可以在"细节"面板的Default Value中设置。

❸连接True的处理

在使用细节法线贴图时，将执行的处理连接至True。下面就请试着将BlendAngleCorrected-Normals的输出引脚连接至StaticSwitchParameter的True引脚。

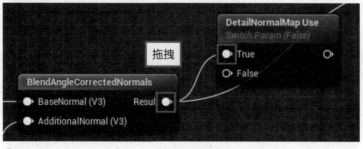

⬆将BlendAngleCorrectedNormals连接至True

❹连接False的处理

不适用细节法线贴图时，实行处理连接至False。

也就是说，只想使用对象法线贴图时这样处理。

将NormalMap的RGB引脚连接至StaticSwitchParameter的False引脚。

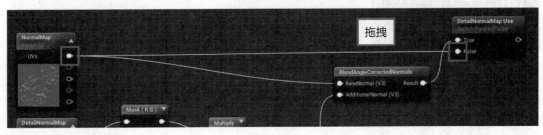

⬆将法线贴图连接至False

❺连接至法线

将StaticSwitchParameter的输出引脚连接至主材质节点的"法线"。

这样开关的处理就完成了。单击"Apply"按钮，在材质实例中确认处理。

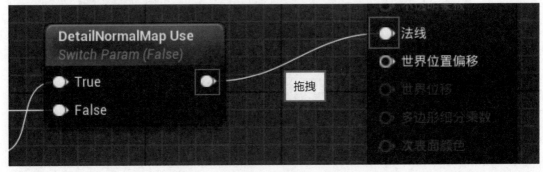

⬆将StaticSwitchParameter连接至法线

🅣🅘🅟🅢 开关的多种用途和处理的复杂性

开关在材质中应用较多，可以制作各种功能的材质，但同时也需要理解如何处理变化。即使是制作者本人，如果遇到开关变得复杂的情况，在材质实例中使用时也会感到混乱。

特别是在开关的嵌套使用时，是用开关来划分处理，还是用材质本身来划分更好？我的建议是，从普遍性和使用频率来判断。

❻在材质实例中确认

下面让我们在材质实例中确认开关的处理吧。

打开MI_Rock_Master的材质实例编辑器，从参数类中搜索StaticSwitchParameterValues中的DetailNormalMap Use的参数，并勾选左侧的复选框，使其变为可编辑状态。

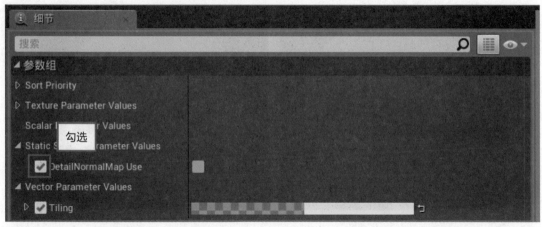

⬆ 使DetailNormalMap Use变为可编辑状态

⑦ 勾选右侧复选框

在DetailNormalMap Use的右侧也有复选框，勾选执行True，不勾选执行False。默认值为False，所以没有勾选。

勾选右侧的复选框，将其切换为True。将DetailNormalMap Use变为True之后，为了执行使用细节法线贴图的处理，确认DetailNormalIntensity的参数已显示。

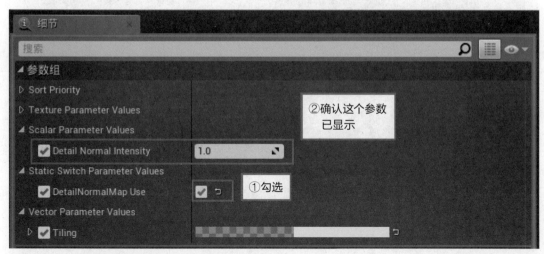

⬆ 勾选右侧的复选框，将其切换为True

memo 视口编辑器显示的材质变为灰色

材质实例的特征是没有编译处理。但是StaticSwitch类的处理例外，第一次切换开关时就加入了编译，所以视口编辑器的显示会暂时切换为灰色的材质。之后，双方的处理留在缓存中，所以不再有编译处理。

⑧ 确认视口编辑器

确认视口编辑器。可以确认细节法线已被应用。

Tiling值大的那边，可以很容易确认数值已返回到初始值。

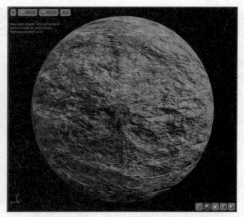

⬆DetailNormalMap Use为False（左）和True（右）的效果

❾ **时而显示参数时而隐藏参数的原因**

有时显示DetailNormalIntensity的参数，有时隐藏DetailNormalIntensity的参数，原因是在分叉后的处理，没有使用的一侧的参数如果显示出来的话会很碍事，所以要让它时开时关。

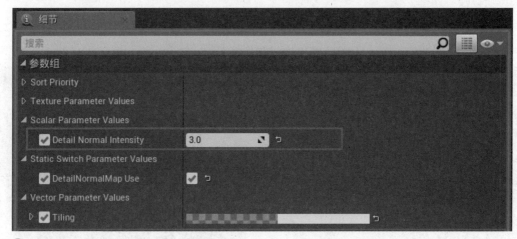

⬆DetailNormalMap Use为True时，显示DetailNormalIntensity

这样我们就学完了关于参数的制作方法和材质实例的相关内容。

最后，保存并关闭材质和材质实例。

不要忘了，关卡也要保存。这个关卡在第11章也会用到。

8-4 UE4的材质管理和主材质

至此我们已经使岩石的材质在材质实例中可以使用了。大家现在能够理解在制作其他的岩石的网格时，纹理的切换、平铺和细节法线的强度调整要比在材质中简单了吧？

如上所述，对于每一种类（这里是岩石）制作特殊化材质，是UE4的材质制作方法的特征。

但是，并不是说所有的对象中都需要对特定的种类进行特殊化材质的构造，大部分都是分配到纹理中就可以完成了。对不需要特殊化材质的功能，我们称之为主材质，一般使用通用材质。

8.4.1 主材质的功能

下面我们来看看主材质有什么功能。

先准备主材质的实例。请尝试在内容浏览器中打开"内容 > CH08_MaterialInstance > Materials > sample"中的M_MasterMaterial文件。

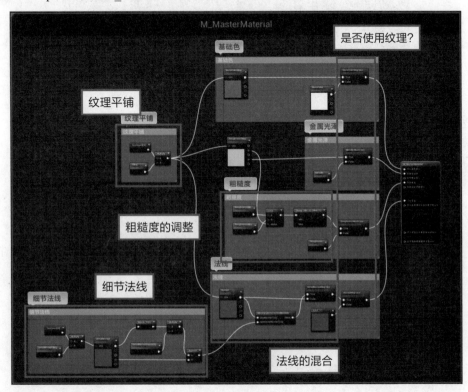

↑ 主材质的全景图

基本上制作的是与岩石的材质相同的功能。有以下三处不同。

第一个是纹理的持有方式。岩石中设定质感使用基础颜色、蒙版、细节法线贴图，但是这个主材质中法线贴图为基础颜色和蒙版贴图。这里的法线贴图不需要对象法线贴图。

第二个是增加了粗糙度调整功能。在材质中可以细腻地调整粗糙度的值。关于这个功能，请参阅"专栏 粗糙度值的调整"（参考P190）。

第三个是对所有的纹理都增加了是否使用开关的选项。即使没有纹理，可以设置常数时，通过切换开关，也可以处理材质、节约纹理的存储空间。

8.4.2 使用主材质

我们来看一下主材质的使用范例。

这是这本书中准备好的学习用关卡。在小屋的关卡中，不粘贴材质，只配置网格。

⬆ 没有粘贴材质的状态

在这个关卡中，尝试使用岩石材质和主材质来实例化材质。

⬆ 使用岩石材质和主材质来实例化材质的关卡

使用这两个材质，就可以在网格中设置材质了。大家可能会疑惑："这样就行了？"是的，大面积的地面和墙壁、草都没有使用材质。

也不是说在主材质中不能在大面积的网格里使用材质，只是它不太擅长而已。因为它不具备平铺的优秀性能。

|8.4.3| 有效使用材质的方法

在此基础上，我认为在UE4中制作和管理材质时，应该遵循以下原则。

①一般使用的网格使用主材质（小物件的话只需要粘贴一种纹理即可完成）。

②需要主材质中没有的功能时，制作专门的材质（岩石、墙壁、地面、植物等）。

③在网格中使用主材质实例。

综上所述，通过运用使用了主材质和材质实例的材质，可以有效地整理好制作素材的环境。

开关中不会显示的出错的问题

组合使用了StaticSwitch的材质时，会出现由于使用了开关组合而无法确认其选择的问题，这会导致在编译成功的情况下程序报错。开关为True时，不会进行False的处理计算，所以即使出错也不会出现警告。

我们来看看实例。这里只将BlendAngleCorrectedNormals连接到了"法线"，但是没有连接节点，所以会显示ERROR！提示。

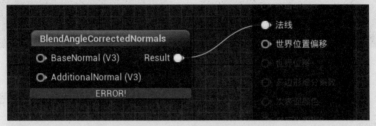

⬆BlendAngleCorrectedNormals中什么都没有连接时显示出错提示

接下来，在中间连接StaticSwitchParameter，设置为False。在False中连接Constant-3Vector，True中连接BlendAngleCorrectedNormals。

刚才显示的ERROR！消失了。也就是说，因为False的处理只有计算，没有发现出错的原因是BlendAngleCorrectedNormals没有正确连接。

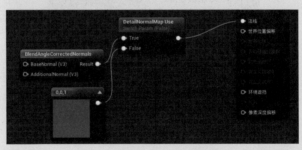

⬆BlendAngleCorrectedNormals中没有报错

使用StaticSwitch时，可能会出现漏掉出错的情况。在UE4中没有对所有的StaticSwitch进行全方位检测的功能，所以建议完成材质的StaticSwitch后，要进行操作检测。

Switch的其他组成方法

Switch除了StaticSwitchParameter以外，还有其他组成方法。这时，可以运用StaticSwitch和StaticBool这两个节点。

StaticSwitch是表示在True和False中如何进行处理的分叉点，StaticBool则指定是True还是False的判断。NormalMap Use的开关，如图所示进行组合，也可以得到相同的结果，但它不能作为参数使用。

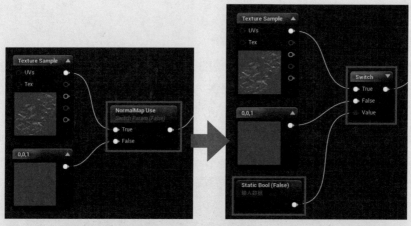

⬆ StaticSwitchParameter运用StaticSwitch和StaticBool进行组合

参数化时，通过使用StaticBoolParameter，与使用StaticSwitchParameter时完全一样，可以完成制作的处理。

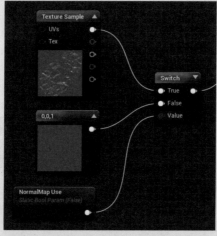

⬆ 通过使用StaticBoolParameter，完成与
StaticSwitchParameter一样的处理

用一个节点可以表现的内容就不需要使用两个，使用两个节点进行组合的方法在材质函数中制作开关处理时会使用，可以先有个印象。关于材质函数，将在第11章进行说明。

第9章

制作又旧又脏的墙

本章将学习
在大面积中使用的纹理混合材质。

9-1 逼真展现又旧又脏的墙

为了制作又旧又脏的墙，如果直接平铺斑驳的墙面纹理，会显得非常突兀。如果是崭新的墙，平铺纹理非常好用，但却不适合用于表现脏旧的墙。

这里要使用的手法是**纹理混合**。通过将两个不同的纹理进行混合，用来表现墙面污迹的纹理的平铺就不会表现得突兀了。

⬆ 本章中展示的HDRI图像均引用自 http://noemotionhdrs.net

9.1.1 用纹理混合来表现

首先，使用本章完成的材质表现做好的墙壁。

❶平铺石灰纹理

在墙壁的网格中，用平铺分配石灰的纹理。因为墙壁变脏了，所以这一阶段我们可以让平铺稍微显示出来。

⬆ 石灰纹理平铺的状态

②在顶点通过喷涂指定石灰剥落的位置

尝试在网格中涂顶点颜色。顶点颜色可随意喷涂，然后石灰的下面露出了砖块。通过上述操作，平铺的感觉被削弱了很多。

⬆ 在顶点通过喷涂指定石灰剥落的位置

③在顶点通过喷涂指定渲染

这里作为附加增加渲染的功能。渲染得到明显的污迹，通过顶点颜色控制显示位置。通过增加下面的砖块和渲染的污点，与步骤①进行比较可以看出，几乎没有平铺的感觉了。

⬆ 在顶点用喷涂再次指定渲染

④墙壁网格的线条框架

通过查看上述的表现，大家可能会想："顶点的数量有点多吧？"网格的分配数如图所示，与一般的墙壁网格相比顶点数是多些，但是与控制复杂的形状相比则没有那么多。分配数稍微少一点，也可以表现同样的效果。

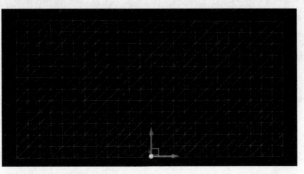

⬆ 墙壁网格的线条框架

通过上述操作一定程度分配网格后，就可以随意指定石灰剥落的位置和渲染的位置，并进行混合了。这里大家看到的是步骤③的渲染混合，但是我们先尝试制作步骤②的石灰剥落表现的材质。

步骤③的表现可以通过组合步骤②来制作。最后我会说明步骤③的制作方法，大家可以先自己尝试。

9-2 确定目标表现方式

制作材质之前，要仔细思考想要做出什么样的效果。

墙壁的材质不是只进行纹理混合就可以了。确定目标表现方式，通过思考需要的功能要如何组合才能提高材质的表现力。

不是制作所有的材质时都需要这样，在制作音响效果的材质时，就是采用不同的思考方式制作的。另外，刚开始会因为不知道有什么功能，所以会觉得很难，大家可以在了解了材质究竟可以做什么之后再慢慢有意识地去做。这里我们一起看一下如何思考表现的方式。

这个小屋的关卡中有概念艺术（概念艺术是一种视觉形式，就是最终产品成型之前，将设计或想法视觉化）。在游戏开发中不会突然开始制作背景和人物的模型，刚开始都会有这样的概念设计模型，结合概念设计模型制作模型。材质也是一样，配合概念设计模型制作需要的材质。

小屋素材

⬆ 小屋关卡的概念艺术 　　　　　　　　　　概念艺术制作 合作：Yap Kun Rong

查看概念设计模型可知，墙壁似乎使用了黄色石灰。在概念设计模型中无法描绘，但是因为建筑物老旧，所以一部分石灰剥落了。

"如果想要表现石灰脱落露出了基材颜色的话，表现古建筑物可能比较容易理解。"

"想随意设置损坏的位置。"

诸如此类，可以一边这样想象，一边作为墙壁的参考来寻找这种图像。

⬆ 墙壁的表现参考（引用自http://www.cgtextures.com）

最后，从这个参考和安装方法中整理目标材质的表现要素。在这个材质中有以下三个要素。

- 使用石灰作为基础素材，使用砖块作为基材
- 在石灰剥落的地方使用顶点颜色，随意指定
- 沿着砖块接缝的地方用复杂的图形来表现石灰的剥落

然后思考这些要素的组合使用方法。一边思考一边从自己的材质库中选择可能使用的方法。想要自己想出材质的组成方法是非常难的，所以通过日常积累的截图图库来找寻表现这些要素的方法会变得容易一些。

9.2.1 材质的制作流程

下面说明制作材质的制作流程。

在网格中一边喷涂顶点颜色，一边制作材质。材质不仅仅是组合，通过UE4的各种功能和组合可以制作出很多表现。

- 准备工作
- 制作纹理混合材质
- 读取纹理信息
- 组合使用了顶点颜色的混合处理
- 在墙壁的网格中喷涂顶点颜色
- 使之在复杂形状中也可以混合
- 使其表面能看出仿真的凹陷

9-3 准备工作

首先，确认使用信息。

本章中使用的信息保存于内容浏览器的"内容 > CH09_TextureBlend"中。

9.3.1 关卡数据的确认

双击打开Maps文件夹中的"Level_TextureBlend"。

只应用于岩石材质和主材质，不在其他材质中进行分配。

本章将制作选中的墙壁材质。

↑ 打开Level_TextureBlend的关卡

9.3.2 纹理数据的确认

选择Textures文件夹，里面有6个纹理。

作为墙壁材质来使用的是石灰和砖块两种。

石灰纹理（Plaster）

墙壁的石灰用纹理。没有突兀的渲染，整体上都是脏脏的感觉。

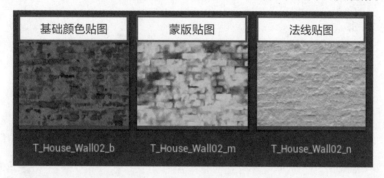

砖块纹理（Brick）

与第4章中使用的一样，都是砖块的纹理。砖块上有一部分表现为石灰脱落。

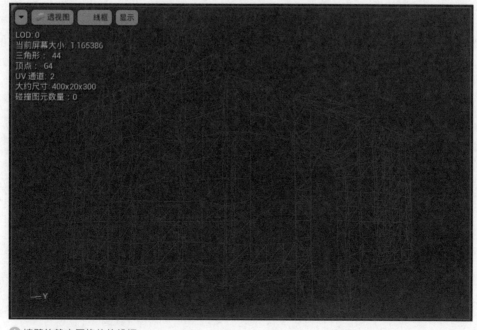

9·3·3 网格数据的确认

这是墙壁的网格数据。网格被细分，以便于喷涂顶点颜色。

⬆ 墙壁的静态网格体的线框

显示顶点颜色后，可以这样确认白色被分配。

⬆ 相同网格的顶点颜色显示

Ｔⓘⓟⓢ **静态网格体编辑器的显示设置**

在背景中显示球体或地面，有时候确认线框和顶点颜色比较困难。

这时通过设置"窗口 > 预览场景设置"来显示标签，取消勾选设置项目中的Show Environment和Show Floor，使视口编辑器隐藏。

快捷键分别为I和O。

9-4 纹理混合材质的制作

9.4.1 纹理数据的读取

首先从新增材质和读取砖块以及石灰的纹理信息开始。通过前面的学习，大家应该已经掌握了材质制作的基本操作，下面进行主要的说明。材质组成的顺序请一边参考图片一边进行。

❶制作新增材质

在内容浏览器的Materials文件夹中新建材质，材质名称输入M_Wall。

⬆ 新建材质，输入M_Wall

❷制作石灰的质感

首先，制作石灰的质感。制作从Textures文件夹中读取石灰纹理的平铺处理。请参考下面的图片制作节点。想将平铺处理从材质实例编辑器更改至参数，需要进行以下设置。

◉ 使用节点

- TexturesCoordinate
- Multiply
- ScalarParameter
  Parameter Name "Plaster_Tiling"
  Default Value（1）

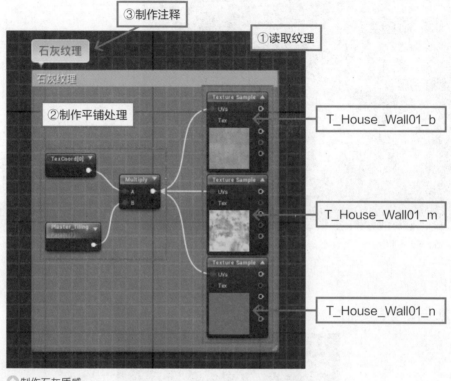

↑制作石灰质感

TIPS　制作注释

要整理材质, 不可或缺的就是注释, 选择节点后, 按住C键, 也可以完成制作。

❸制作砖块的质感

下面制作砖块的质感。砖块与石灰一样, 要在材质编辑器中制作。这里也参照刚才的图片制作节点。这里也要更改成使用参数, 各个节点的参数按照下面所示进行设置。

◉ 使用节点

- TexturesCoordinate
- Multiply
- ScalarParameter
  Parameter Name "Brick_Tiling"
  Default Value（1）

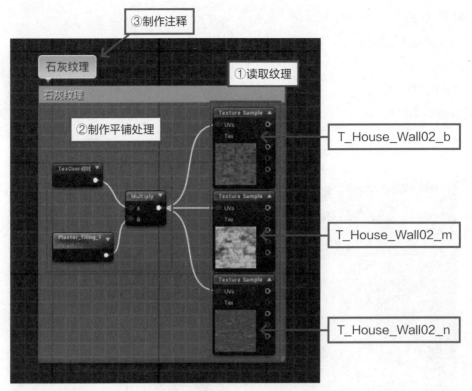

⬆制作砖块质感

❹整理配置

按下图所示，按照上面是石灰下面是砖块进行排列。这样墙壁的外观就准备好了。

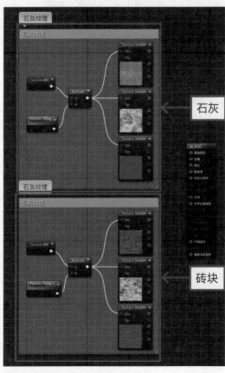

⬆将石灰和砖块排列配置

9.4.2 组成使用顶点色的混合处理

下面我们来添加指定区域石灰脱落的效果，这里要使用纹理混合的功能。组合使用顶点色，可以完成混合处理。

❶增加用于混合的节点

首先，制作混合的节点。不仅是在纹理中，只要使两个不同的值进行混合，都要使用LinearInterpolate。

⬆ 在面板中搜索LinearInterpolate，进行制作

材质公式 说 明　 **LinearInterpolate**

⬆ LinearInterpolate

快捷键：L

LinearInterpolate是进行混合处理的节点，能够正确处理线性插补，缩写为"Lerp"。

线性插补听起来很难，其实进行的处理类似Photoshop中A和B两个图层，使用B的图层蒙版来显示是一样的。将图层蒙版的值连接到Alpha。

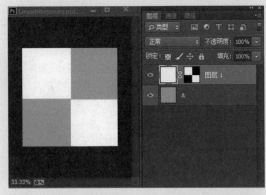

⬆ 在Photoshop中进行LinearInterpolate处理的结果

如果将这个Photoshop的图层构造用材质进行表现，就会变成下面左侧图的样子。使用连接至Alpha的值，混合两个图层（值）。

再来看下面的右侧图。在Alpha中输入0.8，就会显示出A和B的值混合后的结果。与左侧用Photoshop制作进行相同处理，可以在Alpha中输入纹理中的值。

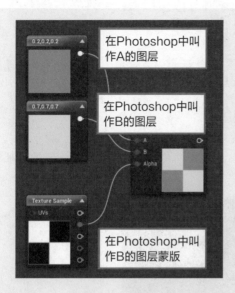
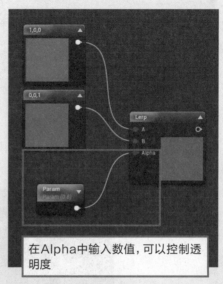

在Photoshop中叫作A的图层

在Photoshop中叫作B的图层

在Photoshop中叫作B的图层蒙版

在Alpha中输入数值,可以控制透明度

⬆ 在Alpha中连接纹理和参数等一个通道的值来使用

如上所述,Alpha的值通过将像图层蒙版这样的一个通道的数据变成各种各样的值,可以完成很多混合的表现。

即便如此,不是连接什么都可以的。Lerp也和材质的计算规则一样,需要A和B中连接相同的通道数。此外,在Alpha中也可以输入一个通道之外的值,但是基本上都是输入一个通道的值。

❷ 将基础颜色贴图连接至Lerp

下面我们把Lerp中需要的值进行连接。从基础颜色开始组成,将石灰和砖块的基础颜色贴图分别连接至Lerp。

请注意,如果将A和B连接反了,那么处理也会反过来。

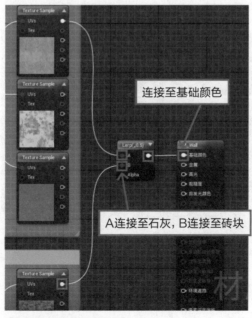

连接至基础颜色

A连接至石灰,B连接至砖块

⬆ 从基础颜色贴图分别连接至Lerp

❸ 确认基础颜色混合的结果

在视口编辑器中查看Lerp的结果。Alpha的默认值变成了0.5。因此，可以确认砖块和石灰各显示50%。

❹ 连接VertexColor

在顶点色中指定想要脱落石灰的部分。

在Lerp的说明中，已经说明过在Alpha中连接图层蒙版这样的一个通道的信息。一个通道的信息不仅是数值或者纹理的R、G、B、A的值。顶点色的R、G、B、A的值也作为一个通道的值进行处理。

从顶点色获取R通道的信息，连接至Lerp的Alpha。使用VertexColor节点即可获取顶点色的信息。

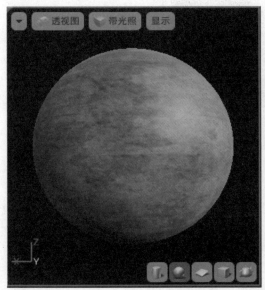
🔼 使用Lerp的结果，石灰和砖块两种材质都能显示出来

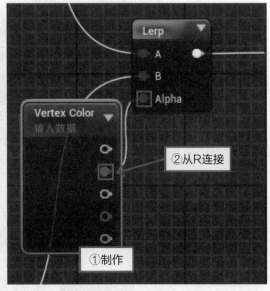
🔼 VertexColor连接至Lerp

材质公式 说 明 [VertexColor]

🔼 VertexColor

VertexColor在获取应用于网格的顶点色信息时使用。通过将各个通道连接至Lerp的Alpha，可以用于混合2~3个种类的质感，或者用于在基础颜色中补充顶点色的颜色等的表现中。

VertexColor与TextureSample类似，有RGB和RGBA的5个引脚。使用每个通道最多可以混合5种质感。

❺确认视口编辑器

再次确认视口编辑器。查看视口编辑器可以看到砖块显示出来了，但是不知道顶点色中是否已经混合。

将显示的原始形状更改为圆柱。更改为圆柱后，就可以确认砖块和石灰是否混合了。

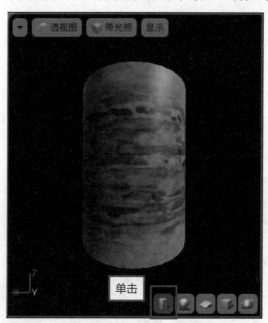

⬆将视口编辑器的显示更改为圆柱形后，可以确认石灰和砖块的混合

T I P S　确认顶点色

原始图形中圆柱形设置了顶点色，如图所示。在视口编辑器中确认VertexColor，只显示了RGB，但是各个通道如图进行设置。如果想使用顶点色确认混合结果时，使用圆柱形就可以简单进行确认了。

⬆在圆柱形的每个通道进行涂抹。A没有涂抹

❻将粗糙度贴图和法线贴图也设置混合

将粗糙度贴图和法线贴图也像基础颜色贴图一样组成Lerp的处理。重复工程1~4的步骤进行相同的组合。粗糙度是从纹理的R通道中获得值的，注意不要弄错了。

使用lerp后，连接的线交错在一起，图表容易变得复杂。我们一边整理配置一边进行组合。

如图所示，组合完成后，这个工程就完成了，单击"Apply"按钮。

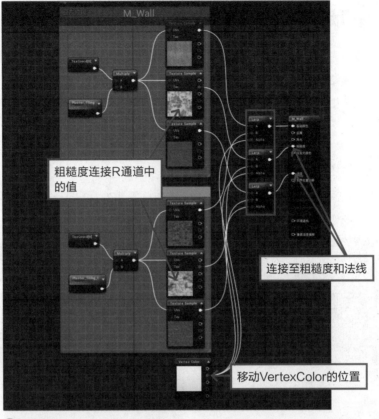

粗糙度连接R通道中的值

连接至粗糙度和法线

移动VertexColor的位置

⬆ 粗糙度和法线中也做好了混合的处理

🆃🅸🅿🆂 容易混乱的Lerp

制作使用Lerp的处理后，如果得到了反相结果，就很难知道处理是否正确进行。我也经常混淆，反复连接节点和撤销节点。纹理混合的Lerp可以显示出Alpha中的信息、A和B的值、顶点色等，都可能表现为反相结果。这些值都不是绝对的，所以容易混淆。不要慌张，一个一个确认信息。首先确认Alpha中输入的值是否正确（是否在0~1之间等）。然后，查看A和B中输入的值是否正确连接。最后，看顶点色是否涂有颜色。一定要仔细进行确认。

---

❼ 确认结果

最后，在视口编辑器中确认粗糙度、法线的信息也混合了，至此这个工程就完成了，单击"Apply"按钮。

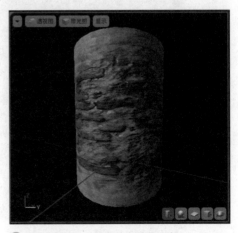

⬆ 确认粗糙度、法线的信息是否正确

9.4.3 在墙壁网格上喷涂顶点色

使用Lerp在顶点色做好了可以进行纹理混合的材质。在网格中喷涂顶点色，确认材质的表现是否达到了想要的结果。

在UE4中，关卡中配置的静态网格体中有喷涂顶点色的功能，叫作**网格喷涂**。使用这个功能来设置顶点色吧。

❶ 在静态网格体中分配材质实例

首先，在墙壁的网格中分配材质实例。在内容浏览器中选择Materials文件夹，在M_Wall上单击右键，从菜单制作材质实例。材质名称设置为MI_Wall。

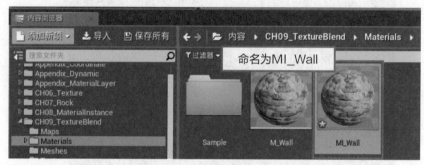

⬆在M_Wall上单击右键，从菜单制作材质实例。材质名称输入MI_Wall

❷ 在墙壁的网格中分配材质

通过拖拽将MI_Wall材质应用到关卡的墙壁网格中。

⬆将MI_Wall向墙壁的网格拖拽

❸ 尝试顶点混合

在墙壁的网格中应用材质。从现在开始切换为喷涂模式，进行网格喷涂。选择墙壁网格。

单击笔形图标，将模式切换为喷涂。

❹ 确认绘制模式的页面

绘制模式的页面如右下图所示。绘制模式从4.16版本开始改良为使用UI进行操作，使用该模式可以进行骨架网格体的绘制和纹理绘制。光使用绘制就可以做各种各样的事情，本书仅就Vertex Color Painting进行说明。

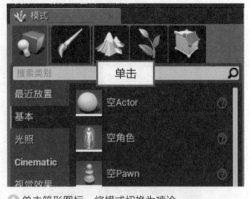

↑ 单击笔形图标，将模式切换为喷涂

◉ 喷涂模式的选择

在网格中进行顶点色绘制时，选择Vertex Color Painting。

◉ 画刷的调整

调整画刷的半径、强度、衰减的百分比（译者注：画刷衰减定义了从画刷开始衰减的地方占画刷边界范围的百分比。从本质上讲，这决定了画刷边缘的尖锐度。衰减值0.0意味着画刷在整个范围内都具有完全效果，具有尖锐的边缘。衰减值1.0意味着画刷仅在其中心具有完全效果，在它的整个区域到达边缘的过程中影响将会衰减）。

◉ 喷涂颜色

默认绘制色为白色，擦除色为黑色。

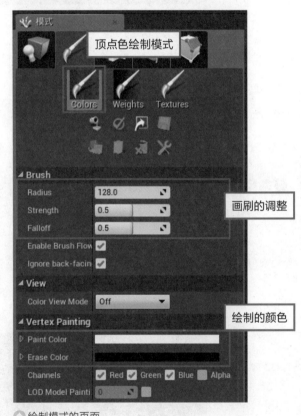

↑ 绘制模式的页面

❺ 选择网格

选择墙壁的网格，将光标移动到上方后变成圆形画刷光标，这代表了绘制画刷的效果范围。此外，小点在圆圈的里面，表示网格的顶点。

选择网格

网格的顶点

⬆ 选择墙壁。在画刷范围的圆中显示顶点

⑥ 调整画刷大小

通过更改Radius来调整画刷的大小。此外，通过Strength来调整强度。

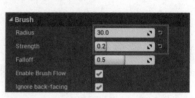

⬆ 调整画刷大小的半径

🅣🅘🅟🅢 调整画刷大小的快捷键

调整画刷大小的快捷键与Photoshop中一样，均为"["和"]"。

⑦ 网格绘制

下面来尝试绘制。选择网格后，单击鼠标左键进行绘制操作。

此时发现无法进行绘制操作。

单击左键不能绘制

⬆ 单击左键进行绘制，但是没有发生变化

⑧确认顶点色

为什么不能绘制呢？我们来确认网格的顶点色。

绘制中有显示顶点色的功能。在RGB通道中尝试Color View Mode。为什么不能在网格中使用白色的顶点色呢？

⬆ 顶点色的颜色可以在每个通道中切换显示

⑨绘制颜色变成黑色

下面我们来试一下绘制黑色。

单击Paint Color，使用拾色器将颜色更改为黑色。

⬆ 使用拾色器更放颜色

在网格上单击鼠标左键，就可以绘制黑色。尝试切换显示为off，在绘制的位置显示石灰的纹理。

⬆ 绘制后的效果。RGB通道显示（左）和切换为off（右）

这个操作是没有问题的。想用顶点绘制进行控制的是可以看到基材的砖块的地方，现在的操作正好相反。此外，顶点绘制的初始值为黑色，一般的操作是根据感觉来涂颜色（由于每个人主观对颜色的感觉有所不同，所以一般在绘制的时候会根据每个人不同的感觉来涂颜色）。

我们有必要先把这个问题解决。

⑩ 填色

解决这个问题的方法是，把网格中应用的顶点色的初始值设置为黑色。

填色需要使用填色功能。单击左上角倾斜的罐子图标。把墙壁填充为黑色，石灰的质感改变了。

↑ 用填色功能填成黑色，石灰整体显示

⑪ 将绘制颜色恢复为白色

再次将绘制颜色恢复为白色。

用这个来绘制墙壁的网格，绘制的地方砖块会显示出来，这样操作就没问题了。

⬆ 绘制的地方显示出砖块

TIPS **消除颜色**

不小心涂多了的时候，可以按住Shift键的同时单击鼠标左键，通过Erase Color进行绘制。如果Paint Color和Erase Color的颜色相同会看不出效果，请注意这一点。

TIPS **每个通道的绘制**

在每个通道使用蒙版时，只会对特定的通道产生影响。受绘制影响的通道，可以通过勾选和取消勾选复选框进行操作。例如，仅选择红色的复选框进行绘制，显示为RGB，绘制色为白色，但是仅对红色通道有影响，所以显示为红色。

⬆ 显示RGB，涂红色

如上操作，不仅能够指定涂抹绘制色，还能通过切换影响通道来利用直觉进行绘制，推荐尝试。

9.4.4 使复杂的形状可以进行混合

在顶点色中查看纹理混合的结果，可以看到顶点和顶点之间的值是有梯度的，所以混合结果是模糊的。

查看墙壁的参考图片，石灰和砖块的界限没有模糊，可以非常清楚地看到形状。为了再现这个效果，尝试在Lerp的Alpha中调整输入值，并使用复杂形状进行混合。

↑ 将参考图片与顶点混合的效果进行比较

❶ 组合VertexColor和高度贴图（height map）

回到M_Wall的材质编辑器。

如果Lerp的Alpha连接的信息的形状复杂的话，混合的结果也会变成复杂的形状。尝试组合与顶点色的信息不同的信息，来改变形状吧。

不同的信息中使用的功能根据每个想要表现的效果而不同。现在我们想要根据砖块的凹凸来表现石灰的脱落，所以进行砖块的高度贴图组合。在砖块纹理的中央的节点T_House_Wall02_m的G通道中，保存了如图所示的高度纹理的信息，我们将使用这个信息。

↑ T_House_Wall02_m的G通道中保存了高度贴图

［说明］　高度贴图

　　高度贴图也叫高度的贴图，正如它的名字一样，保存了图片的高度信息。

　　例如，如图所示，使用了砖块的纹理。查看根据这个纹理制作的高度贴图，我们可以知道，砖块越是凸出来的地方，颜色越白；越是凹进去的地方，颜色越黑。像这样，高度低的地方用黑色来表现，高度高的地方用白色来表现就是信息贴图。

⬆ 砖块的纹理和它的高度贴图

❷将高度贴图和VertexColor做乘法运算

　　在顶点色中组合信息时，使用Multiply和Add。这个组合方法，希望大家不需要想原理就能记住。

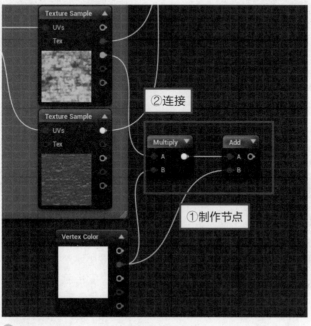

⬆ 向Multiply和Add连接高度贴图和顶点色

❸ 制作Power

运用高度贴图和VertexColor的乘法运算结果来调整对比度。

想要调整对比度时，使用Power节点。

为使对比度的增减在关卡中能够进行调整，使用参数。在Scalar Parameter的详情中输入以下值。

⊙ 使用节点

- Power
- Scalar Parameter
  Parameter Name "MaskContrast"
  Default Value "2"

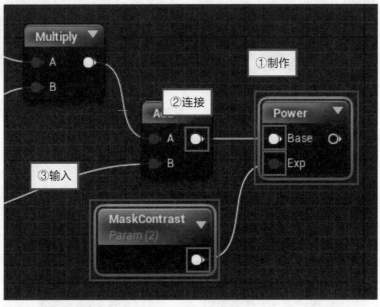

⬆ 制作对比度的调节处理

材质公式 说 明 [Power]

⬆ Power

快捷键：E

- -

Power是对于Base中输入的值与Exp的值进行累乘运算的材质公式节点。

主要用途为调整对比度。

如下图所示，在云朵图案纹理中连接Power节点，将Exp设置为2，颜色会变暗。累乘的特征是对1以下的值进行累乘，数值会越来越小，为了保留明亮的地方，调整对比度。

利用这一特征，在Base中输入1以上的值后，就可以调整对比度了。

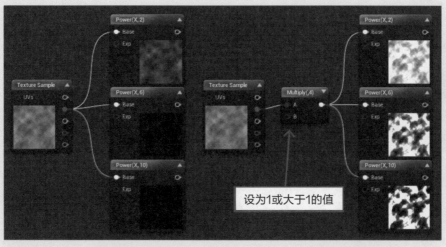

⬆将TextureSample的值进行幂运算后，亮度会变暗（左边），但是在Multiply中用1以上的值进行幂运算，就可以调整对比度了

❹在预览中确认Power节点

我们来确认一下，刚才进行的操作的效果。能够确认顶点色和高度贴图的组合结果就可以了，停止节点的预览。

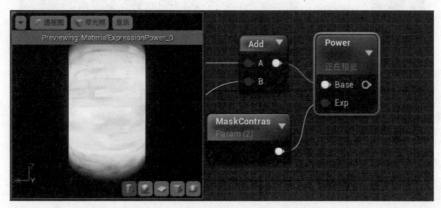

⬆Power的预览结果。如果是1以上的值，就会产生发光的效果

❺在Clamp中设置0~1的值

为了调整对比度，输入了1以上的值，但是Alpha中连接的值必须在0~1的范围内。这时，需要使用将输入的值指定在一定范围内的Clamp（限制）节点。

⬆将Power连接至Clamp

材质公式 说 明 [**Clamp**]

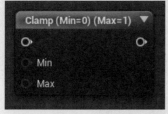

⬆ Clamp

Clamp将输入的值指定在最小值和最大值的范围内。

最小值为Min，最大值输入至Max，这样就指定了范围。

⑥在预览中确认Clamp

再次确认结果。

在预览中查看Clamp，好像跟刚才比没有什么变化，但是值已经在0~1之间了。Mask Contrast的值很小，所以还保留了很多梯度。

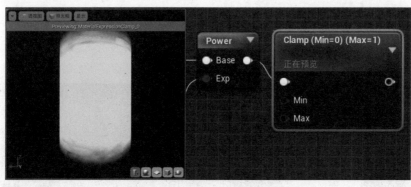

⬆ Clamp中的值在0~1之间

⑦调整Mask Contrast的值

Mask Contrast转化为参数，所以可以在材质实例中调整，但是因为它带有一定的对比度，所以细节上的调整需要在材质实例中进行。

请尝试在Mask Contrast的值中输入各种数值来调整对比度。可以输入20~30的值作为标准。

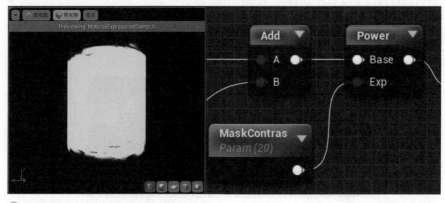

⬆ Mask Contrast的值为20时的预览结果

TIPS 什么时候使用Clamp

Clamp是把输入的值收入到一定范围内的功能，所以这个节点不太好判断在什么时候使用。

需要使用Clamp处理的主要是像刚才一样，是当颜色的值（float3）混合至Lerp的时候。这时，需要将Alpha的值收入到0.0~1.0的范围内，所以在连接到Alpha之前，使用Clamp进行调整。

但是，如果在Alpha中输入的值已经在0.0~1.0的范围内时（例如，直接参照纹理值，或者直接从VertexColor节点进行连接等），就不需要使用Clamp了。

⑧将Clamp的结果连接至Lerp的Alpha

对比度的值可以调整后变为连接Lerp的Alpha。进行完上述操作，单击"Apply"按钮。

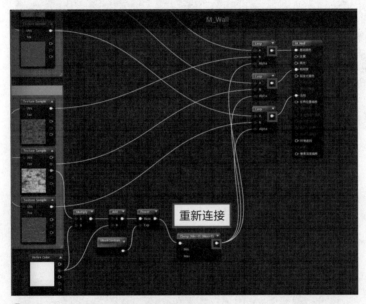

⬆ 从Clamp重新连接至三个Lerp的Alpha

⑨确认纹理混合

在墙壁网格中确认结果。

查看关卡视口编辑器，顶点色的梯度不见了。

⬆ 用复杂的形状进行纹理混合

⑩在材质实例中调整平铺值

下面来确认是否沿着砖块的凹凸进行了混合，确认高度贴图的效果。现在砖块的平铺值太大，所以调整平铺值。

打开材质实例的MI_Wall，可以根据自己的喜好来调整Brick_Tiling的值。

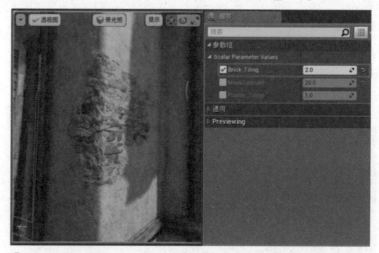

⬆ 调整砖块的平铺值

⑪网格绘制

如果觉得绘制的地方变少了，可以按住Shift键的同时单击鼠标左键来慢慢查看网格绘制。比起一下子涂上，可能一点一点地单击鼠标来反复操作进行绘制效果更好。这样就能通过保留砖块的质感，确认混合的感觉了。

⬆ 灵活使用砖块的凹凸来进行混合，看上去会更自然

⑫确认MaskContrast

最后，确认MaskContrast的参数是否在进行正确的操作。如果滑动鼠标可以调整混合的幅度，那就代表成功了。

| 2 | 8 | 20 |

⬆MaskContrast的值的变化

　　虽然这次我们使用了高度贴图，但即使只用像云图案这样的通用纹理，也可以获得非常有趣的效果。

　　在近年发布的游戏中，使用纹理混合可以让游戏效果非常逼真。我们应该灵活运用纹理混合，结合自己的想法可以表现出各种各样的效果。

TIPS 墙壁的渲染

　　纹理混合的组成方式不限于混合不同的材质，它还可以丰富质感。下面简单介绍一下最初给大家展示的完成作品③的渲染方法。

　　首先，如图所示创建墙壁渲染。使用存储在[T_House_wall 01 _ m] G通道中的墙壁渲染的蒙版信息，然后调整渲染比例。

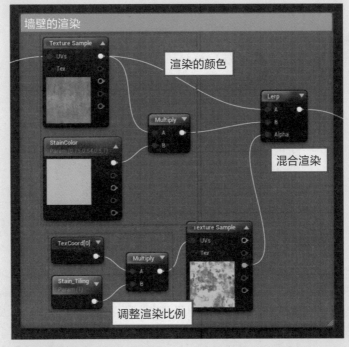

⬆墙壁渲染处理

　　将墙壁渲染的[Lerp]和石灰的基本颜色连接到[Lerp]，并将其与顶部颜色的G通道混合。这样就可以看到图案被部分平铺渲染出来了。

⬆ 墙壁的渲染和顶点色的G通道进行混合

　　这样组合就可以增加之前不容易添加的污迹的信息了。像墙壁一样，如果知道素材没有使用金属色，也可以在B通道中添加信息，还可以添加信息进行混合。

　　但是，需要注意的是，这样增加处理的话，纹理和材质的规格也会变得复杂。复杂的表现和方便使用的材质是矛盾的。所以，请一边注意纹理和材质的规格和管理，一边增加材质的功能。

🆃🅸🅿🆂 使用HeightLerp

　　本章中使用了制作高度贴图的混合处理，使用HeightLerp节点来完成。

⬆ HeightLerp节点

　　将连接了Lerp的A、B节点连接至Transistion Phase，与连接了VertexColor等Lerp的Alpha相连。在Height Texture中连接高度贴图，在Contrast中连接ScalarParameter，调整混合的对比度。

　　我们在第12章学习材质的函数后，就可以确认函数的处理了，那时候我想大家就会明白这与函数进行的是大致相同的处理。

　　像刚才那样，想要通过高度贴图来进行混合时，也可以通过使用材质函数来进行处理。

9.4.5 模拟凹陷

我们制作了墙壁的材质，在顶点色中进行了混合，进行完这些操作之后大家应该发现了点什么吧。"看到的应该是石灰脱落后露出的砖块，为什么看起来感觉是砖块凸出来了呢？"

原因是我们只是混合了法线贴图，没有加入让它看起来凹陷的法线贴图的处理。切换至详细灯光的显示中，就能一目了然地看出没有制作凹陷的效果。

⬆视口编辑器中显示详细灯光

这是根据砖块的纹理状态产生的。如图所示，以砖块为基底，只使用砖块进行组合时，也不会有因石灰脱落而让砖块凸显出来的感觉。砖块有凹陷进去吗？并没有。

解决这个问题的方法有很多，这里给大家介绍的是**看起凹陷进去的技术**。

⬆更改了砖块的法线贴图

❶ 模拟凹陷是什么

模拟看起来凹进去的感觉的技术叫作**视差贴图**（Parallax Mapping）。视差贴图是将高度信息脱离被贴图的纹理坐标，使其看起来凹陷的技术手法，跟法线贴图相比，可以得到更加立体的效果。法线贴图从侧面来看多边形的面很难看出凹凸的感觉，但是使用高度贴图和视差贴图后，从侧面也能看出立体的感觉。但是，仔细看的话会感觉不太清晰，在墙壁和地板上使用时要多下点功夫。

⬆StarterMap中的Cobblestone，Pebble。只有法线贴图（左图）和使用了视差贴图（右图）

❷ 配置BumpOffset

现在我们开始进行处理。回到材质编辑器，在材质中表现视差贴图时，使用BumpOffset（凹凸贴图偏移）。BumpOffset可以获取纹理中使用的平铺信息，所以在平铺处理和纹理之间进行配置。

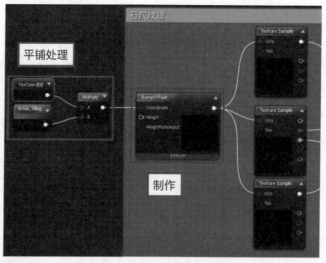

⬆制作BumpOffset

⬆BumpOffset

材质公式 说 明 ⌈ BumpOffset ⌉

快捷键: [B]

BumpOffset是在进行视差贴图时使用的节点。Height是必须连接的节点。也有连接高度贴图的时候，但是通过连接Constant，会使纹理本身像图层一样移动，可以造成凹陷进去的错觉。

❸将Height连接至ScalarParameter

因为必须要连接Height，所以会显示出错。想让砖块看起来凹陷进去，所以要把Height连接至ScalarParameter，然后调整凹陷的程度。这样就加入了视差贴图的功能，单击"Apply"按钮。

◉ 使用节点

• ScalarParameter
Parameter Name "Brick_Height"
Default Value（0）

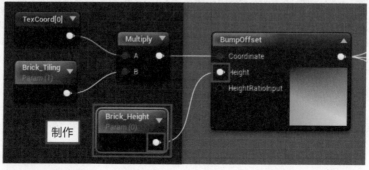

⬆将Height连接至ScalarParameter

❹ 调整高度

现在返回至关卡视口编辑器，在材质实例的MI_Wall中输入Brick_Height的值，然后确认其变化。看图片很难看出效果的差异，但是如果使用滚动条来改变高度的值，就会看出砖块从凹陷中向外移动的感觉了。

视差贴图的效果可以在相机移动的时候感觉出来。现在的这个表现，可以输入-0.1，然后移动照相机，就可以得到更好的效果。

⬆ 看图片很难看出效果，在Brick_Height中输入0（左）、–1（中）、1（右）之后的效果

也许会有人觉得现在的效果已经很好了。但我认为做为视差贴图的说明来说，这里使用的这个例子还不是很好的题材，这次是为了给大家介绍模拟的方法而选用了这个例子。

最后，保存材质和关卡后，然后关闭。

ⓣⓘⓟⓢ 视差贴图的使用实例

使用视差贴图后，会出现不可思议的视觉错觉。在ShadowdownVRDemo的街道一角的店铺中很好地使用了这一效果。

从图片上不太容易看出效果，但是移动照相机之后，前面和里面的货架会错开移动，这样就会觉得好像凹进去了。模型本身是像图片一样的平面，前面的多边形里面其实什么都没有。

⬆ ShadowdownVRDemo的商店。店内看起来是立体的，但是其实只是一个平面图而已

弄懂了材质的处理后，就可以像这样通过在BumpOffset的Height中输入值来指定凹陷的距离，也可以从商店的橱窗、前面的前台、里面的货架等不同的视点角度做出错开的效果。

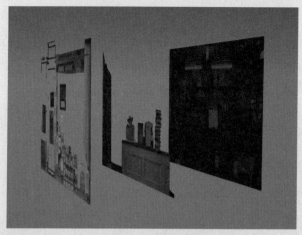

⬆ 如图所示，在材质中是由3个错开图层的处理组合而成

这个手法并不特别，是从PS3、XBOX360的时候就开始使用的技术。

Column

粗糙度值的调整

在PBR的设置项目中，有很多标准，例如用金属色来判断是否为金属，用基础颜色来测量现实世界中的物理层面上物质的颜色和透明度是否正确等。但是粗糙度会根据物体的状态不同，表面的粗糙程度也会不同，需要通过视觉来调整效果的部分是一个大工程。

粗糙度的调整

将粗糙度连接至Lerp的Alpha，在A中输入最小值，B中输入最大值。

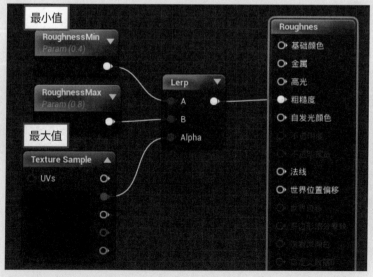

⬆ 调整粗糙度值的组成方法

如图所示，使用粗糙度贴图，查看直方图会发现在大范围内进行了制作。不是配合砖块的质感制作的粗糙度贴图，而是通过将砖块的粗糙度中最暗的值设置为黑色（0），将最亮的地方设置为白色（1）来制作的。

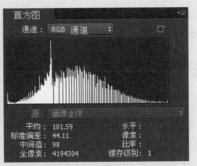

⬆ 粗糙度贴图和直方图

首先，是不调整这些粗糙度贴图的值，直接输出的情况。左边是粘贴了基础颜色贴图、粗糙度贴图、法线贴图的状态，右边是只显示了粗糙度值的状态。

因为粗糙度整体昏暗，所以虽然是砖块，也会觉得被喷涂（绘制）得很光滑。

⬆ 连接了基础颜色贴图、粗糙度贴图、法线贴图（左），只显示了粗糙度（右）

下面是使用了材质，调整粗糙度的值。一边查看视口编辑器一边调整输入在Roughness Min和Roughness Max中的值。调只需不到一分钟的时间。

如上所示，在UE4中简单调整值，就可以省去打开Photoshop或Substance等重新调整的时间了。

⬆ 在材质中调整了粗糙度的值

查看StarterContent中的材质可知，这个材质公式的组成方法经常使用。这个手法非常灵活，它不需要特意准备粗糙度贴图，可以延用基础颜色贴图的通道使用粗糙度。

为调整粗糙度，通过制作材质，可以减少在调整上花费的时间。但是，如果像平铺纹理一样一般只使用一次的情况，使用调整了质感的粗糙度贴图也许更好。

在大范围内制作粗糙度贴图的值，还是配合质感来制作，可以根据开发的状况或者它的用途来判断。

Column

调整使用了CheapContrast的对比度

在第9章中，调整对比度时使用了Power节点，其实要调整对比度，使用CheapContrast材质函数也是一种方法。

CheapContrast具有类似Photoshop的关卡修正的效果。使用CheapContrast，将第9章中制作的Power的部分，如图所示改变组合材质，也可以调整对比度。

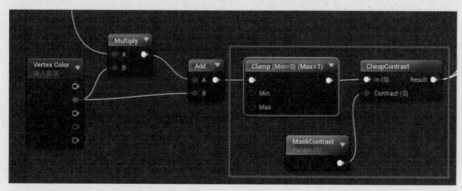

⬆ 使用CheapContrast的组合方法

大家可能会疑惑为什么Clamp到前面来了呢？查看CheapContrast中的处理可知，因为In的值通过材质函数内的处理连接在Lerp的Alpha中，所以如果输入了0~1范围外的值，就不能得出正确的结果，所以它到前面来了。

Power和CheapContrast的计算不同，所以对于梯度的对比度的运算结果也不同。如图可知对VertexColor的对比度的运算结果是不同的。

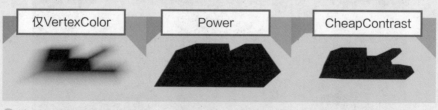

⬆ 对VertexColor使用Power和CheapContrast的对比度运算结果是不一样的

第 10 章

制作水洼材质

本章将学习使用贴花功能
来制作水洼的方法。

10-1 在新增表现上贴花

与上一章制作墙壁一样，地面面积也很大，所以使用材质混合来表现。地面比墙壁的面积更大，而且有各种细节复杂地混入其中，仅用材质很难表现。

⬆ 本章中使用的HDRI图片均引用自 (cc) BY-ND http://noemotionhdrs.net

而且不仅要表现地面的网格和材质，还要表现布局上面的草和石头，使得画面不显单调。除了配置网格外，缓解单调的另一种方法是**贴花**功能。

10.1.1 什么是贴花

首先来了解一下贴花是什么？听到贴花这个词，可能会想到在塑料模型的表面上贴的标签贴纸，游戏图形中的贴花也大概是同样的意思。使用纹理和材质制作贴纸，然后贴到网格的表面上。

游戏中经常出现射击的场景，如下图所示的射击游戏demo中，被子弹射击后的弹痕和飞溅的血液等，或者沙漠和雪地上留下的脚印等，这些通常都使用贴花来表现。如图中的科幻银行demo一样，作为背景对象，将墙壁的渲染和现实环境通过贴花来增加信息量。

⬆ 射击游戏demo中使用的弹痕贴花

科幻银行demo中作为背景的贴花使用实例。没有使用贴花（左）和使用贴花增加渲染（右）

10.1.2 确认水洼的引用

使用贴花来增加地面的什么效果好呢？有一个很好用途，又可以放在不同的位置，即表现水洼。

水是与周围其他的素材不一样的材质。因为反光度高，可以倒映周围的东西，又可以通过增加不同的质感来改变画面的风格。用贴花来制作这种水洼，可以很容易更改配置，所以使用起来非常方便。

首先观察水洼，思考想要做成什么样的效果。这是下雨后在附近的公园里拍到的水洼。从照片中可以看到以下要素。

- 积水的地方是扁平的
- 积水的地方反光度高
- 积水旁边的土是湿润的

公园的水洼

虽然从上面的照片里看不到，但是应该还有以下几个要素。

- 水洼会在比旁边地面低的地方汇聚
- 风吹过来水面会波动

下面我们尝试将这些要素通过材质表现也来，作为水洼的贴花来使用吧。

10.1.3 材质的制作流程

水洼的制作分为两个阶段的工程。

我们先来学习贴花材质和贴花Actor，然后使用贴花来制作水洼的材质。

只看工程的话，会觉得要学习的东西很多，数量也很多，但是如果试着做一次，就会发现并不难。我们一个一个来学习吧。

- 准备工作
- 贴花材质的使用方法
- 制作贴花材质
- 试着使用贴花Actor
- 混合模式的种类

- 水洼材质的制作
- 制作水面
- 尝试让水面波动
- 调整水波的强度
- 调整水波的速度

10-2 准备工作

首先，我们来确认一下使用的数据吧。

本章中使用的数据均保存在内容浏览器的"内容 > CH10_Decal"中。

10.2.1 关卡数据的确认

在Maps的文件夹中有Level_Decal。打开这个关卡后，材质中会显示正在应用的小屋关卡。本章的最后，将在这个关卡中配置贴花，尝试将它变成与概念艺术相同的效果。

小屋素材

⬆ 打开Level_Decal关卡　　　　　　　⬆ 小屋的概念艺术

10.2.2 纹理数据的确认

使用的纹理在Textures文件夹中，里面有两个纹理。此外，可以参考使用Starter Contents中的水面纹理。

水洼用纹理（Puddle）

这是水洼用的纹理，使用了蒙版贴图和法线贴图。法线贴图表现的效果水面的部分是平的，周围有水洼边缘的凹凸的感觉。

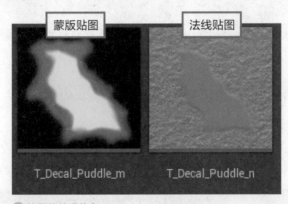

| 蒙版贴图 | 法线贴图 |

T_Decal_Puddle_m　　　　　　T_Decal_Puddle_n

⬆ 使用的纹理信息

蒙版贴图的R通道中保存有水洼的形状，G通道中保存有水面形状的蒙版信息。

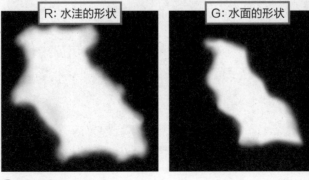

R: 水洼的形状　　　　　　G: 水面的形状

⬆ 蒙版贴图的各个通道

10-3 贴花材质的使用方法

10.3.1 制作贴花材质

首先我们从贴花用材质的设置开始学习贴花Actor的使用方法。

❶新建材质

在内容浏览器中选择Materials文件夹。

新建材质，设置材质名称为M_DecalPuddle。

⬆新建材质，输入名称为M_DecalPuddle

❷将材质属性切换至Deferred Decal（延迟贴花）

作为贴花使用材质时，必须更改材质的使用方法。

双击做好的M_DecalPuddle，打开材质编辑器，在"细节"面板中设置"Material > 材质属性"为Deferred Decal。

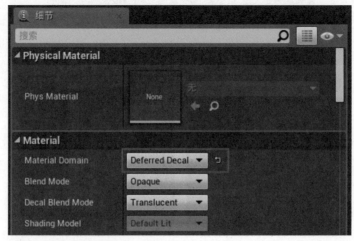

⬆将材质属性切换为Deferred Decal

［说明］ 材质的详情

材质的"细节"面板中有很多设置项目，经常使用的是材质中的项目。通过更改这里的项目，可以切换材质的使用方法和计算方法。

其他的项目在设置特殊材质时使用，例如半透明或镶嵌（tessellation）。使用频率不太高，所以在需要使用的时候学习就可以了。

［说明］ 材质属性

材质属性是设置材质使用目的的项目。大部分时候使用Surface，在节点中制作表现网格表面的方法。到目前为止我们使用的材质都是这个类型。

除了Surface之外，还有Deferred Decal、Light Function（光照函数）、PostProcess（后期制作）、User Interface（用户界面），再加上4.16的升级版本中新增的Volume，一共有6种类型。

其中，Deferred Decal和Light Function经常用于在做好的背景中增加表现。如下图所示为粒子效应demo中使用Light Function的实例。Light Function可以在光线中设置材质。

在这个例子中，通过向聚光灯分配材质，表现从水面倒影的焦散晃动。用同样的手法，通过在平行光源的光线中使用，也可以模拟云彩的影子。

User Interface在制作用户界面时使用，Volume现在只在部分系统中使用，所以这里不作说明。

⬆ 粒子效应demo中使用Light Function的实例

⬆ 风格化渲染demo中使用PostProcess材质的实例。通过PostProcess可以增加网格的轮廓线和画布（canvas）处理

❸ 将Blend Mode（混合模式）更改为Translucent（半透明）

查看"统计数据"面板，就会显示如图所示的出错信息。我们讲过，使用递延（deferred）贴花需要将Blend Mode更改为Translucent，所以将Blend Mode更改为Translucent，错误提示就消失了。

⬆ 显示出错信息

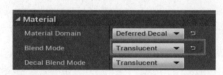

⬆ 更改Blend Mode

❹ 将Constant3Vector连接至基础颜色

为了让贴花的颜色显而易见，我们将它设置为红色。参考下面的图片制作节点，节点的参数如下所示进行输入。

⊙ 使用节点

- Constant3Vector
  Constant3（1，0，0）

这样我们就把使用贴花材质的最基本的准备做好了。单击"Apply"按钮。

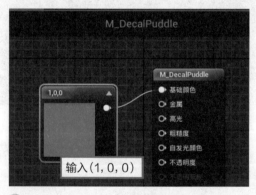

⬆ 将Constant3Vector连接至基础颜色

10.3.2 | 试着使用贴花Actor

贴花材质向贴花Actor分配来使用。在贴花Actor的配置中进行材质的分配，确认贴花。

❶ 打开Minimal Default关卡

为了能够清楚地看到贴花的效果，我们在简单的关卡中进行确认。

首先，打开贴图。双击打开"内容 > Startercontent > Maps"中的Minimal Default。这样就打开了配置有桌子、椅子和地板的简单关卡。

↑ Minimal Default关卡

❷ 配置贴花Actor

在关卡中配置贴花Actor。从节点的视觉效果中选择延迟贴花，拖拽至关卡。

↑ 从节点拖拽至延迟贴花

❸ 确认贴花Actor

向场景中配置贴花Actor。配置的地方将显示为绿色，这是在贴花Actor中初期设置的贴花材质。贴花Actor中有音响，使用转换小部件（widget）将范围缩小，配合音响的大小改变浅绿色的面积。

这样，贴花就可以在音响的范围内应用了。

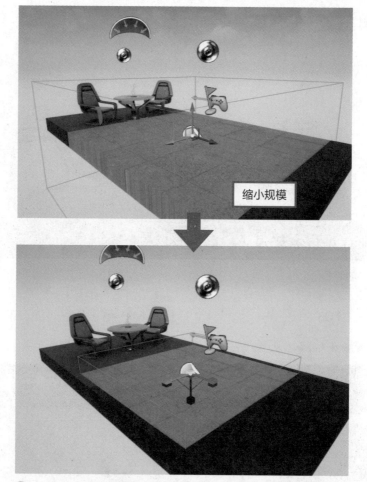

缩小规模

⬆ 只在音响范围内应用贴花

memo **切换移动、旋转、范围**

切换窗口的移动、旋转、范围要用空格键进行操作。

❹确认贴花图标

下面我们来看看贴花的图标。图标在地面以下，不容易看见，我们把它的位置稍微上移。
从图标中可以看到蓝色的箭头，这代表贴花粘贴的方向。

⬆ 贴花图标的方向

TIPS 贴花的方向和法线

应用使用了法线的纹理时，需要注意贴花的方向。贴花从反方向也可以粘贴，但是如果没有考虑多边形的内外，就会出现如图所示的奇怪效果。

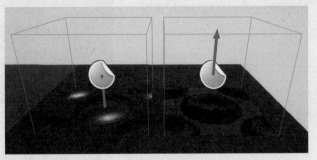

⬆ 正确方向粘贴的贴花（左）和反方向粘贴的贴花（右）

TIPS 贴花的位置和影响的大小

贴花Actor即使在音响的范围内，离Actor的中心位置越远，影响也会越小。如果觉得旋转的贴花影响很小，或者没有影响，试着调节一下位置。

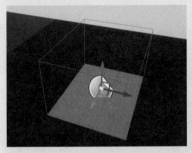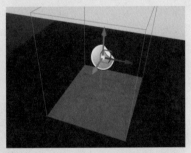

⬆ 离Actor的中心位置的距离不同，影响也会不同

❺**分配贴花材质**

在贴花中分配做好的材质。

查看贴花Actor的"细节"面板。里面有Decal Material。从内容浏览器中拖拽刚才做好的M_DecalPuddle进行设置。

⬆ 在选择了贴花Actor的状态下，从内容浏览器拖拽材质

TIPS 从贴花材质配置贴花Actor

保持内容浏览器中选择了贴花材质的状态，将贴花Actor配置到关卡后，所选择的贴花材质就可以配置设置好的贴花Actor了。

↑ 向关卡拖拽后，变成了贴花Actor的图标

❻ 移动贴花

贴花中反映为材质的红色。通过对贴花Actor移动、旋转和扩大范围来确认粘贴贴花效果。

↑ 反映了贴花材质

TIPS 设置不受贴花的影响

在贴花Actor范围内的静态网格体、骨架网格体，默认将受到贴花的影响。但是，根据不同的效果，也会有不希望受到贴花影响的时候。

这时，在关卡中选择不想受到影响的网格，在"细节"面板中取消勾选"Rendering > Receive Decals"，这样贴花就不能粘贴了。

此外，还要注意半透明网格。半透明的材质不受贴花的影响，所以桌子上的对象不能粘贴贴花。

⬆ 只有桌子撤销了Receive Decals勾选的效果

10.3.3 混合模式的种类

贴花材质根据使用用途可以切换混合模式。混合模式在处理贴花时非常重要，所以我们学习一下混合模式的种类以及其对基底素材带来的影响。

❶ 确认贴花混合模式

返回到M_DecalPuddle的材质页面，查看细节的贴花混合模式。最初为Translucent，也就是说可以半透明粘贴贴花的模式。不设置透明度的情况下，将显示不透明效果。

❷ 更改为Stain（污点模式）

下面试试其他混合模式效果。

将贴花混合模式切换为Stain，单击"Apply"按钮，尝试回到关卡编辑器。与刚才不同，基底的材质变得透明。

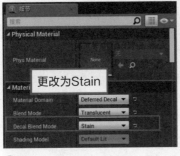
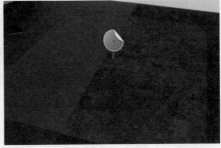

⬆ 将贴花混合模式切换为Stain后，基底变得透明

❸ 分配非金属的材质

Stain根据基底材质的不同，外观也会发生变化。现在两个都是以金属材质作为基底。如果用非金属材质作基底，会变成什么样呢？我们来比较一下。

选择"内容 > Starter Content > Materials"中的M_Ground_Gravel，拖拽向有桌子和椅子的地板网格分配材质。

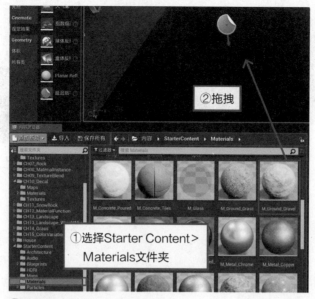

↑ 拖拽M_Ground_Gravel

❹ 比较金属和非金属基底材质效果

如果基底是金属，只能看到一点点透明的感觉，如果是非金属的话，则像渗透了一样，基底的颜色对贴花影响非常大。用Stain的时候，因为有渲染的效果，所以我们可以说如果基底的材质是金属，便不会渲染，如果是非金属，就可以做出类似渲染的效果。

↑ 非金属（右）时，基础颜色贴花的颜色类似渲染的效果。左边是金属的效果

［说明］ 贴花混合模式

查看贴花混合模式，能看到选项可供选择，但是大致可以按照是否适用DBuffer来进行分类（Volumetric Distance Function尚在实验阶段，所以不算在内）。

是否使用DBuffer，会导致操作不同。详情请参照章末的TIPS。

这里将针对使用DBuffer的贴花的混合模式进行说明。

⊙ Translucent

将基础颜色、粗糙度、法线等项目的operacity的值粘贴为原状。与Stain一样，基底为非金属的情况下，不能显示为完全不透明，看起来有一点点透明效果。

主要是将贴花用于与粘贴到的材质质感不同的情况下。

⊙ Stain

与Translucent一样，可以在很多项目中使用，但是与Translucent不同的是，Stain一般用于对作为基底的材质进行渗透时。

⊙ Normal

只会对法线产生影响。例如对道路的裂痕或刮伤等，想要只对法线产生影响，但是因为刮伤也会对粗糙度产生影响，所以这时候只影响法线似乎不太可能。

⊙ Emissive

与Normal一样，用于只想对自发光色产生影响时。可以把它当作荧光涂料来使用。

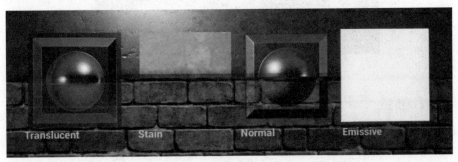

⬆因贴花混合表现为不同的外观。上面的基底是金属，下面的基底是非金属

IO-4 水洼材质的制作

IO.4.I 制作水洼的形状

终于要开始制作水洼的材质了。可以一边查看配置的贴花Actor，一边调整贴花材质。如果可以的话，把关卡和材质编辑器也放在可以查看的地方。

首先，将贴花的形状做成水洼。

❶制作水洼的形状

通过向透明度的项目连接纹理来制作水洼的形状。

在operacity设置透明度的信息。如果是0显示为透明，是1显示为不透明。

因为水洼形状的蒙版信息保存在T_Decal_Puddle_m的R通道中，所有我们使用T_Decal_Puddle_m。这个纹理在"CH10_Decal > Texture"文件夹中。

参考下图制作节点。然后单击"Apply"按钮。

◉ 使用节点

- TextureSample

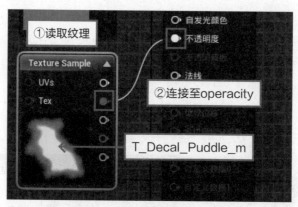

⬆T_Decal_Puddle_m的R通道连接至operacity

❷在关卡中确认

查看关卡，可以确认贴花的形状变成了水洼的形状。为方便确认可以在土的材质上适当移动贴花。

在土的材质上移动贴花

⬆确认变成了水洼的形状

❸将地面变成湿润的颜色

贴花的颜色如果还是红色会让人感觉不协调，所以需要更改颜色。有积水，旁边的土会被浸湿。湿润的材质的基础颜色会变暗，粗糙度的值也会降低。用这种方法来表现土地湿润的状态。

参考下面的图片制作节点。右击设定了红色的节点，使其参数化，在详情中如下所示输入名称和值。最后单击"Apply"按钮进行确认。如图所示，显示为比周围颜色暗就可以了。

◉ 使用节点

- VecorParameter
  Parameter Name "WaterColor"
  Default Value（0.3，0.3，0.3，1）

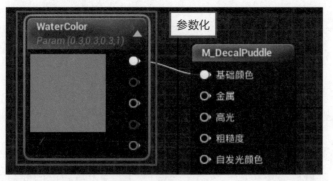

⬆将Constant3Vector参数化，更改颜色

⬆只有水洼的颜色稍微变暗时就可以了

memo

选择Decal后，显示为与Decal中选择的黄色重合。为了确认颜色，需要撤销选择。按Esc键撤销。

TIPS 湿润的表现

表现被水分浸湿后湿润的物质时，可以通过更改材质的值来表现。湿润的质感的特征是基础颜色的透明度下降，表面因为被水覆盖，所以表面是光滑的（反射率变大）。如果在材质中进行表现，需要将基础颜色乘以0.5左右的值。如图所示，同样的材质，降低粗糙度的值，可以表现湿润的效果。

⬆岩石质感的材质（左）和只调整了岩石质感材质的基础颜色和粗糙度值的材质（右）。对比就能看到湿润的质感了

10.4.2 制作水面

做好了水洼的形状，但是还没有做好水洼和湿润的表现。下面为了做出积水的质感，加入"反射率高"和"水面平滑"的表现。

❶ 使用Lerp调整粗糙度

首先制作水面反射率变高的表现。

水面因为表面光滑，所以反射率较高。在指定特定范围（这里指水面的部分）的值时，也要使用Lerp（LinearInterpolate节点）。

水面的范围存储在蒙版贴图的G通道中，所以我们需要使用蒙版贴图的G通道。

参考下面的图片制作节点。

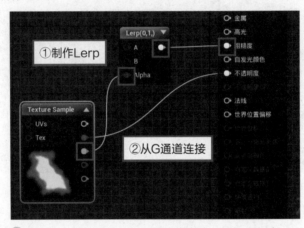

⬆将T_Decal_Puddle_m的G通道连接到Lerp的Alpha中

❷ 制作调整用的参数

制作调整水面和湿润的地方的参数。制作两个Scalar Parameter，如下所示分别输入参数。做好后单击"Apply"按钮。

◉ 使用节点

- Scalar Parameter　湿润的地方使用
  Parameter Name　RoughnessWet
  Default Value（0.5）
- ScalarParameter（水面使用）
  Parameter Name　RoughnessWater
  Default Value（0）

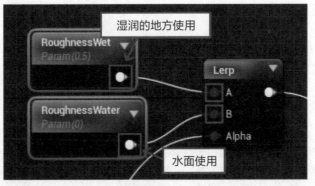

↑将ScalarParameter分别连接至Lerp的A和B

❸ 确认粗糙度的值不同

查看关卡视口编辑器。查看反射情况，从侧面的角度进行确认。

可以看出水面倒映效果很强。因为周围的粗糙度很高，所以没有倒映到水面上。现在比刚才看起来更加湿润了，但是因为受到基底法线的影响，还没有出来水面的效果。

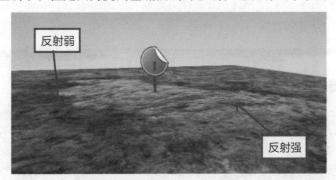

↑确认水面部分的倒映效果变强

❹ 让水面法线平整

下面我们让水面的法线变得平整。这里需要使用水洼的法线贴图。制作法线，使水面看起来是平整的，周围稍微有一点土。

将"DH10_Decal > Texture"中的T_Decal_Puddle_n配置到图表中，连接法线，单击"Apply"按钮。

↑制作Constant3Vector，连接至法线

⑤ 确认法线的结果

确认关卡。法线贴图的效果是水面平整，并且看起来比周围低一些。这样看起来就像水洼了。

⬆水面平整，水面看起来有点凹进去

⑥ 分配材质实例

下面用材质实例进行调整。右击Material文件夹的M_DecalPuddle，制作材质实例，命名为MI_DecalPuddle。然后向贴花中重新分配材质。

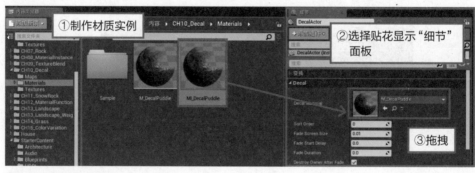

⬆向贴花中分配材质实例

⑦ 确认WaterColor的参数

确认更改参数时发生了什么变化。

首先是WaterColor，这里要改变水洼的颜色，所以设置的颜色直接反映在这里。

⬆更改WaterColor的值

❽ 确认Roughness参数

下面是RoughnessWater。因为是水面，所以默认输入粗糙度值为0，数值变大后不再有反射效果。同样，更改RoughnessWet的数值后，可以控制水洼周围湿润的地方是更湿润还是干燥一些。

⬆ 更改RoughnessWater和RoughnessWet的值

10.4.3 让水面波动

下面我们来添加水面波动的表现，突出积水的感觉。在游戏图像中制作水面时，会添加即使没有风吹过，水面也会波动的表现。这既是水面的标志，又因为水面波动远多于静止，让人更容易辨认这里是水面。

让水面波动可以用简单的处理来完成。这是以前就有的方法，通过使两个表现水面的纹理以不同的速度向不同的方向滚动，就可以让水面看起来在波动了。以前是使用半透明的纹理，但是从前一代的机器（PS3、Xbox360）开始用法线纹理表现。

❶ 读取水面法线贴图

首先我们将水面的法线贴图读取到材质中。

使用Starter Content中的水面纹理。从"内容 > Starter Content > Textures"中选择T_Water_N，拖拽至材质编辑器进行配置。

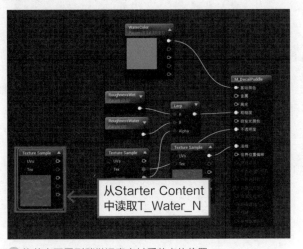

从Starter Content
中读取T_Water_N

⬆ 将节点配置到稍微远离主材质节点的位置

❷配置Panner

使用Panner节点来让纹理进行滚动。参考下图制作节点，并输入节点的参数。

◎ 使用节点

• Panner

　　　　Speed X（0.0）

　　　　Spped Y（0.125）

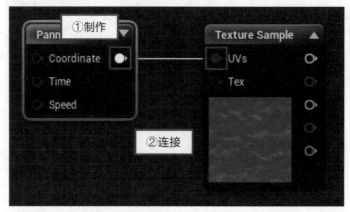

⬆制作Panner，连接至水面纹理

材质公式 说 明 　Panner

⬆Panner

快捷键：P

　　　Panner是使纹理沿UV坐标轴滚动的材质公式。输入引脚中有Coordinate和Time，Coordinate中输入TextureCoordinate等UV坐标的信息。以前是通过向Time中连接Time节点，使用Multiply等进行速度调整，但是从4.13版本开始Speed中出现了引脚，所以可以直接对X和Y进行速度的调整了。

材质公式 说 明 　Rotator

⬆Rotator

　　　Rotator是和Panner相同类型的节点，在旋转纹理时使用。

❸ 确认滚动

查看水面纹理的预览。输入数值后，确认Y方向（向上的方向）中纹理是否在滚动。如果输入负值，就会向反方向滚动。

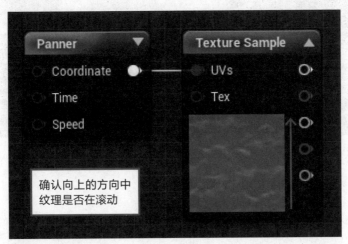

↑ 确认水面纹理的预览

TIPS **实时节点（Live node）和更新节点（Live up node）**

如果节点预览没有动，将工具栏的实时节点变为有效，预览就会动起来了。但是，向节点增加更改时，更改有时也不会反映到节点预览中。如果想更新节点预览，则将更新节点也设置为有效。

更新节点可以在节点的值或新增节点等进行更改时自动进行再计算。因此，在PC机上觉得处理很繁重的时候（特别是材质中配置了大量节点时），用空格键可以刷新节点的预览，需要的时候就更新一下吧。

↑ 将实时节点设置为有效

---

❹ 调整水面平铺的次数

为调整水面平铺的次数，制作参数。

参考下图制作节点，并如下所示输入各节点的参数。

◉ 使用节点

- Multiplay
- ScalarParameter
  Parameter Name "WaveTiling"
  Default Value（5）
- TextureCoordinate
  UTiling（0.5）
  VTiling（0.5）

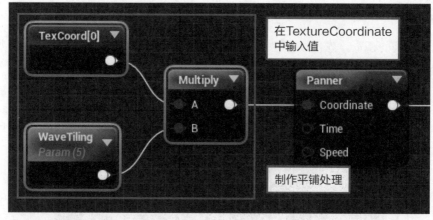

⬆ 制作平铺处理

❺ 复制UV滚动的法线贴图

通过组合两个不同的移动纹理来制作水面的表现。到目前为止，我们做好了一个方向移动的贴图，复制这个节点，改变值之后就可以制作不同方向移动的贴图了。

如图所示选择节点，复制并粘贴。

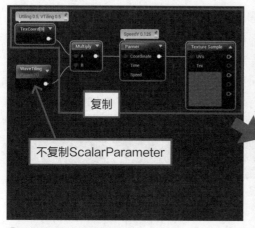
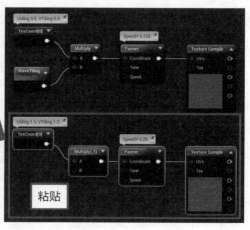

⬆ 复制组成水面表现的节点

❻ 更改值

在复制的TextureCoordinate和Panner中输入不同的值。与刚才相比，现在的水面有了细小的波浪。

◉ 使用节点

- Panner
  Speed Y（0.25）
- TextureCoordinate
  UTiling（1.3）
  VTiling（1.3）

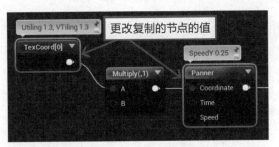

更改复制的TextureCoordinate和Panner的值

❼ 连接WaveTiling

从WaveTiling的ScalarParameter向复制的Multiply中连接B。这样就可以通过WaveTiling的值来控制两个方向的波浪的平铺值了。

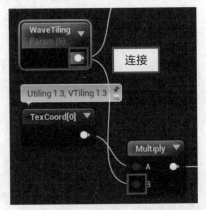

将ScalarParameter连接至复制的Multiply

❽ 合成两个波浪的法线贴图

使用Add将两个不同方向移动的贴图合成为一个。

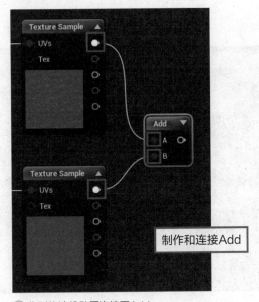

分别将法线贴图连接至Add

TIPS 在法线贴图的混合中使用Add

到现在为止，我们都是在法线贴图的合成中使用BlendAngleCorrectedNormals，现在我们来使用Add。大家可能会想：在Add中不是不能进行正确的计算吗？

是的，Add中不能进行正确的法线混合计算。但是，制作像波浪这样波动的物体时，法线的混合是否正确并不重要，所以选择了计算成本小的Add。

是否需要正确的法线混合信息，可以以使用BlendAngleCorrectedNormals为基准进行考量。

⑨ 确认水面的波动

下面来确认一下目前为止制作的水面波动。选择Add，显示节点的预览。

从图片不太容易看出来，但是我们可以看到大波浪和小波浪正以不同的速度向上面滚动。

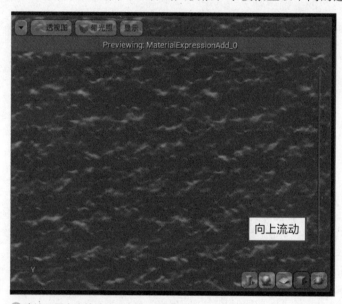

⬆确认不同大小的波浪正在向上流动

这样水面的波浪就制作完了。选择工程1~9中制作的节点，做好注释。

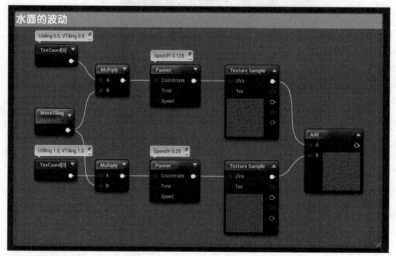

⬆对水面的波动处理作注释

⑩增加水面的波动效果

　　下面将波浪的法线和水洼的法线信息进行组合来显示。但是如果单纯混合的话，就会在水面之外的地方也出现波浪的信息，所以需要使用Lerp和T_Decal_Puddle_m的G通道来只混合水面部分。

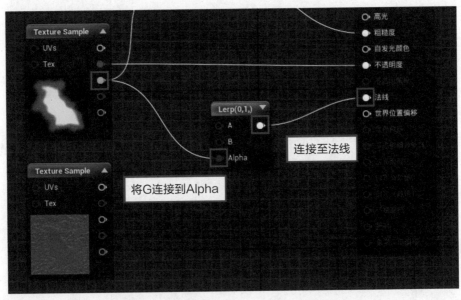

⬆ 将蒙版贴图的G通道连接到Lerp的Alpha

⑪连接法线信息

　　将水面的波浪和水洼的法线信息分别连接至Lerp。做好之后单击"Apply"按钮。

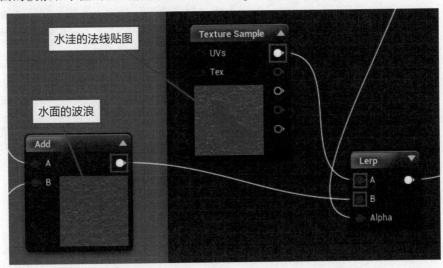

⬆ 将法线信息分别连接至Lerp

⑫确认结果

　　查看关卡后可知，只有水面部分增加了波浪的表现。在材质实例中更改WaveTiling的值，确认波浪的平铺次数是否可以更改。确认操作后，随意输入值进行调整。

9
IO
11
12
13
14
15
A

↑ 确认更改WaveTiling的值后是否可以正确进行操作

memo 实时显示关卡视口编辑器

无法在关卡视口编辑器中实时确认水面的波浪是否在波动时，可以单击视口编辑器左上角的▼，确认视口编辑器的选项。实时有效后，可以在视口编辑器中进行实时渲染。

↑ 切换实时显示

IO.4.4 调整波浪的强度

现在的水洼看起来还有点不太自然，是因为水洼中波浪的移动速度太快，并且波浪太高。

如果是风大的日子，也会出现这样波浪移动速度快和浪高的情况。但是，我们现在要做的是简单的表现，而不是风大的天气的表现。所以我们假设现在为风小的天气，来调整波浪的高度和速度。

❶使用Lerp调整波浪的高度

先调整波浪的高度。

波浪的高度通过法线贴图的强度来控制。要调整法线的强度，需要使用Lerp。

如图所示调整使用Lerp的法线强度。处理非常简单，将平整的法线值在WaveIntensity的值中进行混合就可以了。

◎ 使用节点

- Constant3Vector
  Constant（0，0，1）
- ScalarParameter
  Parameter Name "WaveIntensity"
  Default Value（0.5）

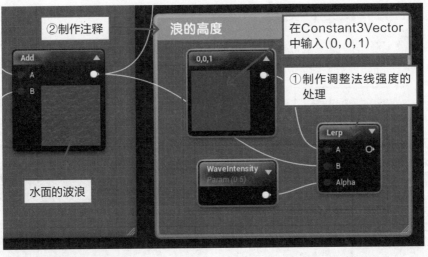

↑将各个法线信息连接至Lerp

9 10 11 12 13 14 15 A

TIPS 平整的法线值

在材质中想使用没有凹凸的平整的法线值时，使用（0，0，1）。

TIPS 调整使用了Lerp的法线强度

想上调法线强度时，不能使用这个方法，但是下调时可以使用Lerp调整强度。这样的处理也完全可以使用材质函数FlattenNormal来进行同样的处理。

❷替换Lerp的处理

将波浪的强度调整反映到材质中。请将水面部分的混合Lerp的B从水面的波浪Add的连接中解除（①），重新连接至调整波浪强度的Lerp中（②）。连接节点后，波浪的强度就调整完了，单击"Apply"按钮。

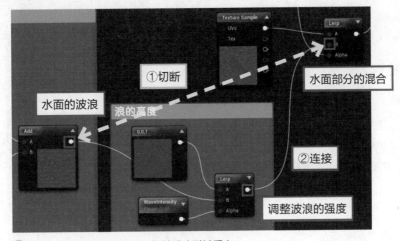

↑连接调整波浪强度的处理，将其反映到材质中

❸ 确认波浪的高度是否更改

确认调整波浪高度的操作是否正确进行。

更改Wave Intensity的值，确认波浪的高度是否更改。确认操作后，随意输入值进行调整。

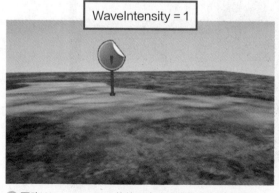
WaveIntensity = 1

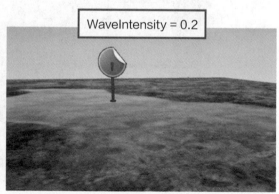
WaveIntensity = 0.2

⬆ 更改Wave Intensity的值，确认波浪的高度是否更改

IO.4.5 调整波浪的速度

最后制作调整波浪速度的参数。

波浪的速度是在Panner的Speed Y中输入的值。通过向Speed引脚中连接参数，可以调整速度，但是这次我们想要保持每个Panner的速度设置的同时，进行全体速度的调整，所以不使用Speed的方法进行处理。

速度（Speed）通过时间（time）×距离的公式进行计算。也就是说，时间慢的话速度也会变慢，时间快速度也变快。

按这个思路来处理调整波浪速度的功能。

❶ 调整波浪速度的方法

想要控制速度，需要使用定义时间的Time节点。

播放速度的变化可以通过从Time中输出的值乘以Multiply的值来进行更改。连接至Multiply的值（WaveSpeed）如果小于1，速度会变慢，如果大于1，速度会变快。

在此基础上，如图所示进行处理。参照图片制作节点，并如图所示输入各节点的参数。

◉ 使用节点

- Multiply
- Time
- ScalarParameter
  Parameter name " Wavespeed"
  Default Value（1）

②制作注释

①制作控制速度的处理

⬆️ 控制速度的节点的组成方式

材质公式 说 明 [Time]

⬆️ Time

Time是在材质中控制时间推移时使用的材质公式。可能理解Time的概念有点难。

Time节点在1秒内输出1的值。Time以一定的速度进行输出。关于使用了Time节点的材质公式的内容，在"专栏 Time节点和演算节点"中略有说明。

❷将调整速度的结果连接至Panner

将调整波浪速度的Multiply分别连接至Panner的Time中。

这样就能调整UV滚动的播放速度了。至此水洼的材质做好了。单击"Apply"按钮确认。

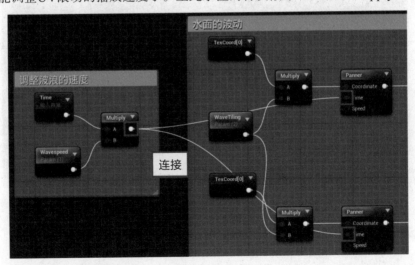

连接

⬆️ 将调整波浪的速度连接至Panner的Time

❸确认波浪的速度是否可以调整

确认调整波浪速度的操作是否可以正确进行。

更改Wavespeed的值，确认波浪波动的快慢。

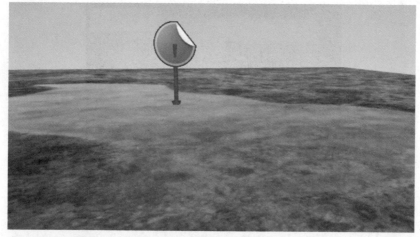

⬆ 从图片不容易看出来，如果速度的快慢有变化就可以了

④ 在小屋关卡中进行确认

最后在小屋的关卡中配置水洼，进行确认。双击打开Maps文件夹中的Level_Decal。

如果制作的材质没有保存，会显示确认是否需要保存的对话框，因为这里我们不需要进行保存，所以选择"不保存"后打开关卡。

在关卡中配置贴花，分配MI_DecalPuddle。

配置了MI_DecalPuddle
的贴花Actor

⬆ 在小屋的关卡中配置水洼的贴花

⑤ 调整参数

查看在关卡中配置的内容，根据自己的喜好进行调整。

因为我们这次制作的水面是简单的表现，所以无论怎么调整也不会与真实的水面一样。但是，如果在周围配置了各种各样的对象，即使水面的波动不太真实，应该也并无大碍。

如果反复思考，还是可以让材质的表现看起来比较真实的，但是没必要一定这么做。

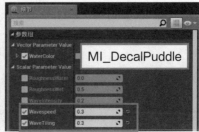

MI_DecalPuddle

⬆ 对使用的关卡进行配置调整

⬆ 查看整个背景，可以发现水洼只是背景中的一部分，不需要特别在意

Tips 延迟贴花的限制

　　UE4的延迟贴花有很多制约措施。特别是做为美术设计师，可能会觉得使用起来不太方便。

◉ 半透明的材质不受贴花的影响

◉ **影子中贴花消失，影子的颜色改变**

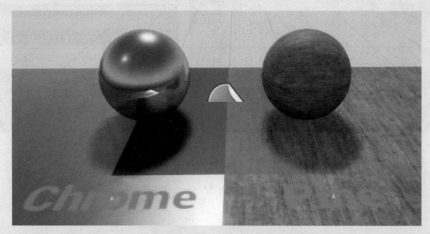

如果是金属的话，影子的颜色不受天光的影响，所以变成了全黑色。此外，在非金属的材质中，影子中的贴花会消失，这也是非常大的一个限制。想要用贴花来制作不知道在哪里出现的东西时，例如血迹和弹痕等，会受到较大影响。

解决这个问题，要选择贴花混合模式中的DBuffer Translucent。具体选择什么要看想要哪个项目受到影响。可以像默认的贴花一样进行使用。

⬆ 将贴花混合模式更改为DBuffer Translucent Color后，影子中也显示了贴花

决定是否使用DBuffer贴花的项目，在项目设置的Rendering项目中。默认为ON，所以使用时不需要勾选。

使用了DBuffer贴花后仍然不能解决的是对于半透明的贴花问题。现阶段对于这个问题还没有有效的解决方案。如果需要，或在材质中制作贴花式的处理，或者通过改良引擎等进行处理。

想要更加深入了解延迟贴花，在CEDEC2016中观看EPIC Game Japan的"Unreal Engine4的渲染流程总述"便可了解到渲染通道中用贴花可以进行怎样的处理了。

如果有兴趣的话，请一定看一下。

●CEDEC2016Unreal Engine4的渲染流程总述，EPIC Game Jp，

· Youtube

24：00左右-关于贴花

http://www.youtube.com/watch?v = iqYQvpTndTw

· SlideShare

https://www.slideshare.net/EpicGamesJapan/cedec2016-unreal-engine-4

Column

网格贴花

4.13版本中的延迟贴花的新功能是网格贴花。

这是一种通过使用准备好的花纹和损坏的外观来表现纹理，从而对网格进行贴花粘贴，进行网格配置的方法。这个方法是从以前的版本沿用而来的手法。

用语言表述比较困难，我们来实际操作一下。

这是使用网格贴花向混凝土的柱子上增加损坏表现的模式。可以从官方文件中下载数据。

●网格贴花的使用方法

http://docs.unrealengine.com/lastest/JPN/Engine/Rendering/Materials/HowTo/MeshDecals/index.html

⬆ 使用网格贴花增加损坏的表现

看起来是用一个材质表现的，但是混凝土和损坏的部分是分别分配到材质中的。一个是可以平铺的混凝土材质，一个是贴着网格贴花的贴花材质。

查看网格信息后可知，贴花分配的部分被其他的网格所覆盖。通过将这个网格与损坏表现的纹理合在一起来配置UV，可以增加损坏的表现。

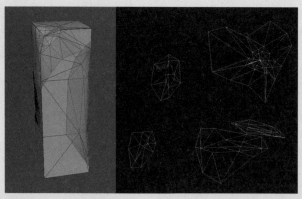

⬆ 粉色的部分是网格贴花配置的网格。UV与事先准备好的纹理合并粘贴

这个方法不是新手法，在PS2中也可以使用。想要在目前为止的UE4版本中进行表现时都需要将混合模式更改为Masked。但是，贴花和基底的界限会非常清晰，产生没有晕染的问题。

用混合可以处理，但是混合不擅长将一部分完全消减的表现，所以可以通过与这种方法进行组合来扩大表现。

Column

Time节点和演算节点

这里我们简单介绍了使用Time节点在材质中制作各种波动。

大家可能已经注意到了，在材质中进行的计算处理基本上都与数学知识相关。但是不需要因此而敬而远之。复杂的计算都在材质中进行，所以要如何波动，想要得到什么结果，只需要用直觉去判断即可（我也非常不擅长数学……）。所以，虽然看起来有点像数学问题，但是弄懂了就会感觉是里面有好玩的波动的材质的问题了。

Time节点是控制时间推移的节点，但是只是在单一物体中等速运行时间，所以没有什么变化。等速在表格中移动，会觉得值好像在固定地增加。表格的X轴为流逝的时间，Y轴为输出的数值。

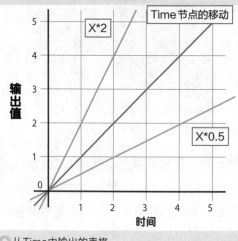

⬆ 从Time中输出的表格

乘2之后，表格的倾斜度突然增加，乘以0.5后，倾斜度会变小。输出的值的量变化了，但是对于固定值增加没有变化。

想让值的增加量发生变化时，需要运用演算范围的节点。演算范围我们现在使用过Add和Multiply，除此之外还有很多。

◉ 每5秒会刷新亮度

下面的节点可以制作出等速变亮，5秒后变暗，然后再次等速变亮的表现。

处理的内容如下所示。

① Time输出固定增加的值

② 将Time的值用5来分割（使用Divide）

③ 在Frac中将只输出小于5的小数点之前的值＝小于5的值都变为0（舍去小数点后小于5的值）＝用5分割的数都变为0

④ 输入使材质发光的颜色的值

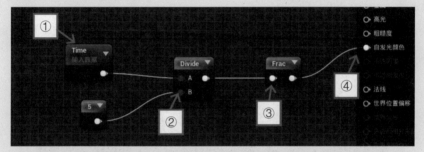

⬆ 使用了Frac的材质公式

通过这些处理得到的结果，可以制作出每5秒更新，输出如下表所示的处理。

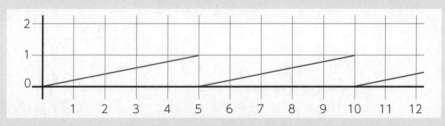

⬆ 用上面的节点组合方式得出的输出值的表格。每5秒亮度会被刷新

◉ Sine和各种各样的演算节点

下面是Time和Sine的组合。通过Time和Sine的组合可以表现闪烁。查看视口编辑器可以发现，会出现一定的时间后变暗再变亮的反复操作。

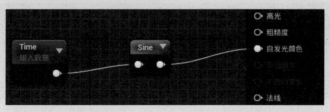

⬆ 使用Sine的材质公式

Sine是高中数学中学习的三角函数中的sin。听到三角函数也许会头大，但是不要把它想得有多难。只要想Sine是将输入的值返回到波浪的值中的节点就可以了。Consin只是值与sine有点不同，其他基本都一样。

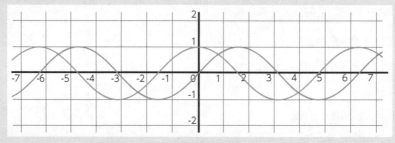

🔼 橙色是Sine，淡蓝色是Cosine，波浪的形状相同

从Sine中输出的值在−1~1之间，作为颜色来使用值时，0以下的部分会变成黑色。在这个波浪中想使用0~1之间的值时，需要使用ConstantBiasScale。当ConstantBiasScale中输入的值是x时，会进行（x+1）×0.5的计算。

计算后，波浪将在0~1之间移动。在视口编辑器中，与刚才相反，可以确认在0~1之间闪烁的移动。

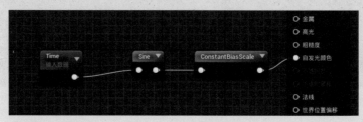

🔼 使用了Sine和ConstantBiasScale的材质公式

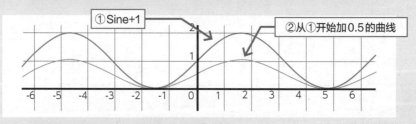

🔼 因为ConstantBiasScale，值在0~1之间移动

下面我们不用ConstantBiasScale，而是使用Abs。Abs是获取绝对值的节点。也就是说，将小于0的带−（负号）的值变为带+（正号）的值。这个结果表现在表格中就像图中所示，如同连绵起伏的山脉，在视口编辑器中可以看到警报一样闪烁的移动。

🔼 使用了Sine和Abs的材质公式

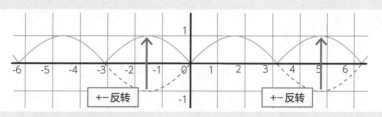

⬆ 用Abs将小于0的值进行反转

如上所述，演算节点通过与Time组合进行使用，可以制作出各种各样的移动变化。

这里我们介绍的是简单的例子，要做复杂的移动需要花费一些时间，但是通过使用演算节点可以制作出简单的移动，表现的范围也很广泛。

经常使用的表现是要没电时不停闪烁的电灯。通过将这些处理进行组合，就可以随机进行闪烁了。

◉ 参考样本

如果想要了解更多相关的处理，可以参考快速启动栏的学习中的"功能分类样本一览（ContentsExample）"。在MathHall.umap这个关卡中，不仅有各个节点的说明，还有关于在材质中如何使用的说明。

⬆ ContentsExample的Math_Hall的关卡

但是，无论怎么在材质上下功夫，也不能制作不符合规则的移动，例如，一定时间停止后，又启动等。不符合规则的移动可以通过获取蓝图的实时值进行制作。

第 11 章

制作积雪材质

本章将学习积雪表现的材质。

本章以雪为例进行说明，

但是不只是雪，沙、青苔等

从特定方向进行混合的表现中都可以使用。

11-1 积雪的表现

制作积雪场景要解决的问题与岩石一样，即从各个角度进行配置的素材的处理。

如果表现落在岩石上的雪，旋转的角度会受到限制。此外，为了让岩石形态看起来更多变，必须要制作很多变化。

用第7章中学习的纹理混合，制作一两个是完全没问题的，但是如果要制作被岩石包围的场景，喷涂顶点色的工作量就有点太多了。

如果与制作积雪一样，遵从"只有向上的方向混合"这一固定法则的话，我们不使用顶点色，而是使用世界坐标来进行纹理混合。

11.1.1 获取一定方向的信息

与制作积雪一样，遵从"只有向上的方向混合"，换句话说，就是"只有Z轴方向混合"。我们所接触的3DCG空间中，定义为世界坐标。如果在材质中获得世界坐标的Z轴的信息会怎么样呢？

请看下图，这里有3个相同的静态网格体排列，而且分配着相同的材质，在材质中Z轴正方向的顶点信息颜色为白色。

大家可能会觉得光线是从上面照下来的，但是显示模式为非照明，所以完全没有受到灯光的影响。我们可以知道它不依赖于网格的Local坐标或UV坐标。

⬆ 世界坐标的Z轴＋方向上的部分显示为白色

使用这个指定World坐标轴方向的方法进行纹理混合的话，就可以做出积雪的表现了。下面我们开始制作岩石上积雪的材质。

11.1.2 材质的制作流程

下面说明制作材质的顺序。

处理会变得复杂，所以我们一边确认节点连接的位置一边做。

- **准备工作**
- **积雪材质**
- **制作雪的质感**
- **取得World坐标的信息**
- **制作岩石和雪的混合处理**
- **调整积雪量**

11-2 准备工作

在本章中，我们将改良在第8章中制作的材质。从复制材质和准备关卡开始吧。

此外，新的使用数据保存在内容浏览器的"内容 > CH11_SnowRock"中。

11.2.1 材质数据的准备

❶复制材质

首先从材质开始。

打开"CH08_MaterialsInstance > Materials"文件，将在第8章中制作的M_Rock_Master复制到"CH11_SnowRock > Materials"文件夹中。

⬆ 从CH08文件夹将M_Rock_Master复制到CH11文件夹

> **memo** **跳到第8章的方法**
>
> CH08_MaterialsInstance > Materials > Sample中保存了第8章完成的材质M_CH08_Rock_Master_Fix，复制该文件。

❷更改材质名称

打开"CH11_SnowRock > Materials"文件夹，将复制的材质名称更改为M_Rock_OnSnow。

⬆更改名称

❸制作材质实例

我们要在网格中分配材质实例，所以要制作材质实例。名称设置为MI_Rock_OnSnow。

⬆制作材质实例

11.2.2 贴图数据的准备

下面准备关卡数据。

复制第7章中准备的关卡来使用。

❶制作文件夹

首先，为了保存复制的数据，新建文件夹。

在CH11_SnowRock中新建文件夹，命名为Maps。

⬆ 在CH11_SnowRock中制作Maps文件夹

❷复制Level_Rock

选择"CH07_Rock > Maps"，将Level_Rock复制到刚才制作的"CH11_SnowRock > Maps"文件夹中。只复制关卡数据就可以了。

⬆ 从CH07中将Level_Rock复制CH11中

> **ⓜⓔⓜⓞ 跳到第7章的方法**
> 关于Level_Rock数据制作方法请参考第7章的P104中。准备好关卡数据。

❸更改关卡名称

将复制的关卡名称更改为Level_SnowRock。更改后双击打开关卡。

⬆ 更改名称

❹分配MI_Rock_OnSnow

关卡中配置有岩石。从"CH11_SnowRock > Materials"中将刚才做好的材质实例MI_Rock_OnSnow拖拽分配至网格中。

这样关卡的准备就完成了。

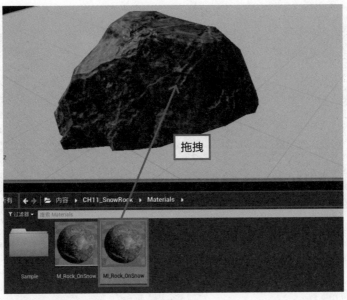

拖拽

⬆️ 将MI_Rock_OnSnow分配至网格中

11.2.3 纹理信息的确认

打开Textures文件夹，里面有两个纹理。

⊙ 雪的纹理

这两个纹理是雪的质感使用的蒙版贴图和法线贴图，没有基础颜色贴图。

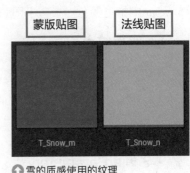

蒙版贴图　　法线贴图

T_Snow_m　　T_Snow_n

⬆️ 雪的质感使用的纹理

11-3 积雪材质的制作

11.3.1 制作雪的质感

首先我们来制作与岩石混合的雪的质感。雪的质感不只是在材质中新增纹理，还要增加让它看起来像雪的仿真表现。

❶打开MI_Rock_OnSnow

打开作为基底的岩石材质。从内容浏览器中选择Materials文件夹，打开MI_Rock_OnSnow。删除StaticSwitchParameter，撤销所有主材质节点的连接。

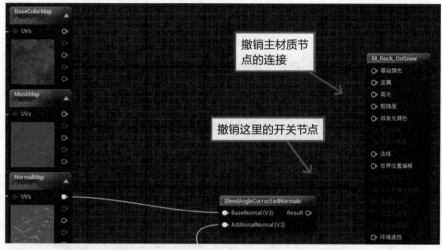

⬆ 撤销主材质节点的连接

❷ 制作雪的质感

首先来制作雪的质感。

从Textures文件夹中读取雪的纹理，制作平铺处理。因为没有雪的基础颜色贴图，所以要在Constant中指定颜色。参考下图制作节点，每个节点的参数如下所示进行输入。

⊙ 使用节点

- TextureCoordinate
- Multiply
- Constant雪的基础颜色
  Value（0.81）
- ScalarParameter
  Parameter Name "SnowTiling"
  Default Value（1）

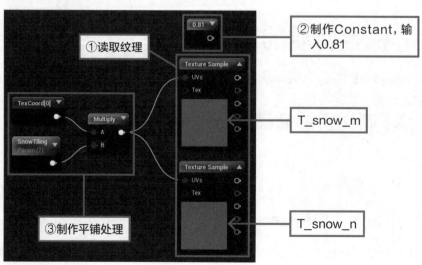

⬆ 制作雪的质感

TIPS **最亮色和最暗色**

大家可能会觉得雪的颜色是白色（1.0）。但是测量现实生活中的雪的颜色可知，并不是纯白的1，而是稍微暗一点的0.81【sRGB中为（222，222，222）】。

新下的雪的颜色被称为现实世界中最亮的颜色。与其相反的，最暗的颜色是煤的颜色0.02【sRGB中为（8，8，8）】*。

这个范围是设置所使用的基础颜色值的标准范围。使用超过这个范围的颜色，物理上来说输入的是不正确的值，所以灯光将变得太亮或者太暗，无法得出正确的效果，因此需要注意。

❸连接至主材质节点

现在我们来确认是否出现了雪的质感。

将雪的质感连接至主材质节点的基础颜色、粗糙度、法线。

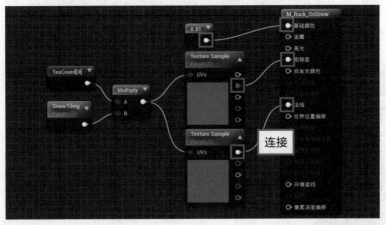

⬆ 将各项目连接至主材质节点

❹确认质感

在视口编辑器中一边转动光线一边确认质感。

可以勉强算得上是雪，但是有点像滑冰场一样硬硬的感觉。

memo **移动光线**

按住L键的同时单击鼠标左键可以移动视口编辑器的光线。

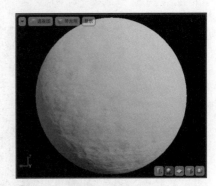

⬆ 在视口编辑器中确认雪的质感

❺新增FuzzyShading

为了降低雪的硬度，增加处理将中心部分稍微调暗，让轮廓的部分看起来更亮。虽然是仿真的表现，但是通过将轮廓稍微调亮，也可以使素材看起来更加柔和。这样的表现需要使用FuzzyShading。

配置FuzzyShading，将基础颜色和法线作为必要的信息连接。参考下图进行节点的连接。

※ 严格来说，梵塔黑（Vantablack）是最暗的物质。但因为日常生活中无法接触，所以这里将其忽略。

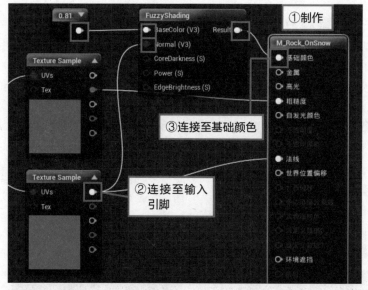

⬆ 新增FuzzyShading，连接节点

材质公式 说 明 [FuzzyShading]

⬆ FuzzyShading

FuzzyShading用于表现像天鹅绒一样表面有细软的毛的材质的表面。视线和表面的法线接近平行时，基础颜色变暗。

例如，从绒毯的正上方来看，会看到绒毛前端的形状，这时下面的布面会被绒毛遮挡，所以会变暗。

绒毛的前面部分不容易反光，侧面照射的光沿着圆柱形进行反射。因此，从正面看较暗，从侧面看恢复至原来的质感。

⬆ 天鹅绒材质，可以看出视线与法线方向平行的位置会变暗（引用自http://www.cgtextures.com/）

❻在视口编辑器中确认

在视口编辑器中进行确认。像滑冰场一样硬硬的雪的质感变得稍微柔和了。当然，严格意义上来说不是非常柔和。

本来表现雪的质感时要使用底纹模式的不同子表面材质，但是这次我们要把它与岩石的质感进行混合，因不同的底纹模式之间不能进行混合，不能使用子表面材质，所以这里使用了仿真的FuzzyShading。

如果大家对子表面材质感兴趣，请查看"卷末资料A-3次表面"（参考P371）中的说明。

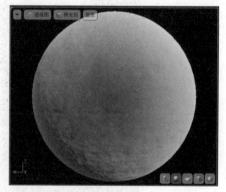

⬆雪的表现稍微变得柔和了

❼增加注释

最后我们为了能够看出雪的质感，留下注释。

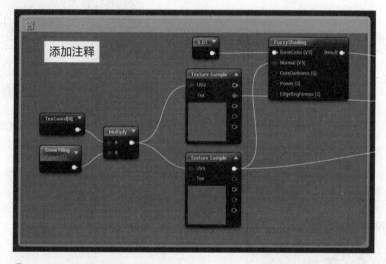

⬆在构成雪的质感的处理中添加注释

| 11.3.2 | 获取World坐标的信息

下面来制作雪和岩石的混合处理。

如第7章制作墙壁材质一样，要把两种材质进行混合需要使用Lerp，如何进行混合取决于Alpha。

这次我们要做的是积雪的表现，所以连接World坐标的Z轴方向的信息。这里需要注意的是，在World坐标中获取带有方向的信息。

❶撤销雪的连接

雪的质感已经做完了，所以我们撤销连接在主材质节点中的所有项目。此外，将雪的处理移动到细节贴图的下面。

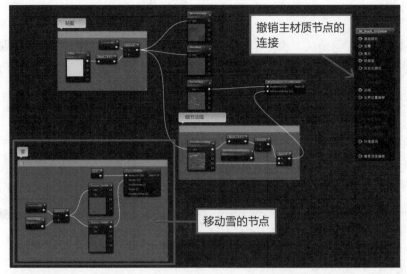

撤销主材质节点的
连接

移动雪的节点

↑撤销主材质节点的连接

❷配置PixelNormalWS

为了获得Z轴方向的信息,需要先获取World坐标的
法线信息。要获取法线信息,需要使用PixelNormalWS。
如图所示制作节点。

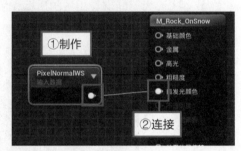

①制作

②连接

↑制作PixelNormalWS,连接至自发光色

材质公式 说 明 [PixelNormalWS VertexNormalWS]

这两个都是获取World坐标的法线信息的材质
公式。

获取法线信息的材质公式有PixelNormalWS和
VertexNormalWS两种,使用它们可以获取法线方
向的信息(矢量信息)。

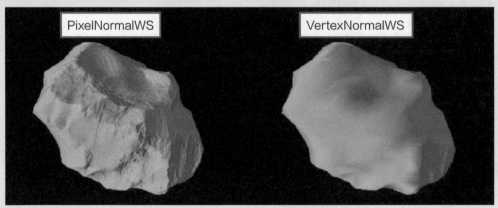

↑通过PixelNormalWS(左)和VertexNormalWS(右)获得法线矢量信息

这两个材质公式的不同之处是从什么地方获得法线信息。

PixelNormalWS是从主材质节点的法线中连接的像素矢量信息中获取，VertexNormalWS是从网格的顶点法线的矢量信息中获取。

[说明] 法线矢量

法线矢量是指法线的方向。顶点中有法线，如图所示，以顶点为基点来确定方向。

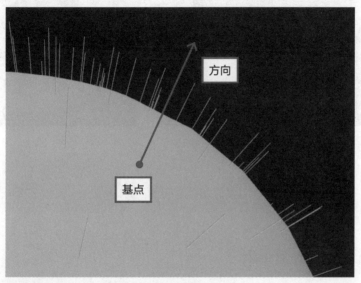

⬆ 顶点法线中以顶点为基点，有方向的信息

❸确认视口编辑器

查看视口编辑器。可以看到显示出了如图所示的色彩。这个颜色以World坐标为基准，表现顶点的法线方向。

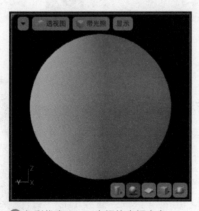

⬆ 色彩代表World坐标的坐标方向

现在在球体上显示了分割为8个颜色，但是如果在其他网格中显示，会根据顶点的法线方向不同，颜色也发生变化。这样一来就可以知道，**向上的方向为蓝色**，方向则相同显示为相同的颜色。

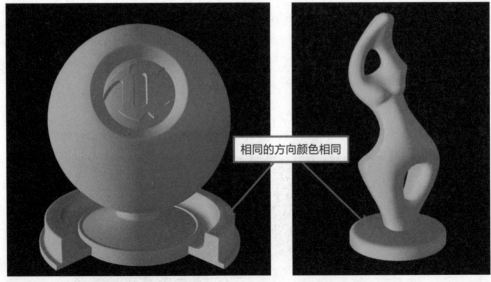

相同的方向颜色相同

⬆根据顶点的法线方向，显示的颜色也不同

9

IO

II

I2

I3

I4

I5

A

Tips 替换视口编辑器的网格

从内容浏览器中选择网格，单击视口编辑器的茶壶标志，就可以替换在视口编辑器中的网格了。

❹连接ComponentMask

确认这个颜色显示了法线的方向。如图制作节点，从ComponentMask的"细节"面板中勾选B。

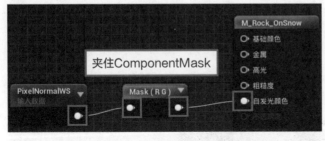

⬆连接ComponentMask，只勾选B

❺确认视口编辑器

再次确认视口编辑器。ComponentMask的B代表Z轴因此只抽出Z轴的信息，法线方向与Z方向垂直的话，值为1，如果与反方向垂直，值为-1。

用这个方法就能获取法线的Z轴方向的信息了。当然，勾选ComponentMask的复选框也可以获取X轴和Y轴的信息。

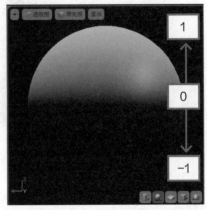

⬆从法线矢量可以获取Z轴方向的黑白信息

TIPS 0以下的值

从法线获取信息与获取纹理时相同，基准值为0，范围为-1.0～1.0。0以下的数值都用黑色来表示，所以从视觉上是无法知道插入了-1.0～0的值的。

我误以为这个值是0～1.0之间的值，因此我以为使用OneMinus就能反转，结果得到的是不同的效果。因此一定注意不要通过视觉来进行判断。

❻连接法线

这样只能获取网格顶点的法线方向的信息。岩石在法线贴图上表现凹凸，所以获取包括法线贴图的Z轴信息可以沿着凹凸进行混合。

岩石的法线信息通过将BlendAngleCorrectedNormals连接至法线获得。

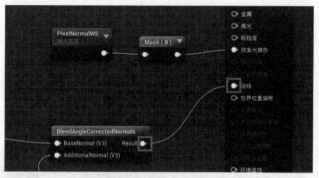

⬆ 将BlendAngleCorrectedNormals连接至法线

❼确认视口编辑器

查看视口编辑器。非常不容易看出效果，所以将显示模式切换为非照明，然后就可以如图所示获取考虑了法线贴图的法线方向的Z轴信息了。确认后，将显示模式切换回照明。

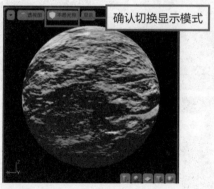

⬆ 显示非照明。获取考虑了法线贴图的法线方向的效果

❽连接Clamp

如工程5的图片所示，获取的信息的值在-1～1的范围内。但是，连接至Lerp的Alpha中，值必须在0～1的范围内。然后连接Clamp，将值确定在0～1的范围内。

这样，连接到Lerp的World坐标的Z轴信息就完成了。添加注释。

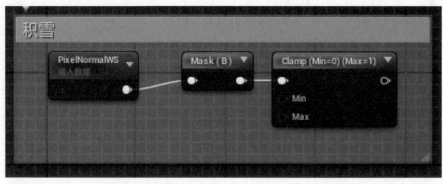

⬆ 连接Clamp，添加注释

I I . 3 . 3 制作岩石和雪的混合处理

下面使用Z轴的信息来制作岩石和雪的混合处理。

❶制作基础颜色的纹理混合

首先制作基础颜色的纹理混合处理。制作法线贴图的Lerp，将岩石的基础颜色贴图连接到A，FuzzyShading的Result连接至B。FuzzyShading被配置在其他地方，所以需要将连接线延长之后进行连接。

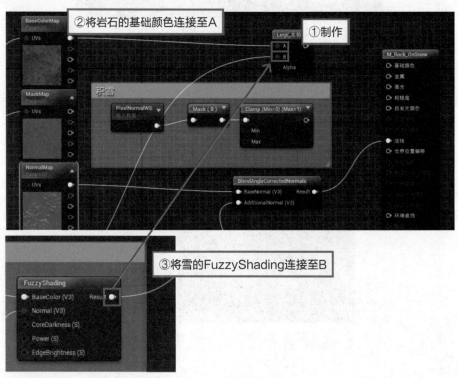

⬆ 将岩石的基础颜色和雪的FuzzyShading分别连接至Lerp

❷将积雪蒙版连接至Lerp

将积雪蒙版连接至Alpha，将Lerp的结果连接至基础颜色。然后单击"Apply"按钮。

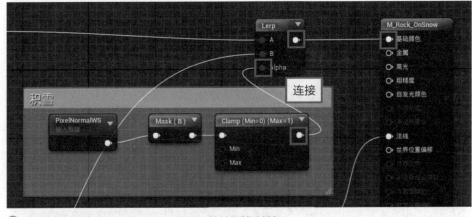

↑ 将积雪蒙版连接至Lerp的Alpha，将Lerp连接至基础颜色

❸ 在网格中确认

确认混合的结果。如图所示，可以确认沿着岩石的形状上面有积雪的表现。

↑ 可以确认岩石上有积雪

❹ 确认上面有积雪

Z轴方向上积雪的效果可以通过旋转网格进行确认。将网格旋转至各种角度来确认效果。如果因为光线不方便确认结果时，可以将模式切换为非照明。得到了这样的效果之后，就可以愉快地制作材质了。

↑ 每90° 旋转一次的网格

❺ 连接粗糙度

跟工程1~2相同，连接粗糙度的纹理混合处理。节点错综复杂，所以一边整理节点一边进行连接。参考下图连接节点。

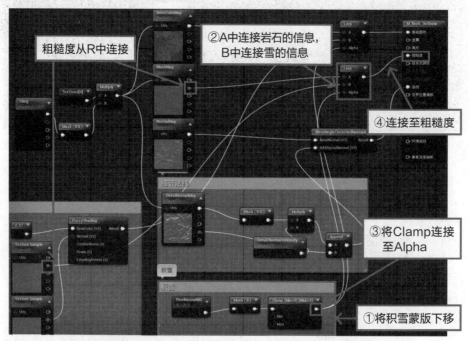

⬆ 连接粗糙度的纹理混合的处理

❻ 连接法线

法线也按同样的方法处理。参考下图连接节点。

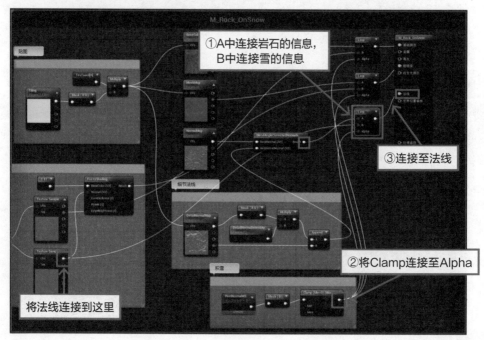

⬆ 连接法线的纹理混合处理

❼PixelNormalWS中出错

与工程6一样，组合节点后PixelNormalWS中显示出错。确认出错。

查看"统计数据"面板，里面显示无法将PixelNormalWS连接至法线。

PixelNormalWS连接至法线的信息可以输出World坐标的法线方向。因此，PixelNormalWS无法连接至法线。

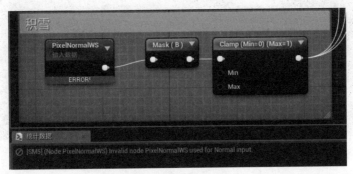

⬆PixelNormalWS显示出错，确认出错的内容

TIPS PixelNormalWS的限制

PixelNormalWS是获取在主材质节点中输入的法线信息的材质公式。因此，这个节点不可以连接至法线进行使用。

⬆连接至法线后显示出错

想把使用了PixelNormalWS的处理连接至法线时，可以使用Transform节点获得像素的法线信息。下图的两种组合方法都可以得到相同的结果。

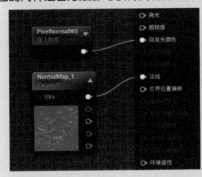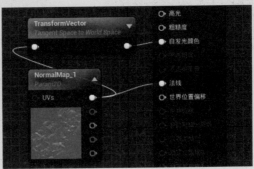

⬆使用PixelNormalWS的组合方式和使用Transform在World坐标中转换NormalMap时，可以得到同样的效果

❽使用Transform来代替PixelNormalWS

不能将PixelNormalWS连接至法线，所以用Transform来替代。参考下图组合节点。这样出错提示就会消失，岩石和雪的混合处理也完成了。

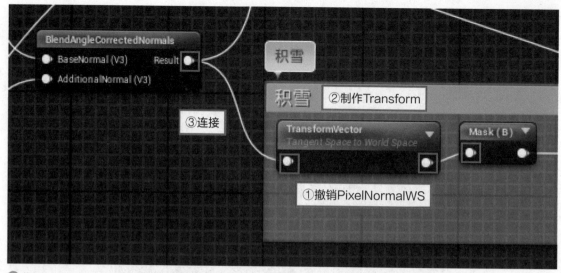

⬆ 从BlendAngleCorrectedNormals连接至Transform

在这个工程中，因为报错，我们进行了使用PixelNormalWS的说明。PixelNormalWS是获取像素的法线矢量信息非常方便的节点，但是不能将PixelNormalWS连接至法线。因为有了这个限制，我们就需要知道代替的方法。

知道了获取矢量信息的方法后，青苔会自动向上生长，上面可以铺沙子等，结合具体环境灵活应用。

大家可能会感觉有点难理解，现在只需要记住是怎么组合的，然后慢慢理解即可。

材质公式 说 明 ┃ Transform

⬆ Transform

Transform节点可以将参考的坐标系变为其他的坐标系。

材质的计算在切线（tangent）空间中进行。切线空间的定义与UV坐标的空间大致相同。

这次的处理将法线贴图粘贴在UV坐标中。通过将其用Transform节点与World坐标转换，可以获取与PixelNormalWS相同的信息。

对于美术设计师来说，不太考虑在哪个空间中制作数据，所以这个节点可能用起来不太习惯。明白了转换坐标空间，自然就能理解这个节点的作用了。首先，先了解转换坐标这回事即可。

此外，关于坐标请参考"卷末资料A-1 坐标系"，因为使用了材质进行说明，所以一定要看一下。

TIPS 随意指定方向

使用ComponentMask只能指定XYZ的方向，或者是XYZ方向的组合。因制作内容不同，有时需要灵活控制角度。

这时，如图所示，可以使用Dot代替ComponentMask来指定方向。

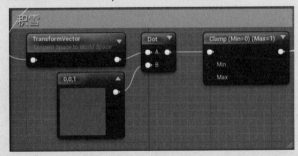

⬆ 使用Dot的组合方法

通过向Dot连接Constant3Vector，可以指定各个方向。不仅可以用颜色来指定，RGB的值可以参考XYZ和各个轴的值。

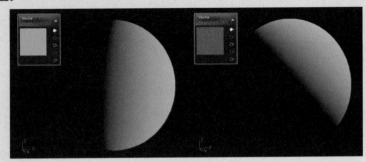

⬆ 根据Constant3Vector的RGB值随意更改方向

材质公式 说 明 ┌DotProduct┐

⬆ Dot

DotProduct是求内积的材质公式。关于内积，高中数学只是简单涉及，所以这个公式理解起来有些困难。

如图所示，它是经常用于求跌落（fall off）的计算公式。只要记住通过使用Dot，可以得到这样的结果就可以了。

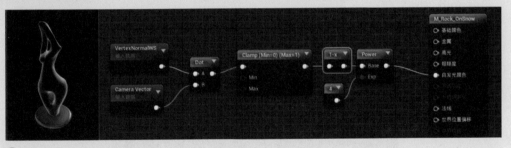

⬆ 求跌落的公式的组合方法

II.3.4 调整积雪量

至此我们做好了雪的表现。现在的雪没有什么问题，我们只是调整一下积雪的范围，再下一点工夫，就是控制积雪量了。

❶调整布局

目前为止我们制作的处理已经是非常复杂的节点了。请参照下图来整理排列画面的布局。

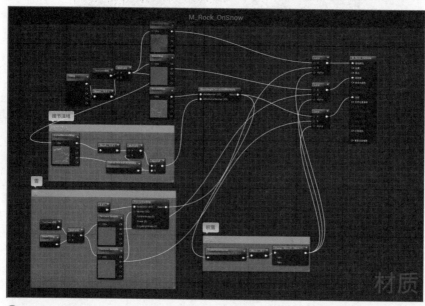

⬆ 整理后的布局

❷将积雪的蒙版做乘法运算

首先，使用Multiply来做简单的积雪量处理。

参考下面的图片制作节点。每个节点如下所示输入参数。

⊙ 使用节点

- Multiply
- ScalarParameter
  Parameter Name "Snow Amount"
  DefaultValue（0）

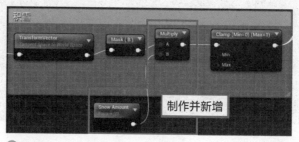

⬆ 配置Multiply，连接ScalarParameter

❸确认改变Snow Amount的值后的效果

Snow Amount是调整积雪量的参数。尝试输入各种数值。数值为0时，没有积雪；数值为1时，返回原来的状态。这种变化也不坏，但是与其说是调整了积雪量，不如说是调整了透明度。

⬆ 通过调整Snow Amount的值调整了雪的透明度

❹通过使用雪的粗糙度纹理积累雪的颗粒

现在我们来制作积累雪的颗粒的质感，通过使用粗糙度贴图的粗糙质感来进行组合。

此外，目前为止我们一直使用Multiply来处理固定量的值的变化，现在我们要用它来处理曲线变化的值，从而调整积雪量。

像积雪量这样，根据事件场景来让值发生变化的参数，处理变化量的变化处理更为合适。首先，我们来确认组成处理后效果会发生什么变化。配置Multiply，将雪的蒙版贴图的R连接至Multiply的A。

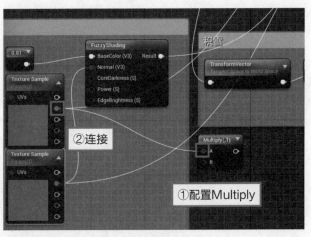

⬆ 将雪的粗糙度纹理连接至新建的Multiply

❺使用反比例的组合方法

下面对于连接了雪的粗糙度贴图的Multiply不采用直接连接的方法，而是使用反比例的组合方法。参考图片进行节点组合。撤销SnowAmount在工程2中制作的连接，移动并连接至现在这里。

◎ 使用节点

- Divide
- Constant

  Value（10）

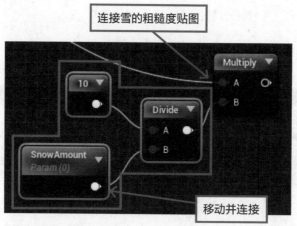

⬆ 这个工程的材质组合方式

[说明] 正比例和反比例

正比例和反比例有哪些差异呢？我们来看图表进行确认。

这是纯粹的数学问题，稍微掌握就可以了。

首先，在正比例的情况下，输入值（x）增加了2倍、3倍的话，输出值（y）也会正比例增加2倍、3倍。使用Multiply计算的结果为正比例。如果用图表来表示，如下图所示。

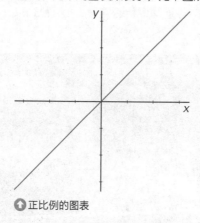

⬆ 正比例的图表

如果在反比例的情况下，输入值（x）增加了2倍、3倍的话，输出值（y）会变为1/2或1/3。与正比例时不同，反比例的图表的变化量不是固定的。反比例的公式是$y = a/x$。

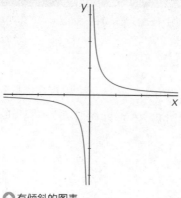

⬆ 有倾斜的图表

在这个公式中代入我们现在处理的内容，就会变成这样。

$$连接到Multiply的Divide的值（y） = \frac{反比例得出的值（a）}{SnowAmount的值（X）}$$

（a）的值可以随意变化，所以可以调整组合的结果，任意输入值。

查看图表后可知，输入值（x）越大，输出值（y）越小。这是反比例的特征之一。

但是，SnowAmount是积雪量，所以输入值越大积雪量就越少，从参数的意义上来说，值不一致。

因此，在进行反比例运算之后，还必须要将值进行反转。

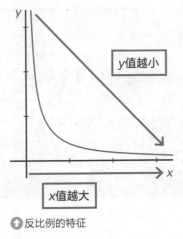

⬆ 反比例的特征

❻ 确认反比例的特性

下面我们返回材质确认反比例的特征。

预览Multiply。视口浏览器应该是全白的。下面慢慢增加SnowAmount的值。0~6直接没有什么明显的变化，但是从8开始就有明显的亮度差别了。关于这一点刚才已经说明了，SnowAmount的值（x）越大，得到的反比例的输出值（y）的结果越小。

确认后停止Multiply的预览，在SnowAmount中输入0。

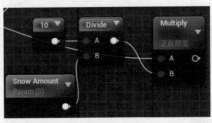

⬆ Multiply在预览中显示

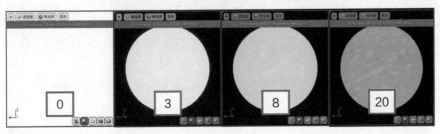

⬆ SnowAmount的值及其效果

❼将ONeMinus放置在Multiply和Clamp之间

SnowAmount是积雪量，如果值越大积雪量却不增加，从参数意义上来说值不一致。

这里我们需要将工程6为止制作的处理结果进行反转。要进行值的反转，需要使用OneMinus。反转的值连接至积雪蒙版的Multiply中。参考下图进行节点的组合。

◉ 使用节点

- OneMinus

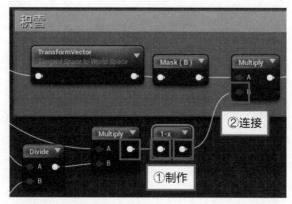

⬆ 在Multiply之间配置连接OneMinus

材质公式 说 明 **OneMinus**

⬆ OneMinus

⬆ 如果输入的值在0~1之间，会将值进行反转

快捷键：[O]

OneMinus是用1减去输入的值的公式。如图所示，将输入的值进行了反转。这个节点作为反转值的节点经常使用。

我以前误以为会是很长的公式，但是这个节点不是反转值的节点，只不过进行了1-x的运算。

也就是说，如果输入的值在0~1之间，会进行反转。如果在0~1的范围外，就只会得到1-x的计算结果。如果觉得使用OneMinus不能进行反转，那么可以使用Clamp来解决。

---

❽确认视口编辑器

确认视口编辑器，可以看到下面已经积雪。将SnowAmount的值提高到8左右，雪才终于变到上面了。这正如上面说明的一样，不能正确进行反转的时候，需要使用Clamp。

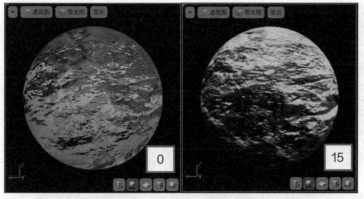

⬆如果SnowAmount的值是0，雪会进行反转

❾连接Clamp

使用Clamp，并在OneMinus中输入0~1范围的值。

这样雪反转的问题就解决了。做完上述操作后，单击"Apply"按钮。

⬆将Clamp连接至OneMinus和Multiply之间

❿在材质实例中确认

在内容浏览器的Materials中，双击打开MI_Rock_OnSnow。

在弯曲处（slider）变化SnowAmount的参数。

刚开始没有变化，下降到5以下后开始能看见一写颗粒出现。这样就能控制积雪量了。

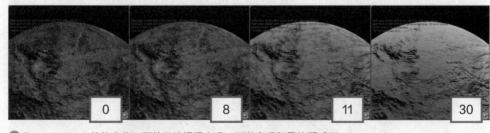

⬆SnowAmount值的变化。颗粒开始慢慢出现，可以表现积雪的质感了

⓫复制网格

分配同样的材质实例的话，SnowAmount值的变化也会同等反映到应用的网格中。

复制岩石的网格，然后确认效果。

选择网格，按住Alt键，移动网格或旋转网格，然后就可以复制网格了。复制的网格，乘上旋转标度（scale）等后，适当进行配置。

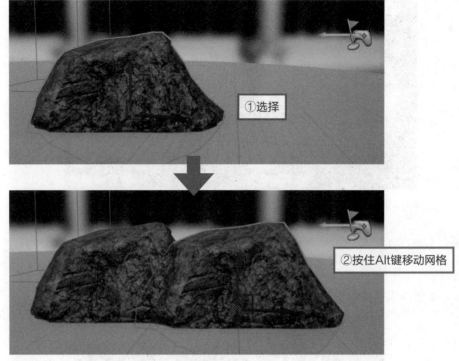

①选择

②按住Alt键移动网格

⬆ 按住Alt键，如果网格可以移动，就可以进行复制

⓬变化SnowAmount值

　　一边查看关卡中配置的网格，一边变化SnowAmount的值。因为向网格中配置的是相同的材质实例，所以可以同时确认积雪量的变化。

　　我们将参数的值按照一定的速度进行变化。刚开始变化很少，然后突然变化量变多了。

　　这样的变化，特别是对于场景变化，可以在参数变化的场景中制作出漂亮的映像。后面将使用说明的材质参数集合，举例来表现天气变化场景中所有积雪量的变化。

⬆ 可以随意调整雪量

⑬添加注释并进行整理

最后对材质进行整理。选择节点，制作注释"积雪量的控制"。这样材质就做完了。大概确认参数后，进行保存，关闭材质。

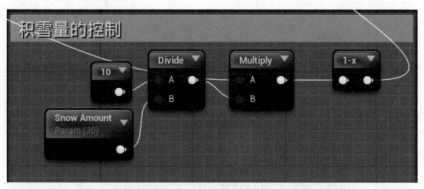

⬆ 制作注释

TIPS 在多个材质中可以同时调整参数

本章制作的材质，如果是相同的材质实例，要调整积雪量非常简单，但是如果是在场景中，在每个材质实例中调整参数值，操作就非常复杂了。

这时，通过使用材质参数集合（以下简称为MPC）功能，可以在多个材质中调整正在使用的参数值。

这个功能可以用于影响整个关卡或游戏的参数，例如被积雪或降雨浸湿、风的方向或强度等。不仅在材质中，在蓝图中也可以参考参数的值。

下面对其进行简要说明。

⊙ 使用方法

（1）制作MPC

在内容浏览器中选择"新增 > 材质·纹理 > 材质参数集合"，即可制作MPC。

（2）在MPC中增加参数

MPC的窗口非常简单，可以处理的参数只有数量（scalar）和向量（vector）。新增参数，输入Parameter Name后保存。

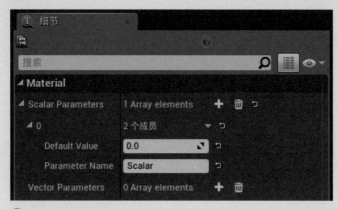

⬆ 在MPC中增加参数

（3）在材质中使用MPC

要在材质中使用MPC时，要将其拖拽至材质的图表中。节点制作完成后，从"细节"面板中指定刚才做好的Parameter Name。作为想要使用的参数进行连接。

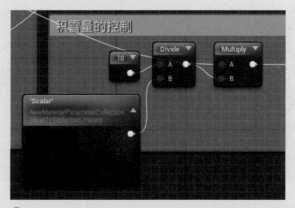

⬆在材质种读取MPC。替换SnowAmount的参数

（4）使用MPC

单击"Apply"按钮，这样MPC的设置就完成了。

在MPC中设置的参数，不会显示在材质实例中，而是成为独立的参数。在MPC中输入参数值，就可以与前面的参数一样进行处理了。通过将MPC放入想要使用的蒙版材质中，就可以控制场景整体的积雪量了。

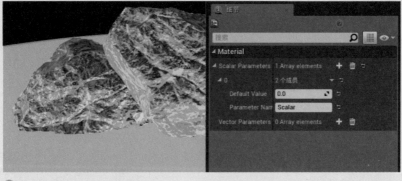

⬆用MPC来控制Scalar的值

第 12 章

将反复使用的
功能收集到节点中

本章学习将反复使用的

功能收集到一个节点里的材质函数。

12-1 多次组合很麻烦

组合材质后可以多次使用相同的处理。到目前为止，我们制作的材质中，纹理平铺与其最为相似。

通过将反复使用的处理集合到一个节点中，可以方便以后反复使用。在UE4中，被函数化的材质节点称为**材质函数**（Material Function）。

⬆各种材质函数的节点

12-2 什么是材质函数

首先我们来看看材质函数是什么。

这是前面我们做好的平铺处理。大家已经对组合处理厌烦了吧。

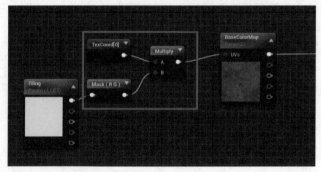

⬆在节点中进行图平铺的处理

将这个平铺处理用具有同样功能的材质函数来代替，就会变成下面这样。除了参数外，其他都集合到一个节点中。

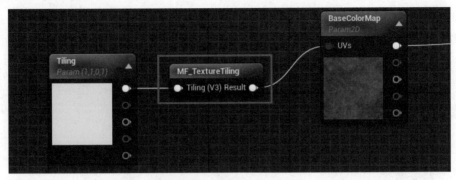

⬆ 用具有同样平铺功能的材质函数来代替

双击节点，就可以看到材质函数中的处理是如何进行的。查看打开函数时的图片，就可以确认用红色框框起来的地方与平铺处理进行了同样的节点组合处理。

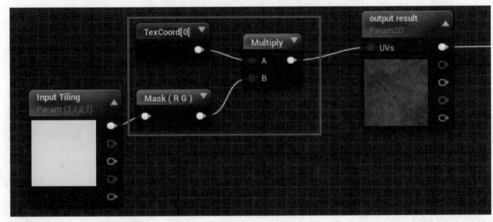

⬆ 具有平铺功能的材质函数的内部处理

如上所述，通过将功能集中到一个节点中，就可以不用总是重复制作同样的组合处理，材质编辑器中的图表也不会过大了，这就是材质函数。

12.2.1 有效管理功能

并不是说为了让图表更加简洁，无论什么处理都用材质函数进行代替。材质函数不仅仅是为了整理图表的外观而使用，为了**管理功能而使用**更加重要。

材质函数需要便于一般使用而进行设计。像前面做过的Cheap Contrast和BlendAngleCollected Normals一样，整理到一个特定的功能中，就可以做成便于使用的材质函数了。

当然聚集为一个大的功能也没有错，但是大的功能的通用性会降低，不便于通过直观感受来判断正在进行什么样的处理。

我以前为了让图表简洁而制作了很多材质函数，但是制作的这些材质函数在其他的材质中都用不了。我那时候总是忘记自己做的是什么函数的处理，结果导致非常混乱。

材质的制作需要让自己看了就能明白，同时让别人能看懂也非常重要。

12.2.2 灵活使用default的材质函数

UE4中最初就有很多材质函数，这对想使用复杂处理，自己又无法组合时，会有很大帮助。

本书中也介绍了几个方便使用的材质函数，但是因为数量太多无法全部介绍。所以下面要给大家介绍的是找到便于使用的材质函数的方法。

双击任意材质，在编辑器中打开。将面板的类型更改为Functions，搜索自己想要的材质函数名称。将任意节点配置到图表中，确认其中的节点变成了什么效果。

⬆ 将类型更改为Functions后，只有材质函数显示在面板中，数量还是很多……

此外，官方文件中也有关于材质函数的说明。文件更新得及时的话，里面可能会有说明，可以将想查的材质函数在文件中搜索来查看使用方法。

如果能在里面找到方便使用的材质函数就太好了。在学习材质中像寻宝一样，挖掘便于自己学习的材质函数。您可能会觉得有点费时间，但是我认为花费时间找到的内容印象会更深刻，在需要使用时更容易想起来。首先查看面板，从检索开始查看。

官方文件：材质函数的参考文献

https://docs.unrealengine.com/lastest/JPN/Engine/Rendering/Materials/Functions/Reference/index.html

12.2.3 材质的制作流程

为了熟悉材质函数，在岩石材质中制作使用纹理平铺和调整法线贴图强度的材质函数，并进行替换。

这两个函数，除了在岩石材质中，在其他地方使用的机会也非常多。制作一次之后，后面就会变得轻松了。

- 准备工作
- 组合材质函数
  - 制作纹理平铺的材质函数
  - 制作调整法线强度的材质函数

I2-3 准备工作

首先确认使用的数据。

本章中使用的数据保存在内容浏览器的"内容 > CH12_MaterialFunction"中。

I2.3.I 材质数据的确认

选择Materials文件夹，里面有M_Rock_Master，其中的处理与制作岩石蒙版材质是相同的。此外，里面有用M_Rock_Master制作的材质实例M_Rock_Master。

I2-4 学习材质函数

I2.4.I 制作纹理平铺的材质函数

我们从使用频率最高的平铺的材质函数开始制作。首先，从材质函数的制作方法开始学习。

❶制作材质函数

在"新增 > 材质·纹理"中选择材质函数并制作。右击也可以。

做完的材质函数名称为MF_TextureTiling。

⬆在Add New中制作。还可以通过单击右键来制作

❷打开材质函数

打开做好的MF_TextureTiling。材质函数编辑器的页面与材质编辑器大体相同。图表中默认配置有FunctionOutput。

⬆材质函数的编辑器页面

材质公式 说 明　**FunctionOutput**

⬆FunctionOutput

FunctionOutput是在材质函数中输出处理值的节点。要在材质函数中输出计算结果，需要一个以上的FunctionOutput。

---

❸复制平铺处理

制作材质函数的准备已经完成了，从岩石材质中复制处理时需要的节点。打开M_Rock_Master，用Ctrl＋C组合键来复制纹理平铺的部分，回到材质函数编辑器，在图表中用Ctrl＋V组合键来粘贴。

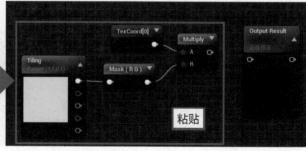

⬆复制并粘贴平铺的处理到材质函数中

TIPS　节点的复制粘贴

在UE4中，不仅在材质和材质函数之间，在不同的项目中也可以复制粘贴节点。

实际上，UE4中将文本数据显示为节点。请尝试复制节点粘贴到文本编辑器中。然后，文本就显示出来了。这个文本数据是被称为Unreal Text（T3d）的UE特有形式的内容。相对地，复制这个文本粘贴到材质编辑器中的话，就会出来节点。

幸亏有了Unreal Text，我们可以将博客等里面公开的文本复制粘贴来组合节点，或者在不同的UE4项目之间复制粘贴节点。

```
📄 新建文本文档.txt - 记事本                                    –  □  ×
文件(F) 编辑(E) 格式(O) 查看(V) 帮助(H)
Begin Object Class=MaterialGraphNode Name="MaterialGraphNode_308"
   Begin Object Class=EdGraphPin Name="EdGraphPin_3141"
   End Object
   Begin Object Class=MaterialExpressionTextureCoordinate Name="MaterialExpressionTextureCoordinate_4"
   End Object
   Begin Object Name="EdGraphPin_3141"
      PinName="Output"
      PinFriendlyName=" "
      Direction=EGPD_Output
      LinkedTo(0)=EdGraphPin'MaterialGraphNode_312.EdGraphPin_3150'
   End Object
   Begin Object Name="MaterialExpressionTextureCoordinate_4"
      MaterialExpressionEditorX=-1152
      MaterialExpressionEditorY=256
      MaterialExpressionGuid=B685492246847E14BB05D4AE5D5950DE
      Material=PreviewMaterial'/Engine/Transient.PreviewMaterial_5'
   End Object
   MaterialExpression=MaterialExpressionTextureCoordinate'MaterialExpressionTextureCoordinate_4'
   Pins(0)=EdGraphPin'EdGraphPin_3141'
   NodePosX=-1152
   NodePosY=256
   NodeGuid=A73C1F124D1F13D77D0CE6AA3010B674
End Object
Begin Object Class=MaterialGraphNode Name="MaterialGraphNode_312"
   Begin Object Class=EdGraphPin Name="EdGraphPin_3152"
   End Object
   Begin Object Class=EdGraphPin Name="EdGraphPin_3151"
```

⬆ 将平铺处理粘贴到文本编辑器中后，显示文本

❹将参数替换为FunctionInput

从外部获取材质函数的值时，需要准备接口。这就是FunctionInput节点。配置FunctionInput后，材质函数节点的输入引脚就做好了。

这次我们先在平铺处理中输入平铺数，所以将VectorParameter替换成FunctionInput。请参考图片连接节点。

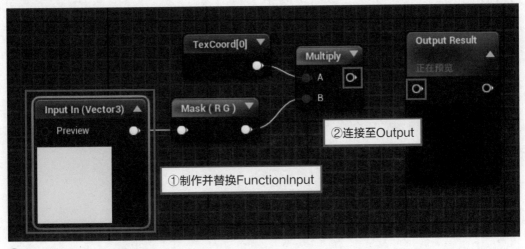

⬆ 将VectorParameter替换成FunctionInput

材质公式 说明 | FunctionInput

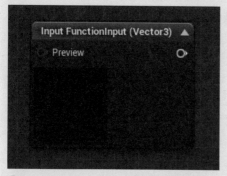

↑ FunctionInput

材质函数中需要接受外部数值的input和将值输出的output。

FunctionInput是接受外部数值的节点。

"细节"面板的Input Type中事先指定输入值的种类，获取同一类型的值。

Input Type有8种类型，在配置材质函数节点时，为了清楚连接的是哪个类型，要在Input的旁边用缩略形式进行标记。

输入类型	简写为
Scalar	S
Vector2	V2
Vector3	V3
Vector4	V4
Texture2D	T2D
TextureCube	TCube
StaticBool	B
MaterialAttributes	MA

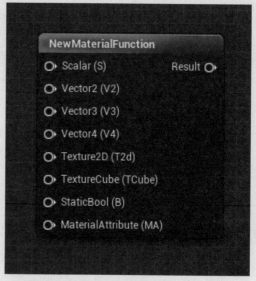

↑ 材质函数的输入类型及其缩略形式

❺ 输入FunctionInput的详情

在FunctionInput中输入以下内容。在"细节"面板中输入的值会影响材质函数使用效果的好坏，所以要理解各个项目的意义。

输入后单击"Save"按钮。

◉ Input Name Tiling

这是在材质函数中显示的名称。给它命名，以便能够清楚知道它是输入了调整平铺数的值的引脚。

◉ Input Type Function Input Vector 3

指定获取类型。

从VectorParameter的output RGB中获取Tiling的值。要变成3个通道的值，所以指定Vector3。

◉ Preview Value（1，1，0，1）

材质函数通过材质决定初次使用的输入值。制作材质函数时如果不在预览中显示值，制作起来会非常困难。

这里，与Tiling的值一样，输入平铺的默认值。

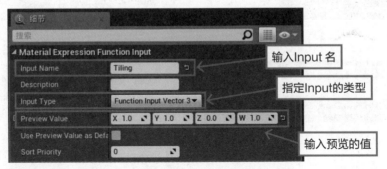

⬆FunctionInput的"细节"面板的输入内容

T I P S 灵活使用Use Preview Value as Default

勾选详情中的Use Preview Value as Default，Preview Value中使用默认值。材质函数的Input引脚变为灰色，是否连接节点都可以。至少需要Input，其他随意，所以不需要将节点连接到所有的Input上。不是必须连接的项目尽量都勾选上Use Preview Value as Default。

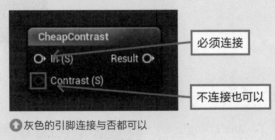

⬆灰色的引脚连接与否都可以

---

❻将MF_TextureTiling配置到岩石材质中

返回到M_Rock_Master的材质编辑器页面。配置刚才做好的MF_TextureTiling的材质函数。读取做好的材质函数的方法与纹理相同，从内容浏览器中拖拽即可。

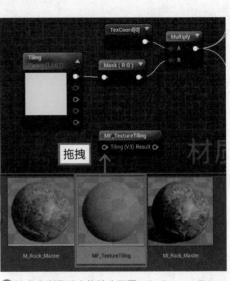

⬆从内容浏览器中拖拽来配置MF_TextureTiling

材质公式 说 明 | MaterialFunctionCall

↑ MaterialFunctionCall

| 细节 | 在这里指定材质函数 |
| 搜索 | |
◢ Material Expression Material Function Call

↑ MaterialFunctionCall的"细节"面板

快捷键：F

　　MaterialFunctionCall是引导出材质函数的材质公式。材质函数也可以从面板中配置空的材质函数。从面板配置MaterialFunctionCall，会出现左侧所示的节点。

　　查看"细节"面板中的MaterialFunction，在这里搭配想使用的材质函数。前面通过拖拽添加的节点中已经搭配了材质函数。

❼确认MF_TextureTiling

　　查看配置的MF_TextureTiling，可以看到里面有标记为Tiling（V3）的引脚。确认是否标记为在工程5中设定的Input Name和Input Type。

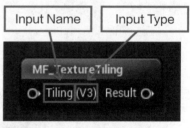

↑ MF_TextureTiling的节点

❽替换MF_TextureTiling中的处理

　　下面我们将替换MF_TextureTiling中的处理。参考右图重新连接节点。这样纹理平铺的材质函数的制作和替换就完成了。单击"Apply"按钮。

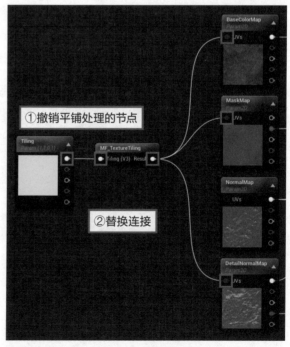

↑ 替换MF_TextureTiling中的处理

❾确认材质函数的动作

最后更改Tiling的VectorParameter的值，确认材质函数是否正确运行。

打开MI_Rock_Master，确认视口浏览器和节点的预览中是否反映了平铺数组合的结果。如正确反映，平铺处理的材质函数的制作就完成了。

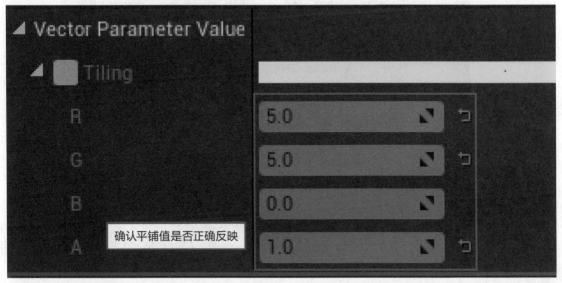

⬆在材质实例中确认动作

|*12.4.2*| 制作法线强度调整的材质函数

下面我们将调整法线强度的处理函数化。

即使是同样的材质函数，根据处理Input的类型不同，组合的方法也需要注意。

❶新增材质函数

下面我们来制作新的材质函数。名称输入MF_NormalIntensity，双击打开材质函数编辑器。

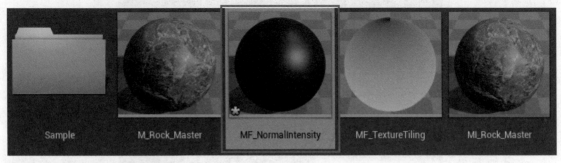

⬆新增材质函数MF_NormalIntensity

❷复制强度调整的处理

与纹理平铺的函数相同，在M_Rock_Master中选择法线的强度调整部分，进行复制粘贴。从Append连接至FunctionOutput。

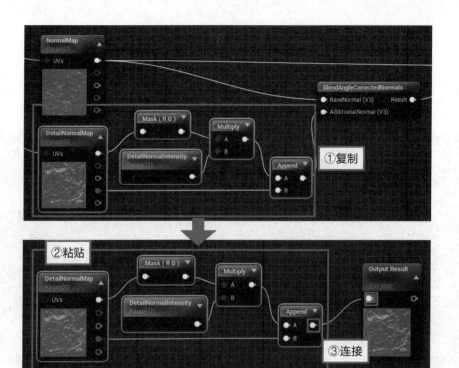

⬆ 从M_Rock中复制粘贴法线强度调整的节点

Ⓣ Ⓘ Ⓟ Ⓢ 材质函数中的参数节点

材质函数中如果留存参数节点会怎么样呢？材质函数内如果有参数，在制作材质实例时，可以使用该参数。

乍一看感觉很方便，但是材质函数中的参数将无法更改各个材质中的类别和参数名称。此外，因为材质的图表之外也有参数，所以材质将难以把握。

例如，在平铺的材质函数中留存Tiling参数时，就无法在材质中进行该参数名称和类别的更改。如果是在材质实例中，那么很多纹理的种类都将使用相同的参数，用起来非常不方便。

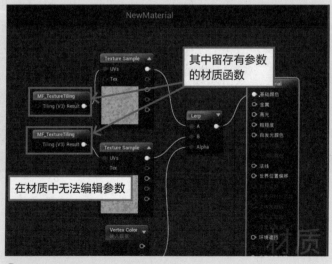

⬆ 使用包含参数的材质函数的例子

但是，有时也会特意在材质函数中留存参数。例如，在游戏中将特定的处理从蓝图进行控制时。对于已经定好的参数名称，确定要添加处理的话，在里面留存参数有时会更加方便。

根据目的不同采用方法也不同，但是基本上还是不要在材质函数中留存参数比较好。

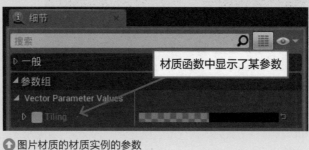

⬆图片材质的材质实例的参数

❸考虑用什么替换FunctionInput

下面配置FunctionInput。

DetailNormalIntensity和DetailNormalMap已经变成了参数，用它们来替换FunctionInput。

首先，从DetailNormalMap开始。DetailNormalMap是纹理的参数，所以将FunctionInput也作成纹理的类型。按如下所示输入各节点的参数。

◉ 使用节点

- FunctionInput
  Input Name "NormalMap"
  Input Type "Function Input Texture 2D"

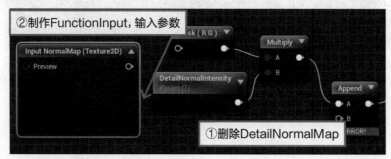

⬆用DetailNormalMap替换FunctionInput。在ComponentMask中显示了出错信息，但是是针对没有连接的出错，不用在意

memo Input Name的命名

我们需要把材质函数做成可以通用的，不是针对特定的处理，而是可以通用于法线贴图的强度调整，所以把Input Name设置为DetailNormalMap。

❹将FunctionInput连接至ComponentMask

将FunctionInput连接至ComponentMask。

然后，如下图所示，显示出错并无法连接。这是为什么呢？

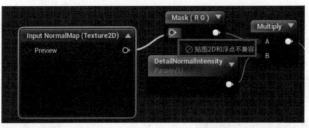

⬆ 将Input Type变为Texture2D后，与ComponentMask连接时显示出错

［说明］ Input Type的Texture2D

　　Input Type的Texture2D是用材质编辑器获取纹理的类型。纹理的数据不能在材质编辑器中进行处理，所以连接时会显示出错。

　　那么，对于这个问题要如何处理呢？

　　先说一下结论，这个问题可以通过使用TextureSample来解决。TextureSample是将纹理在材质中读取的节点，但是正确的解释是，它是使纹理可以在材质编辑器中处理的节点。

　　为了在材质编辑器中处理纹理数据，需要将各UV值替换为具有颜色的数据。在面板中看纹理，TextureSample用UV坐标进行必要的取色处理。"用UV坐标进行的取色"的处理被称作样本化或抽样。

　　通过上述内容，在使用Input Type的Texture2D时，在材质函数内连接至TextureSample，并通过在材质编辑器中处理数据，就可以组合成与刚才相同的处理。

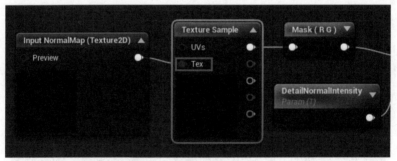

⬆ Texture2D类型可以连接至TextureSample的Tex引脚

［说明］ Texture2D和TextureObject

　　Texture2D的处理不只可以在材质函数的内部进行。

　　将输入有Texture2D的材质函数配置到材质编辑器中时，即使想要输入纹理或者连接Texture-Sample，也无法进行连接。

　　如前面说明的一样，因为Input Type的Texture2D是获取纹理的数据类型，所以无法连接不同类型。因此，想要输入Texture2D的类型时，需要用TextureObject进行连接。TextureObject是与Texture2D一样可以直接处理纹理数据的节点。

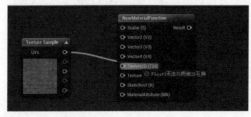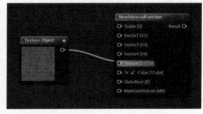

⬆ 无法从TextureSample连接至T2D，但是可以从TextureObject进行连接

如上所述，通过使用Texture2D类型，在材质内部和材质函数内部会出现连接的制约。特意换成TextureObject，并另外进行UV值连接，这样的做法非常麻烦。对于纹理的信息，除非一定要在Texture2D获取值，其他情况基本使用Vectore3类型来完成更加轻松。

ⓉⒾⓅⓈ 转换为TextureObject

TextureObject可以通过从TextureSample转换来完成制作。右击TextureSample，选择相关选项即可完成转换。反过来也可以从object转换成sample。

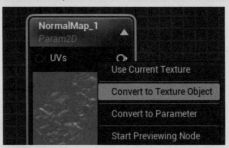

⬆单击鼠标右键就可以轻松转换为object

❺将Input Type更改为Vector3

说明有点过长了，我们回到正题。

现在开始我们将Input Type更改为FunctionInput Vector3，重组材质函数。更改为Vector3，在PreviewValue中放入接近法线贴图的值。下面就可以连接了。

◉ 使用节点

- FunctionInput
PreviewValue（0，0，1，0）
Input Type "FunctionInput Vector3"

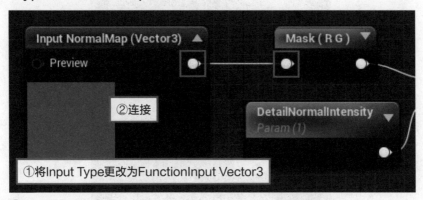

⬆通过将Input Type更改为FunctionInput Vector3，可以进行连接了

❻使用ComponentMask连接B通道

请将Append中间夹着ComponentMask，仅连接B通道。

这样法线贴图的设置就完成了。

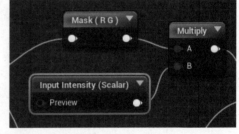

⬆ComponentMask只使用B通道，连接节点

❼将NormalIntensity替换为FunctionInput

最后，将NormalIntensity的参数替换为FunctionInput。参考下图制作节点。按如下所示输入各节点的参数。

这样MF_NormalIntensity就完成了，单击"Save"按钮。

⊙ 使用节点

- FunctionInput
  Input Name "Intensity"
  Input Type "FunctionInput Scalar"
  Preview value（1，0，0，1）

⬆配置Intensity的FunctionInput，连接Multiply

❽重新连接MF_NormalIntensity

尝试将做好的MF_NormalIntensity应用在岩石材质中。

回到岩石材质（M_Rock_Master）的材质编辑器。在内容浏览器中配置MF_NormalIntensity。

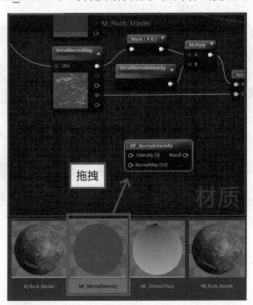

⬆配置MF_NormalIntensity

⑨ 重新连接参数

将各个参数重新连接至MF_NormalIntensity。参考下图连接节点。撤销不需要的节点。
完成替换节点后，单击"Apply"按钮。

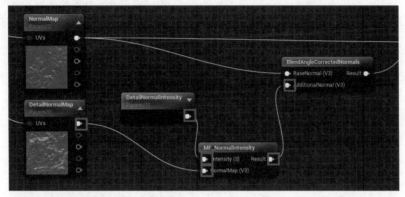

⬆ 重新连接至MF_NormalIntensity

⑩ 确认MF_NormalIntensity的动作

确认MI_Rock_Master中是否调节了细节法线的强度。勾选DetailNormalMapUse后，将
DetailNormalIntensity输入1以外的值，确认是否正确改变了法线的强度。

如果动作没有问题则操作完成。保存做好的材质。

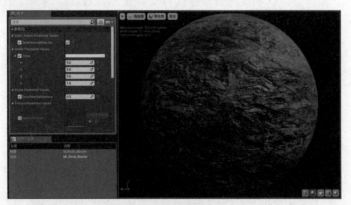

⬆ 在材质实例中确认更改法线强度的动作

12-5 后续编辑材质函数的注意事项

| 12.5.1 | 删除输入引脚和输出引脚

材质函数与材质实例一样，可以后续进行编辑。可以在所使用的材质函数中增加功能、添加
输入引脚或增加删除功能。这时需要特别注意的就是输入引脚和输出引脚的删除。

在某个材质中删除正使用的材质函数的一部分输入引脚和输出引脚，单击使用后，上传的材质中会自动反映出更改情况，而且材质里连接的link会被切断。之后即使恢复引脚连接，被切断的link也不会恢复了。

如果后续删除的输入、输出引脚是应用在很多材质所使用的材质函数中的话，就会破坏非常多的link，需要特别注意。因此，在删除FunctionInput和FunctionOutput时，会显示提示信息。当这个信息出现时，暂停删除的操作，考虑一下是否真的需要删除。

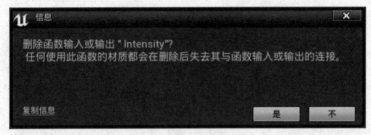

⬆ 在删除FunctionInput和FunctionOutput时，会显示提示信息

12.5.2 需要再次保存所使用的材质

后续编辑材质函数时，会在这个材质函数所使用的材质中显示*。你可能会疑惑"我没有编辑材质啊"，但是在材质内更改所使用的材质函数也与改变材质内的计算是一样的。

因此，需要重新保存材质。寻找需要保存的材质，可以通过选择编辑过的材质函数，单击鼠标右键，选择"查找使用它的材质"，就可以搜索出所使用的材质了。

⬆ 选择编辑过的材质函数，单击鼠标右键搜索所使用的材质

TiPS FunctionInput的Bool类型

本书中不包含工程的相关内容，但是包含关于Bool类型的材质函数的组合方法的说明。Bool是布尔类型（Boolean）的简称。与StaticSwitchParameter和StaticBool相同，是用True和False进行判定处理的输入类型。

在第8章中，我们接触了不使用StaticSwitchParameter的开关的组成方法，但是在材质函数中加入开关处理时，却需要使用StaticSwitchParameter的组成方法。

例如，在制作具有纹理平铺和offset这两个功能的材质函数时。在其中是否要使用offset功能，需要使用开关进行切换。在材质中要接受Bool的判定，需要在FunctionInput中输入来进行制作，所以要与StaticSwitch和StaticBool进行组合时一样。

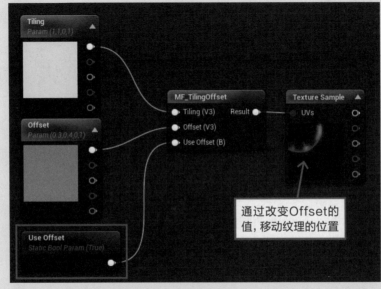

⬆具有纹理平铺和offset这两个功能的材质函数的组合方法

通过将StaticBoolParameter连接至配置的材质函数，可以用参数切换开关来使用。

⬆将Use Offset设置为True，反映Offset的值

第13章

在地形中使用材质

本章将学习在大面积的地面网格中
分配材质的组成方法。

13-1 广阔地形的材质

查阅EpicGames公司在GDC2015中作为技术demo发表的"少年与风筝"※可知，在UE4中可以制作非常广阔的地形。

在UE4中，为了制作**自然地形**，设置了风景这样的功能。在"少年与风筝"中，也使用风景来制作了地形。

⬆ 在"少年与风筝"中使用风景制作了约260km²的广阔地形，显示在虚拟游戏中 　　　　©EPIC GAMES

前面我们讲述的内容中，基本上没有制作广阔地形的机会，但是为了让自然地形的地面广阔，能够看到风景，需要下很多工夫。

可以在游戏中使用的资源有限，在风景中纹理的个数也有限，为了不让纹理看起来太明显，需要在制作时下工夫。

13.1.1 与照相机一起变化混合位置

为什么说制作广阔的地形很难呢，因为平铺会变得明显。第8章中也讲过，为了隐藏平铺，使用了纹理混合，但是地形变大的话，只用这种方法是隐藏不了的。移动照相机之后看的角度也变得不同了，看近景没问题，但是变成远景之后纹理就会非常明显。

如上所述，关于在远景中纹理明显这个问题，通过照相机可以**根据距离照相机的远近来更改平铺数的功能来**改善。我们来看看效果是什么样的吧。为方便理解，我们将角度从较高的位置向下移动一些。

※ "少年与风筝"可以从EPIC GAMES的快速启动栏中下载，大概需要31GB的空间，如果电脑的内存不够大可能会导致无法启动。

⊙ **进行纹理混合**

　　首先，跟以前一样进行纹理混合。因为地形很广，平铺在近距离的时候不明显，但远距离时就很明显了。混合后纹理的个数如果变多，可能就更容易被它蒙骗了。

⬆️只使用纹理混合，远处的平铺会很明显

⊙ **通过距离照相机的远近来更改纹理的标度**

　　为了解决远处显示的纹理平铺的问题，我们通过距离照相机的远近来更改纹理的标度。离照相机近的地方纹理的标度调小，离照相机远的地方调大，从而使平铺不再明显。

　　现在照相机的位置调高了，但是从玩家的视角来看，平铺变得更明显了。

⬆️通过在近距离和远距离调节纹理的标度，使平铺变得不再明显

如下图所示，这个处理使用了**距离照相机一定距离**的信息来进行混合，所以即使移动照相机，照相机的近景部分的标度还是保持相同大小。

此外，远处的纹理的标度变得不太协调了，但是只在这个距离来看的话并不明显。特别是像草、土、岩石这样的自然地形，只要不近距离看就不会有标度感，所以不用在意。

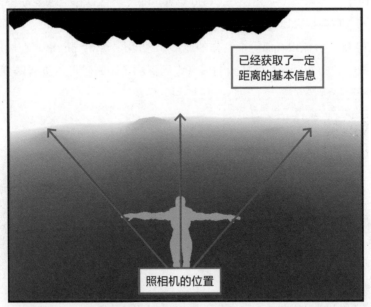

⬆ 距离照相机一定距离时获得的信息可视化之后

|13.1.2|风景

这次我们使用的风景，可能有的读者是第一次接触，所以这里为大家进行简单的说明。风景是在关卡中雕刻地形的功能。

说到雕刻功能，大家可能会想到Zbrush等，但是为了让风景的高度信息变成基底，即使进行雕刻，顶点也只能上下移动。做好的风景的形状可以在高度贴图中写出来。

⬆ 使用雕刻功能可以随意制作地形

风景是将地形制作特殊化的功能，所以沿着编辑的形状可以自动生成冲突。做好后让玩家走动来确认景观，很容易进行实验。

⦿ World Machine

这次我们使用的风景的形状是使用World Machine——可以在应用程序中制作地形的软件来制作的。仅用风景功能也可以完成，但是要做成这样的地形会很费时间。

使用World Machine或Zbrush等来制作的地形，用r16、raw、png格式在高度贴图中写出，就可以读取到风景中。此外，将高度贴图的信息应用到刷子中，也可以进行雕刻。

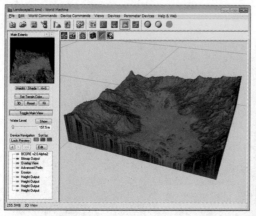 

⬆ 使用World Machine（左）可以在应用程序中生成模拟地形。写出的高度贴图（右）

World Machine 官方网站

http://www.world-machine.com/

将在World Machine中制作的信息导入UE4中，需要各种各样的设置。大家可以在网上搜索UE4 Landscape World Machine，就可以找到将World Machine的信息导入到UE4中的方法了。

$13.1.3$ 材质的制作流程

下面制作配置到风景中的材质。

我们会稍微说明风景的使用方法，至少可以用来制作材质，但如果想详细了解风景的使用方法，可以参考官方文档。

- 准备工作
- 制作风景材质
  - 制在图层中设定纹理
  - 喷涂风景图层
  - 使用韦德地图来喷涂
  - 调整纹理的标度
  - 更改远距离和近距离的纹理的标度值

13-2 准备工作

下面我们来确认所使用的数据。

本章中使用的数据保存在内容浏览器的"内容 > CH13_Landscape"中。

13.2.1 确认贴图数据

双击打开Maps文件夹中的Level_Landscape。在关卡中配置风景。

这是将在World Machine中制作的高度贴图读取至风景中制作而成的。

为确认人的标度而配置一个黄色小人。

⬆ 只配置了风景的关卡

13.2.2 确认纹理数据

准备岩石和草这两种纹理作为地面的质感。

❶岩石纹理（Rock）

| 基础颜色贴图 | 蒙版贴图 | 法线贴图 |

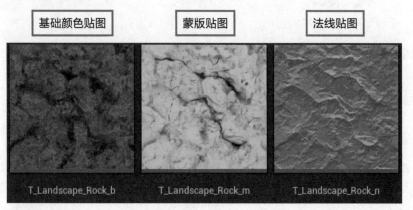

| T_Landscape_Rock_b | T_Landscape_Rock_m | T_Landscape_Rock_n |

⬆ 岩石纹理

❷草的纹理（Grass）

| 基础颜色贴图 | 蒙版贴图 | 法线贴图 |

T_Landscape_Grass_b　　T_Landscape_Grass_m　　T_Landscape_Grass_n

⬆ 草的纹理

❸韦德地图

　　在风景的图层混合中使用韦德地图，这是用来指定地形的草和岩石范围的信息贴图。也可以在韦德地图中使用World Machine来制作。在World Machine中与地形一起制作，可以节省用手工涂绘的时间。

　　韦德地图需要从本书的支持网站中下载。如果您还没有下载，可以现在下载。

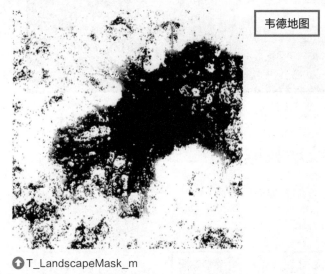

韦德地图

⬆ T_LandscapeMask_m

　　韦德地图不是在World Machine上官方发表的工具，而是使用BCORE v2.0 Alpha2这个宏制作而成的。

　　这个方法非常方便，本书中不做关于制作方法的详细说明。

---

memo　**BCORE v2.0 Alpha2**

　　BCORE v2.0 Alpha2是在Polycount forum这个聚集了国外游戏图像美术设计师的投稿论坛的World Machine的宏。在用World Machine制作的地形中，可以很方便地设置草、沙漠、岩石、雪等的单独的应用程序。

Polycount forum "World Machine，advanced coloring macro"

http://www.polycount.com/forum/showthread.php?t=111551

将BCORE v2.0 Alpha2在World Machine中作为宏登录的方法，在上述论坛中也有记载，我的博客中也有日语的说明。

背景美术设计师的博客 "BCORE v2.0 Alpha2的读取方法"

http://envgameartist.blogspot.jp/2014/12/worldmachine-bcore-v20-alpha2.html

13-3 制作风景材质

13.3.1 在图层（layer）中设定纹理

首先，说明一下风景用的材质与前面做的材质的不同之处。

与前面做的材质的不同之处是，其中有风景的图层这个功能。

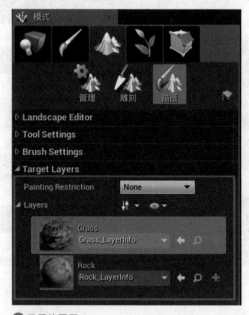

⬆ 风景的图层

风景中没有顶点色这个概念，所以不能使用顶点色进行纹理混合。但是，可以在图层中指定质感，用喷涂或韦德地图来指定应用范围，这叫作**图层混合**。图层混合与使用顶点喷涂的混合相似，但要比它更好用。

只能在每个材质中分配一个风景。因此，需要使用材质来指定每个图层表示什么，在图层中制作多少。

❶制作材质

下面我们来制作风景用的材质。

在内容浏览器的Materials文件夹中新增材质，材质名称输入M_Landscape。双击打开材质。

⬆ 新增材质，输入M_Landscape

❷读取岩石和草的纹理

首先，在图层中设置岩石和草的纹理。从"CH13_Landscape > Textures"文件夹中读取岩石和草的纹理。参考下图配置节点。

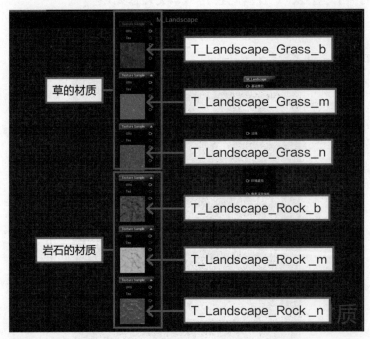

⬆ 读取草和岩石的材质

❸配置LandscapeLayerBlend

制作图层混合的节点LandscapeLayerBlend。

设置在LandscapeLayerBlend中使用的图层数量和名称。这里我们在图层中设置地面的草和岩石这两个质感。

但是，查看LandscapeLayerBlend会发现只有输出引脚。需要从详情中向LandscapeLayer-Blend添加必要的图层。

⬆制作LandscapeLayerBlend

材质公式 说 明 **LandscapeLayerBlend**

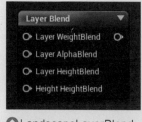

⬆LandscapeLayerBlend

LandscapeLayerBlend是在风景中使用图层混合时使用的节点。获取图层名称和所在图层中显示的处理信息，进行如何混合等关于图层的各种设置。

设置图层混合的节点，除了Landscape-LayerBlend还有LandscapeLayerWeight，但是LandscapeLayerBlend可以在一个节点中集合多个图层，使用起来更加方便。

在图层混合中设置有WeightBlend、AlphaBlend、Height Blend三种混合类型。

❹确认LandscapeLayerBlend

单击"细节"面板中Layers项目的"+"按钮。

在Layers中增加0的项目。然后查看节点，制作了Layer None的输入引脚。这样使用图层数量就增加了。

⬆增加图层

TⅰPS 删除图层

下面说明不小心多做了图层时，删除图层的方法。在想删除的图层的右侧单击▼按钮，就可以删除。需要注意的是，Layers右侧的垃圾箱图标，单击这个图标，做好的图层将全部删除。

注意，单击垃圾箱图标将删除全部图层

❺ 设置图层

再一次单击"＋"，制作两个图层，如下所示设置图层的信息。

⬇ Grass图层

Layer Name	『Grass』
Blend Type	『LB Weight Blend』
Preview Weight	『1』

⬇ Rock图层

Layer Name	『Rock』
Blend Type	『LB Weight Blend』
Preview Weight	『0』

更改图层名称后，名字也会反映到节点中。

Preview Weight是设置显示比例的项目。如果为默认值0，则预览编辑器中将显示为黑色，所以我们输入1。

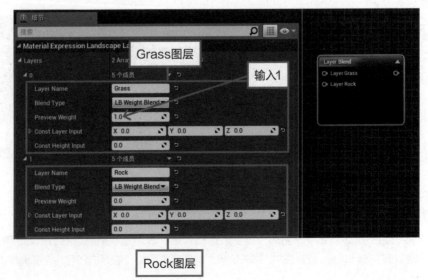

❻ 将纹理连接至图层

　　向各个图层中连接纹理。如图所示，连接节点。这样基础颜色的图层就完成了。

　　如上所述，通过在LandscapeLayerBlend中指定使用的图层数和名称，分别进行连接，就可以设置风景的图层了。

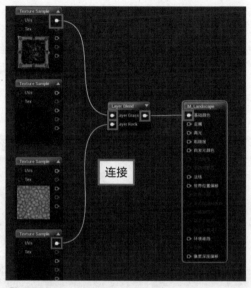

⬆ 向各图层中连接纹理

❼ 将粗糙度、法线也连接至LandscapeLayerBlend

　　将岩石和草的粗糙度贴图和法线贴图也进行相同的设置。

　　要重新设置LandscapeLayerBlend很麻烦，所以我们复制来使用。这里也参考图片进行节点连接。完成上述步骤后，单击"Apply"按钮。

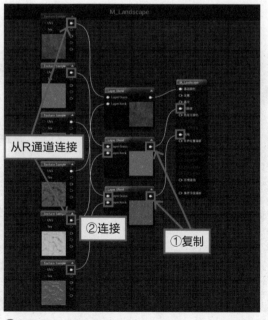

⬆ 粗糙度和法线也使用LandscapeLayerBlend进行连接

|13.3.2|给风景涂色

将做好的材质用于风景中，尝试进行图层喷涂。这里不说明材质的组成方式，而是说明风景的使用顺序。只要把握住图层喷涂是什么就可以了。

❶将材质应用于风景

查看关卡视口编辑器。在风景中，为了方便后续调整，应用材质实例。

在内容浏览器中的M_Landscape中制作材质实例，名称设置为MI_Landscape。

在风景中分配材质时，需要在"细节"面板中进行设置。请在"细节"面板的Landscape Material中分配材质。

↑拖拽至"细节"面板的Landscape Material

❷切换至风景的喷涂工具

编辑风景的数据时，需要将模式切换至风景。主要的功能有三个：管理、雕刻、喷涂。本章将使用喷涂功能，所以单击喷涂的图标。

↑在风景模式中单击喷涂图标

❸确认喷涂工具的页面

首先查看喷涂工具的页面。

在这个页面中，显示了在风景中进行图层混合的功能。

Landscape Editor、Brush Settings、Tool Settings是控制喷涂刷子类型、尺寸、强弱的参数。关于这些部分，如果使用过Photoshop或者Zbrush，就能理解这些功能了，本书中不做详细说明。

Target Layers是指定在哪个风景图层中进行喷涂的功能。

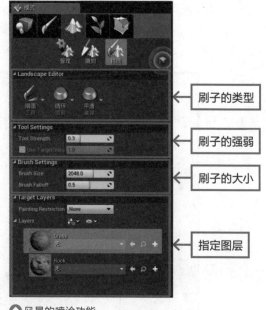

⬆ 风景的喷涂功能

❹制作图层信息对象

指定图层后，为了在风景中进行喷涂，需要在图层中设置图层信息对象。

制作方法很简单，单击Grass图层右边的"＋"。

单击权重混合图层（weight blend layer），会被询问在哪里进行制作，直接单击"好"按钮，会设置为在Maps文件夹中进行制作。

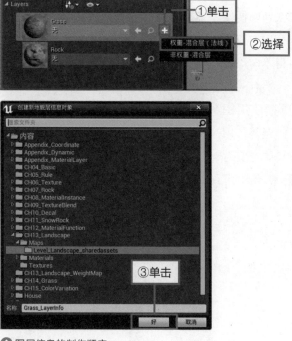

⬆ 图层信息的制作顺序

❺ 确认风景

我们来看看风景。通过制作图层信息对象，可以确认草的质感被分配至风景中了。

在4.15之前的版本中，在制作图层信息对象后不需要设置权重值，刚开始全部需要自己喷涂，但是从4.16版本之后就可以自动分配权重值了。

⬆ 在风景中分配草的质感

❻ 喷涂岩石

下面我们来尝试喷涂岩石的质感。

进行与工程4相同的设置，制作岩石的图层信息对象。

下面选择Rock的图层，在风景上向左拖拽。涂过的地方显示出了岩石的质感。

调整刷子的大小和强弱以便使用，然后进行喷涂。即使不知道喷涂的方法也没关系，涂得不匀称也没事。

在风景中，如上所述使用图层，就可以喷涂质感了。但是，用这个方法想要涂得匀称需要花费时间。那么在下面的工程中，给大家介绍简单喷涂的方法。

①制作岩石的图层信息对象，选择图层

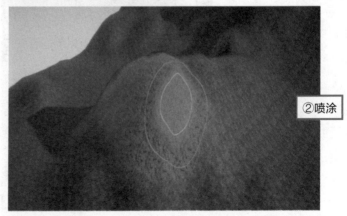

②喷涂

⬆ 一边调整刷子的尺寸和强弱一边喷涂，出现了岩石的颜色

TIPS 一次喷涂图层

在图层上单击右键后，选择Fill Layer选项，可以喷涂整个图层了。

⬆ 可以喷涂整个图层。用Clear Layer可以删除图层的喷涂

13.3.3 使用权重贴图均匀上色

刚才进行了使用风景图层的图层喷涂操作，但是要均匀地喷涂地形，还是比较困难的。

在使用外部工具（现在是World Machine）来制作地形时，同时制作权重贴图，就可以有效率地喷涂图层了。

❶使用权重贴图

权重贴图是显示各个图层范围的贴图。这个文件参考外部来使用。

在喷涂模式中，在Rock图层上单击鼠标右键，从内容菜单中选择"从文件输入"。

⬆ 在Rock图层上单击鼠标右键来选择

❷读取权重贴图

显示窗口后，从下载的数据中选择T_Rock_Weightmap.png，单击"打开"按钮。

⬆ 可以从桌面进行选择

❸应用权重贴图

查看关卡视口编辑器，显示的不是刚才喷涂的形状，而是沿着权重贴图喷涂的形状，这是沿着地形的起伏进行了喷涂。

⬆ 分配权重贴图后，可以喷涂岩石和草的地方

使用权重贴图的方法是进行图层喷涂时的一种手段，但是在制作高度贴图时，通过同时制作权重贴图也可以有效率地进行图层喷涂。

使用风景的喷涂工具也可以。

| 13.3.4 | 调整纹理的比例

现在，我们回到材质的话题中。打开M_Landscape。

刚才已经可以喷涂草和岩石的图层了，但是保持默认值的话，平铺非常小。需要调整纹理比例的功能，对小黄人进行比例调整。

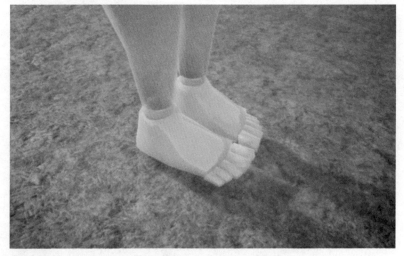

⬆ 与小黄人（身高约192cm）的脚进行比较，这个比例有点太小了

❶配置LandscapeLayerCoords

前面我们通过TextureCoordinate进行了平铺设置，但是在风景中进行平铺时要使用Landscape-LayerCoords。

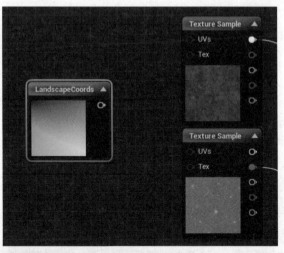

⬆ 配置LandscapeLayerCoords

材质公式 说 明 LandscapeLayerCoords

⬆ LandscapeLayerCoords

LandscapeLayerCoords是控制风景的UV坐标信息的材质公式。与TextureCoordinate相似，但是从"细节"面板中输入的信息有所不同。

TextureCoordinate中输入的是平铺的次数，例如输入2的话，就是2次平铺，会变得细腻，但是LandscapeLayerCoords中处理的是比例值，输入2的话表示放大2倍。此外，还可以进行旋转纹理和offset的调整。

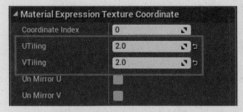

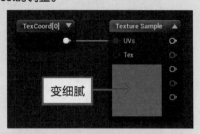

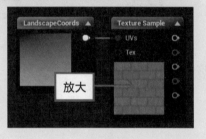

⬆ 在Tiling和Scale中结果相反

❷ 制作比例调整的处理

在LandscapeLayerCoords中，制作平铺处理时也与TextureCoordinate一样需要组合节点。但是与风景中对于广阔地形的调整平铺次数相比，在纹理的比例中进行调整更加容易。

在比例中进行调整时，与平铺处理不同，需要将Multiply变成Divide。参考下图制作节点，并如下所示输入各节点的参数。完成后单击"Apply"按钮。

⊙ 使用节点

- Divide
- ScalarParameter 草用
  Parameter Name "GrassScale"
  Default Value（1）
- ScalarParameter 岩石用
  Parameter Name "RockScale"
  Default Value（1）

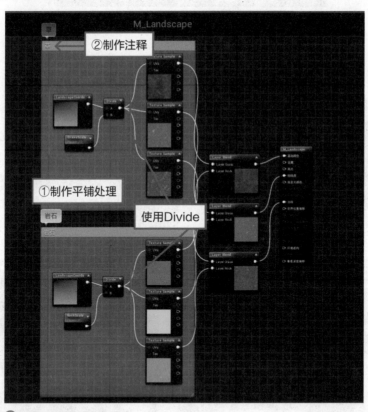

⬆ 在岩石和草中制作处理

❸ 调整纹理比例

边查看风景边调整纹理的比例。从内容浏览器中打开MI_Landscape，以小黄人为基准适当调整比例。

与平铺相反，比例的值越大纹理显示越大。

⬆ Scale的值与其结果。与平铺相反，比例中值越大显示的纹理越大

| 13.3.5 | 更改远距离和近距离的比例值

调整纹理的比例值后，里面的部分还是会看起来为平铺状态。跟风景一样，在广阔的地形中自然会为平铺状态，解决这个问题的方法就是从开始时设置"根据距离照相机的远近来改变纹理的比例"。

下面我们来考虑一下如何组成这个处理。

需要以下两个处理。

（1）指定从照相机开始的混合范围。

（2）混合两个比例不同的纹理。

关于第二点，可以使用Lerp来解决。关键在于第一点的处理，如何获取照相机的位置信息，又如何指定混合的范围呢？

这次我们要做的处理难度可能有点大。如果觉得难就不要看说明，直接模仿组成方法就可以了。如果想要改良组成处理的结果时，再来看说明，思考其中的原理。如果理解了组成方法和结果，理解原理也就容易了。

❶制作远距离和近距离的比例

首先从2的Lerp的处理开始进行组合。参考下图复制草的纹理和比例的处理。

上面是远距离用，下面是近距离用。修改参数和注释，知道分别是做什么用的。

- ScalarParameter 近距离用

  Parameter Name "GrassScale_Near"
- ScalarParameter 远距离用

  Parameter Name "GrassScale_Far"

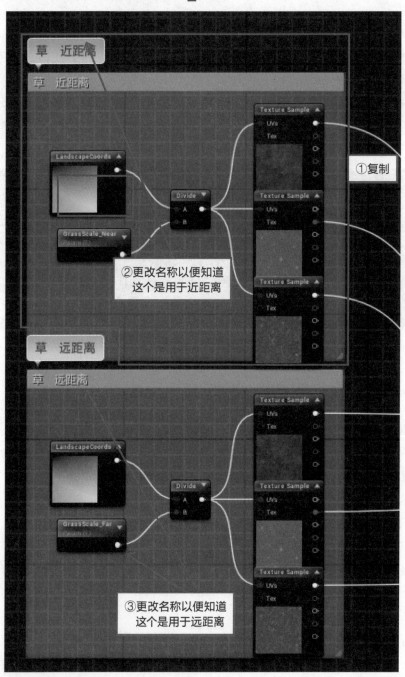

⬆ 复制近距离和远距离用的纹理和比例处理

❷在Lerp中连接近距离和远距离的处理

制作Lerp，参考右图连接基础颜色、粗糙度、法线的处理。

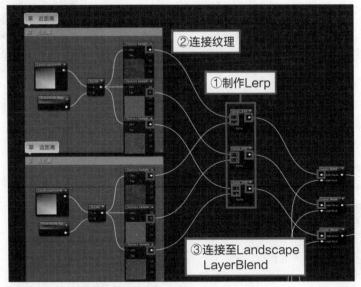

⬆制作Lerp，连接纹理和LandscapeLayerBlend

❸准备在岩石中近距离和远距离不同比例的数据

在岩石中也进行与工程1~2相同的处理。参考下图进行制作。

这样草和岩石中都准备好了远距离和近距离使用的混合不同纹理比例的数据了。

- ScalarParameter 近距离用

  Parameter Name "GrassScale_Near"
- ScalarParameter 远距离用

  Parameter Name "GrassScale_Far"

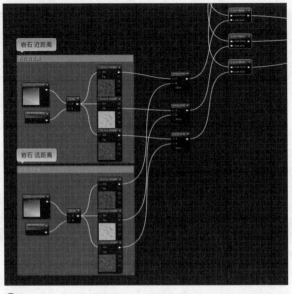

⬆与岩石一样进行节点组合，连接至LandscapeLayerBlend

❹ 获取照相机的坐标

现在开始组合"根据距离照相机的远近来改变纹理的比例"处理。可能大家会想到制作新节点,我们现在就进行组合。边查看效果,边说明各个节点的作用。

想要计算出距离,需要知道"从哪里开始""到哪里结束"这两个位置信息。

一个从照相机的位置就可以知道,所以从照相机的坐标信息中获取。获取照相机的坐标时,使用CameraPositionWS。

⬆ 配置CameraPositionWS

材质公式 说 明 CameraPositionWS

⬆ CameraPositionWS

CameraPositionWS是获取照相机坐标位置的材质公式。

可以通过使用DebugFloar3Values节点来查看获取了什么值。

这是在文本中显示输入值的材质函数。如图所示,组合的材质在关卡中配置表框。表框中显示三个数值,都是从CameraPositionWS中输出的数值,也就是照相机的坐标。移动照相机后,表框中的数值也会变动。

⬆ 使用DebugFloar3Values确认CameraPositionWS

可以确认照相机的坐标

⬆ 显示视口编辑器的照相机的坐标位置

❺配置WorldPosition

下面来获取"到哪里为止"的坐标。目标是获取风景的World坐标的像素的位置信息。

获取World坐标的像素的位置信息需要使用WorldPosition。

↑配置WorldPosition

材质公式 说 明　WorldPosition

↑WorldPosition

WorldPosition是将World空间的坐标"以像素为单位"进行获取的材质公式。

听到坐标位置，大家可能会想到静态网格体中配置的坐标值，但是二者是不一样的。这个节点的特征是获取的是像素的坐标位置。

大家可能会想："明明是World的坐标，为什么变成像素的坐标了？"大家可以理解为WorldPosition既是World坐标也是Screen坐标。Screen坐标简单来说就是拍摄3D空间的照相机的Local坐标。我们查看的视口编辑器显示的就是拍摄了3D坐标的照相机的图片，这样可能容易理解一些。Screen坐标是照相机拍摄出来的图片，所以是2D的，也就是图片信息。

这是将WorldPosition连接到基础颜色的材质分配到表框中的内容。

从表框可以看到各种各样的颜色，这些信息就是坐标信息，表框在每个像素中分配了位置信息。因此如果移动这个表框的网格，显示的颜色不会改变。

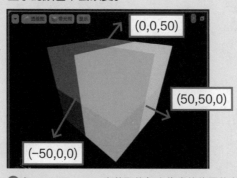

↑在WorldPosition中获取的每个像素的位置信息

如果是World坐标、Local坐标、UV坐标的话，美术设计师也可以熟练运用所以也能理解，但是变成照相机坐标、屏幕坐标的话就变成技术方面的问题了。比起理解节点的构造，不如用感觉来抓住"如果这样组合就能获取这样的信息"的感觉。

如果大家想了解技术方面的知识，可以参考"卷末资料A-1 坐标系"中关于在UE4的材质中获取坐标系的说明。

303

❻用Distance获取距离

两个位置的信息已经准备好了。要计算二者的距离，需要使用Distance。如右图所示，制作节点。

到这为止的处理计算的距离如下图所示。在工程4~6的处理中，从照相机的坐标计算网格表面的距离。在这个阶段中不是计算到特定点为止的距离，而是计算风景表面的各种距离。

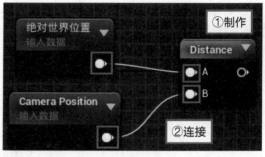

⬆在Distance中分别连接节点

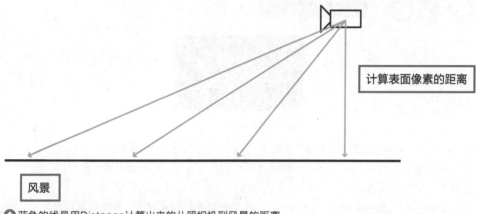

⬆蓝色的线是用Distance计算出来的从照相机到风景的距离

材质公式 说 明 | Distance

Distance是计算输入的两个坐标的距离的材质公式。输出的值是距离，所以与输入的通道数无关，变为1通道。

⬆Distance

❼使用距离信息用黑白来区分从混合位置到前面和里面

可以获取从照相机到风景的距离。下面我们来指定混合范围。参考下图制作节点，并按如下所示输入各节点的参数。

⦿ 使用节点

- Divide
- ScalarParameter
  Parameter Name "BlendDistance"
  Defult Value（3000）

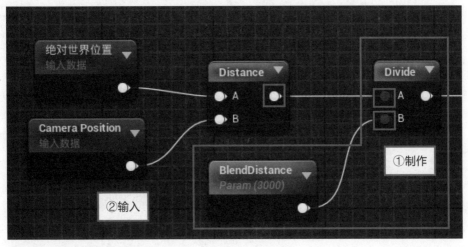

⬆ 在这个处理中指定混合范围

❽ 在预览中确认结果

在预览中确认是否已指定混合范围。

在Divide中单击鼠标右键，预览节点。

查看预览，将球拉进拉远观察。离照相机越近，球越暗；离照相机越远，球越白。

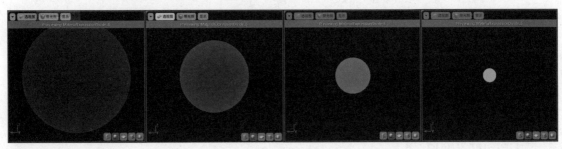

⬆ 越近越黑，越远越白

下面将BlendDistance的值输入为1000。与刚才相比，会在离照相机更近的位置变白。

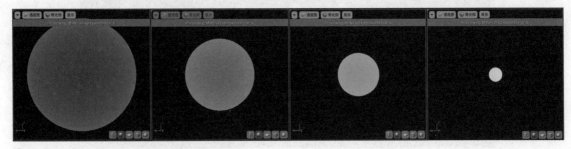

⬆ 与刚才相比，会在离照相机更近的位置变白

变白的距离就是用BlendDistance指定的距离。

用图来说明工程7的处理。

通过将Distance的距离分为BlendDistance的距离，混合的开始位置的值变为1。从开始位置开始，离照相机越近，将变为1以下的值，颜色变黑。

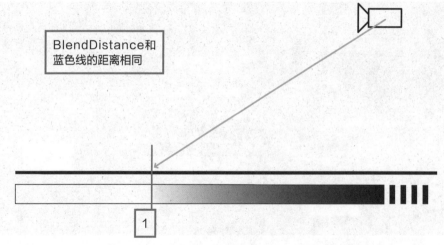

↑Distance的结果和BlendDistance的数值一致的地方为界限，离照相机越近颜色越黑

❾调整对比度

刚才已经制定了从照相机开始的一定范围，按照现在的方法将进行色调的混合。调整对比度，将色调的范围缩小。然后使用Clamp，将值设置在0~1的范围内。

参考下图制作节点，各节点的参数如下所示。

◉ 使用节点

- Power
- Clamp
- ScalarParameter色调的对比度调整
  Parameter Name "BlendContrast"
  Default Value（3）

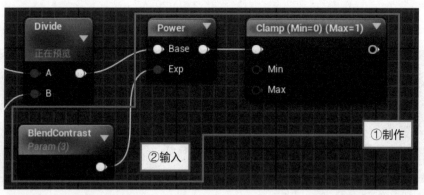

↑色调的对比度调整和制作Clamp处理

❿确认Power的预览

显示Clamp的预览，并进行确认。

查看视口编辑器，与刚才一样将球拉近拉远观察。因为添加了对比度，所以在中途就会变黑。确认是这样的结果就可以了。

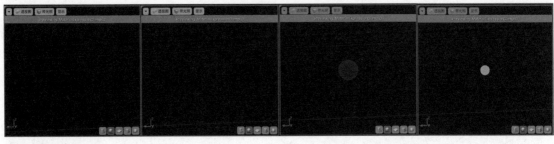

⬆ 对比度的范围变小

⑪ 将处理连接至Lerp

"指定从照相机的混合范围"制作注释到刚才的处理中，连接至Lerp的Alpha。

完成上述操作后，单击"Apply"按钮。

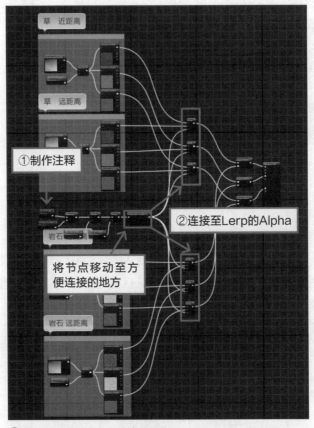

⬆ 将从照相机开始的混合范围连接至Lerp的Alpha后完成

⑫ 在风景中调整材质

在关卡视口编辑器中调整各参数。

首先，从调整纹理的标度开始。请尝试调整近距离和远距离。然后使用BlendDistance。用滑块来调整数值，可以看出正在移动近距离和远距离的界限。

想要调整混合的对比度时，调整BlendContrast的值。

最后，调整到自己喜欢的程度后就可以了。

参数组
Scalar Parameter Values

☑ BlendContrast	5.0	
☑ BlendDistance	3000.0	
☑ GrassScale_Far	40.0	
☑ GrassScale_Near	10.0	
☑ RockScale_Far	48.0	
☑ RockScale_Near	10.0	

⬆ 调整了的风景及其参数

Column

用投影来粘贴纹理的方法

在UE4中，地形多使用Landscape来进行制作，但是在制作悬崖等的陡坡的时候，会遇到不小心拉伸了纹理的问题。Landscape像是从Z轴的上面投影一样，将纹理进行粘贴。因此，倾斜角变陡后，纹理就会被拉伸。

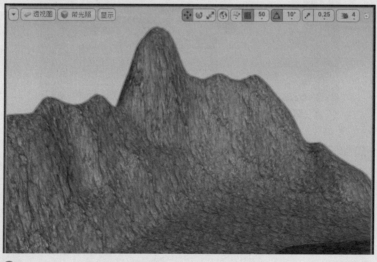

⬆ 在Landscape的陡坡中纹理被拉伸

想要解决上述纹理被拉伸的问题，需要使用WorldAlignedTexture节点。

WorldAlignedTexture具有基于世界坐标进行粘贴的功能，通常基于纹理的UV坐标来粘贴纹理，所以输入旋转和标度的值后，方向和纹理的清晰度会有误差。

⬆ 在输入移动、旋转、标度的值后的网格中，只粘贴纹理的材质

使用了WorldAlignedTexture时，忽略网格的移动、旋转、标度的值，基于世界坐标用投影进行纹理粘贴。因此，可以在同一方向、同一标度粘贴纹理。

⬆ 在相同网格中使用WorldAlignedTexture粘贴纹理的材质

WorldAlignedTexture就是这样的材质函数。输入输出引脚很多，但是可以从名称看出各自的用途，所以不是很难。此外，在Unreal Document中也有相关说明，请大家阅读了解。

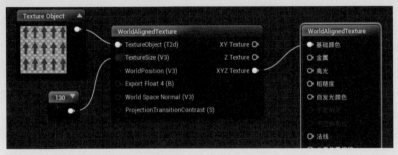

⬆ WorldAlignedTexture的连接范例

最低限度输入的是在TextureObject中参考的纹理。在最上面的TextureObject的引脚中输入。

尝试在合适的网格中分配材质，纹理标度不足时，在TextureSize引脚中输入Constant或者Constant3Vector。如果是同等标度，用Constant就足够了。

注意输出引脚。有三个种类，但是对于不同的方向是否粘贴，输出的引脚不同。结果如图所示，只粘贴XY轴、Z轴时，对于其他的轴纹理会伸展。在XYZ轴进行输出的话，将会在所有的轴都进行粘贴。

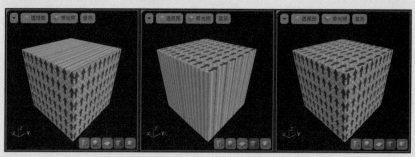

⬆ 因输出引脚不同，结果也不同

不仅是Landscape，要不依靠UV来进行纹理分配时，也可以使用。

第 14 章

制作草的材质

本章中将学习设置
草的材质的方法和被风吹动的表现。

14-1 表现风的感觉

制作植物后，还要加入被风吹动摇摆的感觉。不论做了多美的风景，如果里面不加入植物摇摆的感觉的话，就会给人感觉时间好像静止了一样，缺乏真实感。

查看"少年和风筝"的Demo，里面有风吹动的感觉，会让人感觉非常舒服（可以在Youtube上看"少年和风筝"。尝试搜索Kite Demo）。

在3DCG空间中不会有风吹动，但是加入风吹动的话，会给玩家完全不同的感受。例如，在强风的场景中，配合光线和声效，会给玩家危险的感觉。通过风吹动的表现，也是表现空间感觉的一种方法。

⬆在粒子效应的Demo中，通过从远处吹来的雪的粒子和晃动的粗锁链来表现强风的感觉

从之前的版本开始，在材质中可以使用顶点来表现动画的功能。在UE4中，这个功能叫作**World Position Offset**。这个功能适用于表现在环境中一直晃动的东西，例如植物、旗子和摇晃的锁链等。

本章中，尝试制作在场景中配置草的材质，以及加入风吹晃动的背景。

$I4.I.I$ 材质的制作流程

下面将说明制作材质的顺序。

本章的目标是制作草的材质,但是中间也会加入介绍不同的材质函数的使用方法。本来不是在草的材质中使用的,但是因为这是一个可以使用在很多地方的节点,所以一定要了解一下。

- 准备工作
- 制作草的材质
- 在网格中设置材质
- 删除Alpha和两面表示的设置方法
- 让草晃动

$I4$-2 准备工作

首先,确认使用的数据。

本章中使用的数据保存在内容浏览器的"内容 > CH14_Grass"文件夹中。

$I4.2.I$ 确认贴图

在Maps文件夹中放入Landscape_Grass。双击打开。

在第13章中制作的Landscape上,静态网格体SM_Grass使用叶子工具进行配置。

⬆ 打开贴图的页面

［说明］ 叶子工具

叶子工具是模式中的功能之一,是可以用喷涂操作,随机配置大量植物的工具。

叶子工具中读取的静态网格体可以轻松配置风景、静态网格体、BSP。

↑叶子工具

对于像风景这样广阔的地形，手动来配置静态网格体的地形位置的话太费力了。此外，想要改变地形时，静态网格体是埋在下面还是浮在上面也是问题。用叶子工具进行配置时，附着在喷涂的网格表面，所以可以配合更改地形移动静态网格体。

本书中没有使用叶子工具进行的操作，详细说明请参照Unreal Document。

↑重置配置在叶子工具中的静态网格体，然后就可以轻松根据喷涂的要领进行喷涂配置了

│14.2.2│ 确认纹理数据

Textures文件夹中有三个在草的网格中使用的纹理。在基础颜色贴图的Alpha通道中，保存了草的形状的信息。

其他的为蒙版贴图和法线贴图。

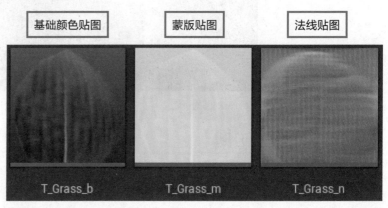

↑使用的三个纹理

14.2.3 确认静态网格体

在Meshes的文件夹中有SM_Grass。

在静态网格体中，材质还没有被分配。

这个网格是以在材质中两面显示为前提制作的，所以没有制作背面显示用的多边形。

⬆ SM_Grass

14-3 制作草的材质

14.3.1 在网格中设置材质

首先，制作草的材质，从向网格中分配材质开始吧。

在UE4中，将材质应用于网格的方法有两个，一个是我们前面使用的，向视口编辑器的网格中拖拽材质的方法。另一种是直接在静态网格体中设置的方法。一般使用在静态网格体中设置材质的方法。

前面我们为了方便确认，应用了在视口编辑器中拖拽的方法，但是使用叶子配置的网格不能跟前面一样在视口编辑器中切换材质。因此，这里我们在静态网格体中设置材质。

❶ 新建材质

在内容浏览器的Materials文件夹中新建材质，材质名称输入M_Grass。

⬆ 新建材质，输入M_Grass

❷读取纹理

打开做好的材质，首先读取草的材质。从Textures文件夹中读取草的纹理，参考下图连接节点。完成上述操作后，单击"Apply"按钮。

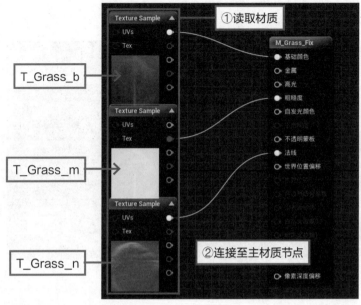

⬆ 读取并连接纹理

❸打开静态网格体编辑器

在内容浏览器中选择Meshes文件夹，双击SM_Grass，打开静态网格体编辑器。

在视口编辑器中显示网格，可以从"细节"面板中进行各种设置。使用上面的工具栏，可以确认静态网格体的顶点色和冲突、法线等各种信息。

⬆ SM_Grass的静态网格体编辑器

❹设置材质

详情的LOD0可以通过设置材质来进行设置。在M_Grass中制作材质实例MI_Grass，在静态网格体中设置材质实例。

⬆ 在内容浏览器中分配MI_Grass

❺确认风景上的网格

查看在风景中配置的草的网格。同时也确认用叶子工具配置的草分配到材质中。

⬆ 确认用叶子工具配置的草分配到材质中

|*14.3.2*| 删除Alpha和两面表示的设定方法

下面来学习植物材质需要的删除Alpha和两面表示的设定方法。

❶材质的混合模式设置为Masked

更改材质的设置，使其可以删除Alpha。

在材质的"细节"面板中有材质的项目，将混合模式更改为Masked。

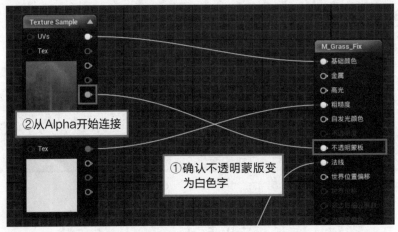

⬆ 在材质的"细节"面板中将混合模式更改为Masked

[说明] 混合模式

混合模式是当背景物与其对象重叠时，在材质中指定如何显示的选项。通过更改为Masked可以使用删除Alpha的操作。

默认设置的Opaque是不透明的意思。其他经常使用的选项有删除Alpha的Masked和半透明的Translucent。

❷确认Masked材质

将Blend Mode更改为Masked后，主材质节点的不透明蒙版变为白色文字，变为有效。不透明蒙版是设置删除Alpha的信息的选项。

下面我们来尝试连接Alpha通道的信息。

⬆ 确认Alpha通道连接至不透明蒙版

[说明] 不透明蒙版

不透明蒙版是设置删除Alpha的主材质节点的项目。默认值为1，1为不透明，0为透明。

反映到材质中的结果为不透明或半透明，所以输入了变成灰色的中间值时，将以不透明蒙版上限值为基准，重新设置为其中的一个。

⬆ 更改不透明蒙版上限值后的结果。从左边开始分别为1.0、0.5、0.3333（默认值）、0.0

❸确认视口编辑器

确认在视口编辑器中显示SM_Grass。从内容浏览器中选择"Meshes > SM_Grass"，单击视口编辑器的茶壶图标，就可以进行读取。

在网格中确认可知，Alpha的黑色被删除，叶子的形状出来了。

②确认草的上面部分被去除

①读取网格

⬆ 连接非透明蒙版前（左）和连接后（右）

［说明］ 删除Alpha（Masked）和半透明（Translucent）的不同

混合模式的Masked和Translucent与纹理等去掉形状的处理相同，但是去除方法和材质的处理方法有很大不同。

使用去除有梯度的纹理来进行比较。

⦿Masked

Masked的值为0或1，表示不透明或半透明。将纹理中的梯度部分替换为0或1，变成了去除两个值的表现。

查看落在左侧的影子，配合去除的形状，影子也不见了。这个模式可以用于叶子、铁丝网、布等。

⬆ 梯度的部分或为不透明或为透明

⊙Translucent

显示为半透明。使用Translucent时，将想要删除的Alpha连接至主材质节点的不透明度。要注意的是，会因显示为删除还是显示为半透明的不同，连接的选项也不同。

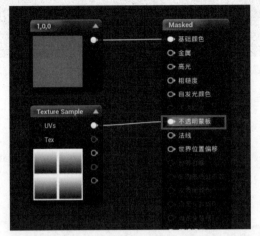

⬆使用Translucent时，连接至不透明度

Translucent可以直接去除纹理，但是影子全部不显示。Translucent在光线和反射的处理中受到各种制约。除了非要使用半透明的处理之外，最好不用。关于Translucent的制约请参考"卷末资料A-6 半透明材质的制约"（参照P419），其中有详细的说明。

⬆显示纹理的形状，但是影子没有变

❹勾选Two Sided

下面的模式中只有单面的多边形，将材质切换为两面显示。在材质的"细节"面板中勾选"Two Sided"选项。

⬆勾选"Two Sided"选项

❺ 确认视口编辑器

查看视口编辑器，显示为两面，可以确认背面多边形的纹理。

但是，叶子的颜色有一部分变暗了。

在4.16之前的版本中，如下图所示，背面的多边形的部分显示变暗。

写这本书时为4.17.0版本，在这个版本中，材质编辑器的视口编辑器中不会变暗，所以不容易看出来。单击"APPly"按钮，在关卡编辑器中确认里面变暗。

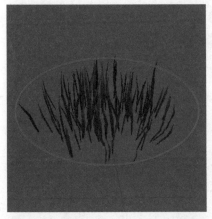

⬆变成了两面显示，但是一部分草的颜色变暗了（4.16版本）　⬆4.17版本中在关卡视口编辑器中确认

❻ 乘TwoSidedSign

这个问题在网格的法线中。在说明原因前，查看解决方法和结果。

这个问题可以通过TwoSidedSign和法线贴图的乘法运算来解决。查看视口编辑器中变暗的里面部分，跟外面一样变亮了。完成上述操作后，单击"APPly"按钮。

◉ 使用节点

- Multiply
- TwoSidedSign

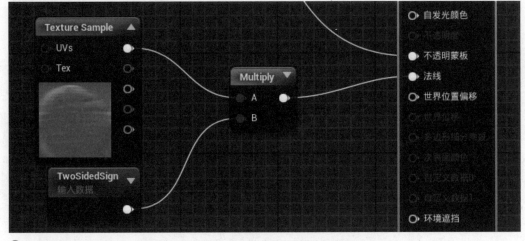

⬆在编辑了法线的网格中，使用TwoSided时，撤销法线显示出错的方法

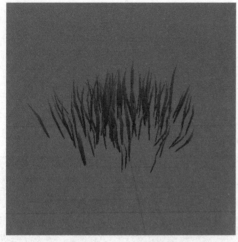

⬆ 查看视口编辑器，解决了变暗的问题（4.16）　⬆ 关卡视口编辑器的背面也变亮了（4.17）

材质公式 说 明　[TwoSidedSign]

⬆ TwoSidedSign

　　判断网格的外面和里面，外面输出值为＋1，里面输出值为-1。勾选了页面处理的材质非透明蒙版中，在TwoSidedSign中输入乘法运算值-1，可以只显示里面的多边形。

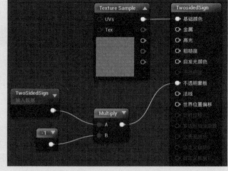

⬆ 只显示盒子里面的多边形的例子

❼在风景中确认

已经设置好了植物材质，在关卡中确认。
如右图所示，就可以了。

⬆ 在关卡视口编辑器中确认草的材质的结果

[说明] 编辑网格法线的原因

下面说明背面的多边形在使用TwoSided时变暗的问题。变暗的原因是网格的法线被编辑了。为什么编辑了网格的法线呢?

如下图所示,SM_Grass的叶子的上面部分法线是向上编辑的。

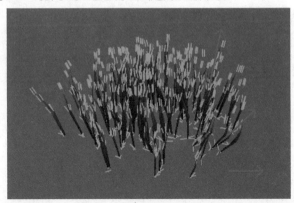

⬆SM_Grass的编辑法线的方向

在植物网格的情况下,通过编辑顶点的法线,可以让草看起来是一个球体。如果没有编辑网格法线,会变成什么样呢? 我们来比较一下。

并列摆放没有编辑的网格法线和编辑了的网格法线。将没有编辑的草(左)一个一个加入着色中。与此相反,将已经编辑法线的(右)作为草丛,上面部分调亮,下面部分调暗,加入着色。

在每个多边形中加入着色   作为一个圆形草丛加入着色

⬆没有进行法线编辑的网格(左)和进行了法线编辑的网格(右)

在场景中大量配置后,就变成了如下所示这样。右侧是一块草丛,着色很均匀。像这样,通过重叠多边形制作网格时,不能表现现实世界中植物的小叶子这样的着色。

这时,应该编辑网格的法线来控制着色。这种技术不仅可以用于制作草,还可以用来制作树木。

⬆没有进行法线编辑的网格(左)和进行了法线编辑的SM_Grass(右)

在进行了法线编辑的网格中使用Two Sided时，外观看起来会有点奇怪，原因说明比较长，也有一定难度，如果感兴趣可以阅读"专栏 编辑的网格法线和Two Sided的问题"中的说明。

在编辑了顶点法线的网格中使用Two Sided时，将法线乘以TwoSideSign后，着色的不协调将会消失。

$14.3.3$ 让草晃动

终于进入到让草晃动的处理了。为了让草晃动，在WorldPositionOffset中连接"让草如何晃动"的信息。这里给大家介绍使用材质函数轻松让草晃动的方法。

❶使用SimpleGrassWind

想要简单表现草的晃动，用SimpleGrassWind非常方便。

SimpleGrassWind是材质函数。节点中输入风的强度、范围、速度和新增的WorldPositionOffset的信息。

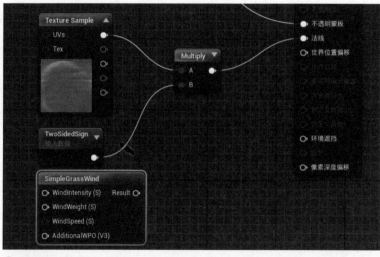

⬆配置SimpleGrassWind

❷设置必要的输入

首先设置各个必要的值，需要输入的项目有三个。参考材质函数的输入名称，如图所示进行连接。按照如下所示在各节点中进行输入。

◉ 使用节点

- ScalarParameter 调整风的强度
  Parameter Name "WindIntensity"
  Default Value（1）
- ScalarParameter 设置影响范围
  Parameter Name "WindWeight"
  Default Value（1）

- Constant3Vector
  Constant（0.0.0）

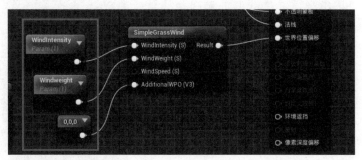

⬆ 在各节点中输入参数

memo　**AdditionalWPO 的作用**

AdditionalWPO在SimpleGrassWind之外连接顶点动画时使用。这次因为只有SimpleGrassWind，所以输入的是不会发生任何变化的值（0.0.0）。

［说明］　WorldPositionOffset

WorldPositionOffset是只让在World坐标中输入的值移动顶点位置的功能。根据输入的XYZ的值，可以使用Offset来移动顶点位置。

例如，使用VertexNormalWS来制作让顶点向法线方向收缩。通过将Time、Sine、纹理和Panner进行组合，可以制作各种顶点动画。

如果为了让网格与纹理UV的shell单位分离而将网格进行大幅移动，将会露出裂缝，请一定注意。

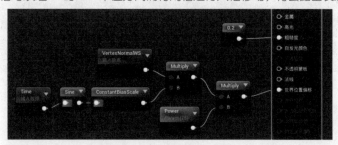

⬆ 使用VertexNormalWS进行收缩的动画

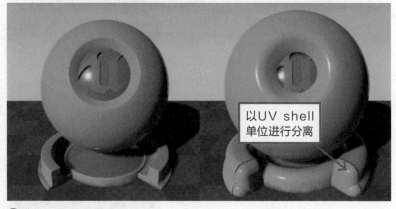

⬆ 沿着顶点的法线方向进行收缩

❸确认预览

确认预览，草应该整体上呈波浪形晃动。通过SimpleGrassWind让顶点位置呈动画晃动，这样整个草都会晃动，所以必须指定晃动的范围。

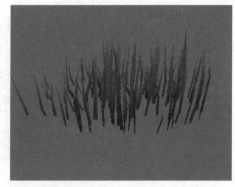

⬆草无规律乱晃……

❹用BoundingBoxBased_0-1_UVW来替代

如果想让草的根部不动，只有上面晃动的话，一般使用顶点色的网格来指定晃动的范围。但是整个网格中没有设置顶点色，所以需要用BoundingBoxBased_0-1_UVW来替代。

BoundingBoxBased_0-1_UVW是对网格的BoundingBox制作0~1之间的色调的功能。首先在图表中进行配置。

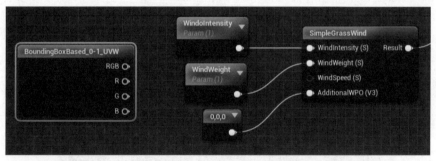

⬆在图表中配置BoundingBoxBased_0-1_UVW

❺确认用BoundingBoxBased_0-1_UVW得到的值（1）

预览BoundingBoxBased_0-1_UVW后，可以得到如图所示的结果。为了方便理解，切换为box显示。

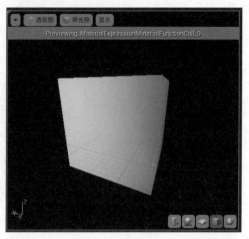

⬆预览BoundingBoxBased_0-1_UVW的结果

❻确认用BoundingBoxBased_0-1_UVW得到的值（2）

下面将BoundingBoxBased_0-1_UVW连接至Multiply，进行预览。不能对引脚进行预览，所以显示了使用Multiply的结果。如图所示，对于Z轴可以得到0~1的色调的结果。

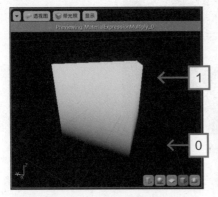

⬆️只能获得Z轴0~1的色调的结果

返回到预览草的网格，如图所示，会发现只有草的根部变暗了。将整个值连接到WindWeight后，就可以控制晃动的影响范围了。确认后删除Multiply。

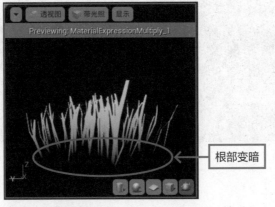

根部变暗

⬆️返回确认草的网格

❼重新连接至WindWeight

将BoundingBoxBased_0-1_UVW重新连接至WindWeight。草的根部不会晃动，只有上面部分晃动了。

这样让草晃动的设置就完成了。单击"Apply"按钮。

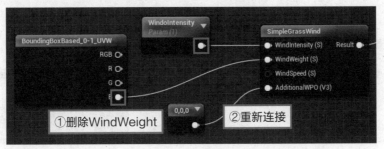

①删除WindWeight　②重新连接

⬆️重新连接WindWeight

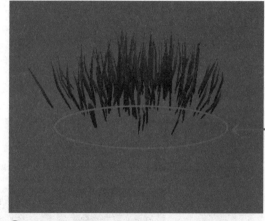

确认根部不再晃动

⬆ 从图片不太好理解，但是根部已经不再晃动了

🅣🅘🅟🅢 调整色调的对比度

想要调整BoundingBox的色调时，在BoundingBoxBased_0-1_UVW后连接Power，然后连接至SimpleGrassWind。上调Power的值，可以调整色调的对比度。在Power中输入2.2，可以得到基本均匀的色调结果。

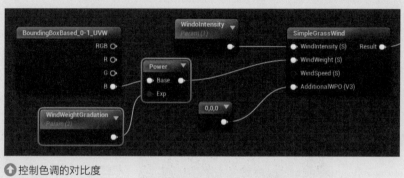

⬆ 控制色调的对比度

❽用网格确认

下面在关卡中进行确认。查看关卡，草好像没有晃动。调高材质实例MI_Grass中的Wind-Intensity的值，对草的晃动进行调整。确认上调值后，草可以晃动就可以了。

调整以使草晃动

⬆ 调整WindIntensity的值，让草晃动

memo **不适合强烈晃动表现的SimpleGrassWind**

如其名字一样，SimpleGrassWind适用于被风吹过后草的简单晃动的处理。WindIntensity的值太大，会让草变得乱晃。所以SimpleGrassWind适用于轻轻晃动的表现。

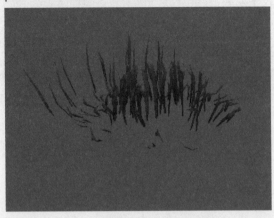

⬆WindIntensity的值太大，会让草变得乱晃

TIPS **BoundingBoxBased_0-1_UVW和叶子的注意事项**

本书中用BoundingBoxBased_0-1_UVW来代替顶点色使用，但是我并不推荐用其指定World-PositionOffset的影响范围来使用，原因有以下两点。

（1）材质处理的成本高。

（2）跟叶子工具一起使用时，不能正确设置影响范围。

对于原因（1），我想应该很好理解。这次我们用它来"代替"使用，所以最终要在网格中设置顶点色，使用VertexColor的处理来替换更加轻松。

原因（2）是与叶子功能的兼容性问题。将在叶子中设置的多个静态网格体在一定范围内合并，作为一个网格来处理。

极端一点来说，在风景中配置的草应该合并到引擎的一个网格中，所以BoundingBox会出现如下图所示的感觉（实际上不是一个网格，而是分配在多个网格中）。

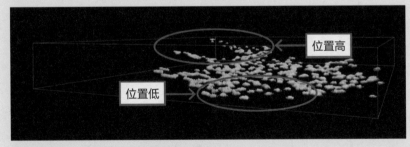

⬆在引擎中将这些合并为一个网格进行处理

靠外面的草位置低，所以像草的根部被固定。查看上面的草配置的网格，没有正确将根部进行固定，所以草整体都在晃动。

BoundingBoxBased_0-1_UVW将网格的BoundingBox在底纹中生成梯度，所以上面配置的网格的根部没有固定，也晃动起来了。

在叶子中配置使用了BoundingBoxBased_0-1_UVW的材质时，如果不注意就会出现上述效果，所以我们这次用顶点色来进行控制。

C o l u m n

编辑的网格法线和Two Sided的问题

下面说明在编辑网格法线后，使用Two Sided时会出现暗影的问题。这会涉及技术相关的知识。

首先，我们来查看在无法编辑网格法线时，要进行什么样的处理。

下图显示的是多边形上法线的方向。N表示法线方向。在Two Sided中两面显示的多边形的里面的法线是N'，法线的方向反转。配合法线的方向，接线※将如下图所示，从T变成T'。

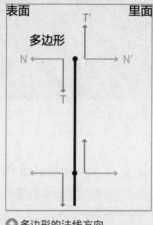

⬆ 多边形的法线方向

下面我们将法线贴图粘贴到这个多边形中。在表面粘贴的法线贴图的方向为N0，因为是法线贴图，所以法线的方向与多边形是垂直的。在Two Sided中两面显示的多边形的里面的法线，显示法线贴图的凹凸也是反过来的。里面显示的法线贴图的方向是N1。

这是因为网格的法线方向定为N的方向后，接线T的方向的里外就会反过来，如下图所示。所以法线贴图的方向不会变成N2，而是反转到了N1的方向。这样里面的法线贴图看起来就反转过来了。

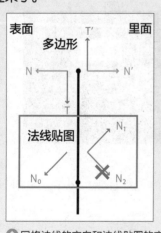

⬆ 网格法线的方向和法线贴图的方向

※接线是定义切线空间坐标方向的一种。关于接线在"卷末资料A-1坐标系"（参照P346）中有所说明。

在这个特征的基础上，编辑网格法线N的方向时，会变成什么样呢？

为方便理解，跟SM_Grass一样，准备了编辑了法线的多边形。没有连接法线贴图。表面没有问题，但是因为里面是朝向下面方向的法线的，所以上面的部分变暗了。

如图所示，里面的法线N'向下。这也是草的里面变黑的原因。

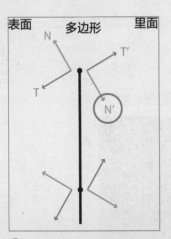
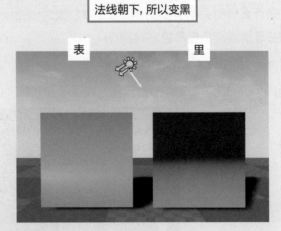

⬆在编辑网格法线的方向时，里面的法线的朝向

Two Sided Sign进行乘法计算，如图所示，里面的影子反转了，里面的法线N'跟外面的法线N朝同一方向。查看一个多边形，暗的部分会很明显，就会觉得好像出错了。

但是，以编辑网格的法线为目的，将多边形的集合体作为一块来看，上面受到光照时，球体的下面比上面暗。

里面暗的部分很明显，好像出错了一样，但是下面更暗，所以也算是得到了想要的结果。

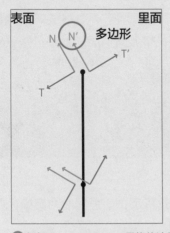
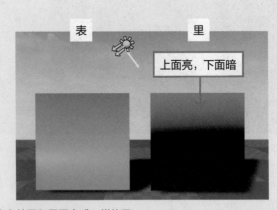

⬆根据TwoSideSign，网格的法线方向外面和里面变成一样的了

在法线编辑的网格中会发生这个问题。解决方案之一就是用TwoSideSign做乘法运算。

Column

材质的描画负担

材质可以一边连接节点一边做各种简单的处理，即使是对项目不熟悉的美术设计师也可以制作，这是好的地方。但是，会忽略了组合材质的处理负担。

知道什么材质会花费多少时间，是进行最优化的过程中不可或缺的信息。在UE4中为最优化准备了了解描画负担的信息的功能。

● 显示模式：阴影复杂度

确认负担的信息最简单的方法就是在显示模式的"阴影复杂度"中确认。

⬆ 在显示模式中设置

下图是反射Demo的贴图。查看阴影复杂度的显示，可以看到水洼、空中的尘土都变成了红色。

⬆ 反射Demo的光线（左）和光的复杂度（右）

阴影复杂度是将材质的描画负担视觉化的模式。如图所示，负担程度为黄绿色则负担小，变成红色和白色则负担大。

低　　　　　　　　　　　　　　　　　　　　　　　　高

我们知道了在反射Demo中，主要因为粒子系统（Particle system）叠加了半透明处理的地方，负担会加重。

●Masked、Translucent材质

　　在使用Masked、Translucent材质时，要比平时更注意描画负担。使用Masked材质来确认删除位置的描画负担变成什么样了。

　　在类似植物的模型中，删除位置有很多重复描画的地方。如图所示，重复的地方负担变大。

重复后负荷变大

删除位置

⬆ 显示植物的光线（左）和阴影复杂度（右）

　　多边形的重复会让描画的负担变小，在模型中透明的位置会变少。例如，对于一个四角形的多边形，整体去除Alpha的纹理，透明重叠的地方就会变多，所以希望能有一个方法在多边形数量增加后，可以删除透明的地方。

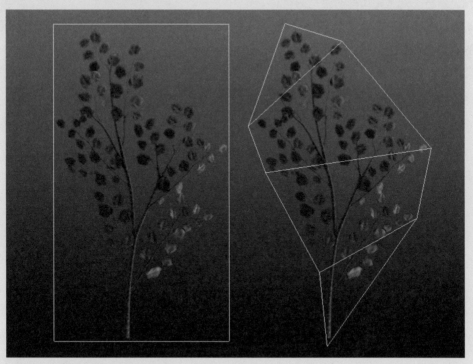

⬆ 与在四角多边形中（左）制作相比，在减少半透明面积的多边形中（右）制作，描画的负担变轻

　　近年来，硬件的性能提高，跟像素相比顶点的处理更方便了，也可以在多边形中雕刻植物的形状，哪个好不能一概而论。是在多边形中制作好，还是通过重叠多边形来进行表现更好，还是不好判断。

● **统计数据信息**

查看在材质或材质实例中显示的统计数据信息，可以了解阴影的命令数量。

```
统计数据                    ×
• Base pass shader with static lighting: 128 instructions
• Base pass shader with only dynamic lighting: 97 instructions
• Vertex shader: 34 instructions
• Texture samplers: 9/16
```

根据连接至主材质节点的节点数和种类，以及参考纹理数量，命令数也会变化。不知道里面有哪些处理时，可以连接或者删除节点，来了解处理的强度。

但是，需要注意，就减少一个命令数的话，是不会让负担减轻的。

● **描画负担的判断标准**

如上所述，可以将描画负担视觉化，或者出现数值后，不要让处理变成红色或白色。尽量让处理负担减轻，但是用少量的处理构成表现比较难。此外，阴影复杂度变成红色或者白色也不是坏事。负担大的同时页面的面积比例小的话，就不是什么大问题，所以反射Demo的贴图非常好。

不仅适用于材质，一边处理负担一边进行制作，也会提高效率。首先，让想做出来的表现优先，最后在处理超负荷时进行最优化。

本来描画负担不限于材质的命令数，而是根据光线、多边形数、后期处理等多种原因而出现的。注意不要被材质的命令数困住了。

第15章

让植物颜色变化

本章中将学习
让配置的植物颜色变化的方法。

15-1 增加颜色的变化

本书的最后学习制作颜色的材质。学习了前面的内容，大家会觉得颜色是很简单的处理，在想让场景中颜色有更多变化的时候，增加颜色的变化是非常方便的方法。

这个方法主要对自然景观发挥的效果较大。

例如，制作紫色花大面积开花的场景。这里配置了一种花的很多静态网格体。

⬆ 制作大面积紫色花开花的场景

尝试在这个花的材质中加入颜色变化的功能。这样花的颜色数量就增加了，但增加的纹理只有一个。

⬆ 在材质中增加了颜色变化的功能

这个方法不会控制一些细节，例如在什么地方配置什么颜色，但是可以缓和同一颜色排列时的不和谐的感觉。

下面就让我们在第14章中制作的草的材质中，尝试增加颜色变化的功能吧。

15.1.1 材质的制作流程

下面说明材质的制作流程。本书的正文部分已经快要结束了，到目前为止，大家应该没觉得有什么难的地方吧。

- **准备工作**
- **制作颜色变化**
- **在梯度贴图中制作颜色变化**
- **其他颜色变化的组合方法**

15-2 准备工作

首先确认使用的数据。

本章中使用的数据保存在内容浏览器的"内容 > CH15_ColorVariation"中。

15.2.1 确认关卡数据

双击打开Maps文件夹中的Level_ColorVariation。

里面配置有应用了在前面一章中做好的材质的草。"哎，不是花吗？"对于期待花的读者，要说声抱歉，本章中将使用草进行学习。

⬆ Level_ColorVariation

15.2.2 确认材质数据

双击打开Materials文件夹中的M_Grass_ColorVariation。

名字不同，但是与在第14章中制作的草的材质是相同的处理方法。

⬆ 使用材质

|15.2.3| 确认纹理数据

选择Textures文件夹，里面有一个纹理。

梯度贴图

里面有T_GradientMap。是用Photoshop的梯度贴图制作的纹理。使用这个纹理来制作颜色变化。

⬆ T_GradientMap

这次在随机颜色的功能中使用梯度贴图，是因为后续更改颜色的设定和比例会比较方便。在颜色变化中使用的纹理没必要非得是梯度贴图。

［说明］ 梯度贴图

在Photoshop的调整图层中有一个梯度贴图，它具有对于图片的明暗分配颜色的功能。

对于云彩花纹的纹理，作为调整梯度贴图的图层进行应用，就可以如下图所示配合明暗进行颜色的分配了。

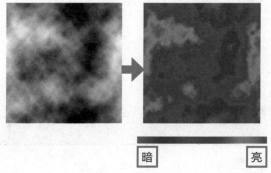

| 暗 | 亮 |

⬆ 对图片的明暗分配颜色的梯度贴图

调整图层的梯度贴图可以在"图层 > 新增调整图层 > 梯度贴图"中调用。

双击梯度贴图的图层后，打开属性列表。单击梯度的部分后，打开梯度编辑器。

在梯度编辑器中从暗处到亮处，通过指定颜色如何发生变化，就可以简单制作出颜色的梯度。这样就能够轻松修正颜色和颜色的比例了。

↑ 梯度编辑器

15-3 制作颜色变化

15.3.1 用梯度贴图制作颜色变化

下面我们使用梯度贴图在草中增加颜色变化。

❶随机制作颜色

在内容浏览器的Materials中，双击打开M_Grass_ColorVariation。

从梯度贴图中随机提取颜色进行处理。首先我们看看能得到什么效果。参考下图组合节点，然后单击"Apply"按钮。

⊙ 使用节点

- TextureSample

  Texture "T_GradientMap"

- PerInstanceRandom

↑ 连接梯度贴图和PerInstanceRandom

材质公式 说 明 — **PerInstanceRandom**

PerInstanceRandom是通过在关卡中配置的静态网格体输出0~1之间的值的节点。

⬆ PerInstanceRandom

❷ 在网格中确认

查看关卡编辑器。可以看到在配置的草中分配了各种颜色。这些颜色在所有的梯度贴图中都使用了某一种颜色。

⬆ 确认可以获取各种颜色

[说明] 颜色变化的构造

为什么组合了颜色变化和PerInstanceRandom后就能够随机获取颜色了呢？
原理非常简单。
为了方便讲解，使用了颜色分明的梯度贴图进行说明。向TextureSample的UVs中连接Constant2-Vector，如下显示紫色。

⬆ 将使用的梯度贴图和Constant2Vector连接到UVs后的效果

然后尝试在Constant2Vector中输入各种值。在R中输入值后，颜色会发生变化。请关注值和颜色的关系。值小，则颜色为红色；值变大后，慢慢变成黄色–绿色–蓝色。也就是说，跟梯度贴图的颜色排列是相同的。输入（0，0）时，显示出来的紫色可以想象成沁入了红色和蓝色。

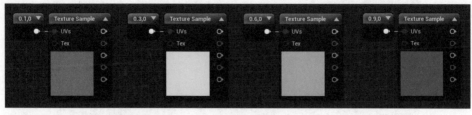

⬆根据值不同，获取的颜色也发生变化

在UVs中直接输入2Vector的值时，可以获取UV坐标的值作为所在位置的值。如上所述，从PerInstanceRandom中获取的值，经过上述操作后就获取了颜色。

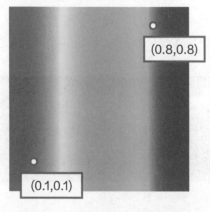

⬆从UV坐标的值获取梯度贴图的颜色

❸与草的颜色进行组合

下面将做好的颜色与草的纹理结合，完成颜色变化的处理。

组合颜色要使用Multiply。如图所示组合，完成后单击"Apply"按钮。

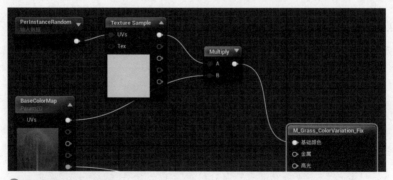

⬆制作颜色变化的处理

❹再次确认网格

查看关卡编辑器。草的纹理和随机颜色结合后，会生成自然的颜色变化。用深色来制作花的梯度贴图也会比较和谐，但是草需要用浅色来重叠制作才更自然。

⬆增加颜色变化后的草的网格

Ⓣⓘⓟⓢ 从坐标位置制作随机值

PerInstanceRandom节点是在UE4中增加的节点。在UE3中，使用配置的网格的坐标信息，同样可以制作随机颜色的处理。

⬆在静态网格体的坐标中制作随机值的处理

15.3.2 其他颜色变化的组成方法

刚才用梯度贴图制作了颜色变化，也有其他制作颜色贴图的方法，下面简单介绍。

用SpeedTreeColorVariation制作颜色

SpeedTreeColorVariation是制作颜色的材质函数。有SpeedTree，可以使用静态网格体。在随机上色的地方，与使用梯度贴图的方法一样，但是可以不使用纹理，在植物中增加颜色变化。

⬆分配SpeedTreeColorVariation的效果

色彩的饱和度可以用Amount进行调整，但是不能指定颜色。

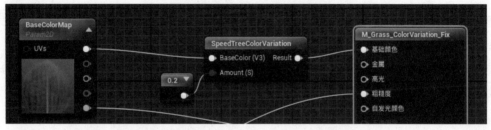

⬆ 使用SpeedTreeColorVariation的例子

> **memo SpeedTree**
>
> SpeedTree是在电影或游戏中制作所使用的植物的软件。在SpeedTree中，植物不仅可以用网格制作，还可以进行设置让网格晃动，可以非常方便地制作仿真的植物。
>
> **SpeedTree**
>
> http://www.speedtree.com/

使用Lerp，用两种颜色来制作颜色

不想使用纹理，但是想指定颜色时，颜色的数量会显示，但是通过使用Lerp可以用两种颜色来制作颜色变化。

⬆ 分配Lerp的颜色变化的效果

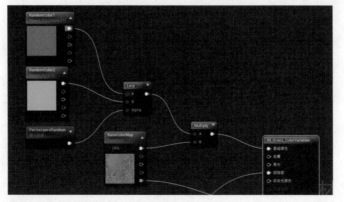

⬆ 使用Lerp的颜色变化的组成方法示例

结语

至此，本书材质的学习就结束了。通过前面的学习，大家已经达到第二阶段了，可以根据所学的基础知识制作材质了。

本书中出现的材质，只是功能中的一小部分，在材质中有非常多的功能。可以以前面做过的材质为基础，加以改良，或者从发布的Demo中对感兴趣的材质进行解析等，一边增加自己的材质库，一边制作更多的材质，拓展知识面。

如果可以的话，将学到的知识发布与大家分享。

UE4的版本更新非常快，会增加很多新的功能。此外，从免费开放后的三年间，增加了很多用户，相关信息也多了起来。

即便如此，用UE4可以做的事情越来越多，很多用户，包括我在内，都想获得更多的信息。您公布的信息也许就会对某个人有帮助。此外，如果做错了还会被指出来，这也是纠正自己学习误区的好机会。

这本书如果能为您提供相关指导，是我最大的荣幸。

在后面的卷末资料中，会进行比正文中更加深入的材质功能和技术的说明。如果大家想要学习更加深入的知识，可以参考阅读。

Addendum

卷末资料

 **A-1　坐标系**

坐标系是什么

材质公式节点中有Transform和Transform Position的节点。

这两个节点都是在转换坐标系的时候使用的。

Transform是用来转换方向的，Transform Position是用来转换位置的。这两个节点的使用方法都是在"细节"面板中指定从哪个坐标系转换到哪个坐标系，转换输入的float3。

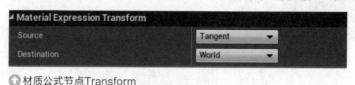

⬆ 材质公式节点Transform

Source显示了输入了float3的坐标系，Destination显示了输出了float3的坐标系。

如下所示，Transform节点可以指定的坐标系有6个。

⬆ 可以用Transform指定的6个坐标系

Transform Position节点也可以指定6个坐标系，有几个是与Transform节点所指定的坐标系不一样。但因为这不是我们要说明的主要内容，所以在此不做说明。

坐标系是展示什么内容的呢？或者坐标系到底是什么呢？

在本节中进行说明的内容会混入一些专业知识。可能会稍有难度，但是如果您想成为技术美术设计师的话，最好还是掌握这些知识。

直角坐标系

坐标系（Coordinate System）中有原点和轴，用来指示位置和方向。

这里采用的是三次元的坐标系，但是当作二次元的坐标系来想的话更便于理解。

大家应该在纸上画过坐标系吧？横向上画X轴，纵向上画Y轴，画出抛物线或者圆，或者点。

您应该还记得一边探索地牢（dungeon）RPG的地图，一边画的过程吧。

在方格纸上X轴和Y轴交叉成直角，很容易理解。

如上所述，轴之间交叉成直角的坐标系叫**直角坐标系**。一般来说，在2D和3D游戏中都会用到这个直角坐标系。

而且这个直角坐标系本身不会有什么难度，也不会有混乱之处。

但是，有两点希望您能注意。

右手？左手？

弗莱明定律时，您应该用过大拇指、食指、中指来做成过直角。

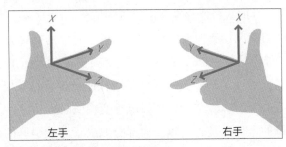

⬆ 用右手和左手的手指比成直角后？

这个用手指做成的直角，是不是在哪里见过呢？

对，就是直角坐标系。大拇指是X轴，食指是Y轴，中指是Z轴，这样换一下就是3D的直角坐标系了。

如果从事游戏相关的工作，您应该见过程序员用手指比成直角来回转动的样子吧，这是弄不清坐标轴的方向时进行确认的一种方法。

但是，这里会出现问题。就是用右手还是左手。

用两只手做成直角坐标系后，放在眼前，两个轴的话，方向可以一致，但是第三个轴方向一定是相反的。

如果是能看见指甲的方向，X轴（大拇指）的方向是相反的，让X轴方向一致的话，就需要让大拇指指向自己，这样Z轴（中指）的方向又相反了。

Y向上？Z向上？

大部分的DCC工具和游戏引擎中，从正面来看，画面右侧的方向为X轴的正方向。

但是，上面和里面不太一致。

DCC工具根据用途不同，上面的方向有时候是Y轴，有时候是Z轴。前者叫作Y向上，后者叫作Z向上。

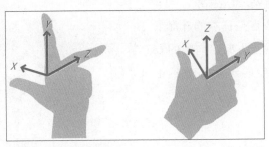

⬆ 左手的Y向上和Z向上

Y向上是DCC工具的基本方法，在Maya、Blender、Metasequoia等DCC工具中默认Y向上。

Z向上大多用于CAD软件和与其相关的DCC工具中。这是将方格纸作为地面来制图的基本方法。

在游戏中使用的DCC工具，3ds Max是Z向上。

常见的问题

右手和左手的Y向上和Z向上，在游戏引擎和DCC工具中可能会不同。

其结果是，使用不同工具的人可能存在无法交流的情况。

例如可能会出现这样的情况：有人会跟程序员说想让对象的旋转方向一致，所以将人物设置在Z轴的正方向上吧，程序员就在DCC工具中制作Z轴正方向，DCC工具是用右手，游戏引擎是用左手，所以人物转向后面了；而美术设计师对程序员说，请让电梯在Y轴方向做匀速运动，DCC工具是Y向上，游戏引擎是Z向上，所以电梯变成横向运动了。

DCC工具和游戏引擎的坐标系是否一致，大部分取决于游戏引擎的设计，但是对于UE4来说，基本上不会与DCC工具一致。

在UE4中采用左手的Z向上，而没见过采用这个坐标系的游戏DCC工具。在游戏中最常用的Maya是右手的Y向上，所以跟UE4是完全相反的。

这种工具之间的不同，如果习惯了就没问题了，但是没用惯的时候，一定要说明在用哪个坐标系制作，这样就能避免不必要的麻烦了。

坐标系的种类

可以用Transform和Transform Position来指定的坐标系有6个，但是这里只对其中的World坐标系、Local坐标系、View坐标系、Tangent空间进行说明。

不知道这些坐标系的关系也可以制作材质，但是了解之后在制作特殊的动画表现时会非常方便。

这里列举了一个使用了各种坐标系的特殊材质的示例，以加深对各个坐标系的理解。

World坐标系

World坐标系是规定了那个世界的坐标系。用这种生硬的词语可能不太好理解，简单的来说就是把地图当作World坐标系。

想象这样的地图，原点是日本的首都东京，向东的方向为X轴的正方向，向南的方向为Y轴的正方向，而天空的方向为Z轴的正方向。

⬆以日本首都东京为原点的World坐标系

在游戏开发时，World坐标系与对象的配置相关。

想在街道的入口处配置NPC说："从这里开始就是街道了。"会在World坐标系的这个位置这个方向上进行配置。

这基本上与在UE4中的关卡编辑器中配置一样，也就是说，关卡编辑器是用World坐标系来表现的。

为了将World坐标系引入到材质中，准备了这样的场景。

题目是："快，飞吧！飞向彩色的世界！"

⬆ 欢迎来到彩色的世界！

以一条线为界，来区分黑白图片和彩色图片。这个界线X轴是0.0，正方向为彩色，负方向为黑白。可以看到跑进框里面的蓝色小人，小半身是灰色的。

在这个场景中使用的材质，可以在界线的前后选择基础颜色为彩色还是黑白。

我们来看下面这个地面上草的材质的例子。

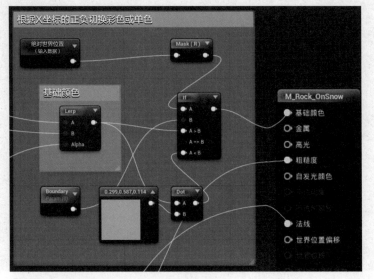

⬆ 根据World坐标系X坐标的正负进行切换

注释为"基础颜色"的部分为基础颜色，将（0.299，0.587，0.114）在Dot Product节点中进行计算，就可以求出黑白的灰度了。

默认界线为0.0，但是通过改变Boundary参数，就可以将界线移动到任意位置。

在这个材质中，不使用Transform等节点。

在UE4中，位置和法线的相关信息大多在World坐标系中表现。

例如，ActorPositionWS是Actor在World坐标系中的位置，PixelNormalWS是在World坐标系中的像素法线。WS是World Space的简称，也就是在World空间或者World坐标系中的意思。

从World的某个位置开始继续向前移动，图片的表现就改变了。也就是说，在虚拟游戏中，可以制作有冲撞的图像。

不仅是虚拟作品，在主人公的梦境中、仿真游戏中也可以发挥作用。

Local坐标系

在World坐标系中配置的NPC、木桶、木箱等对象，在DCC工具中一般都以原点为中心进行制作。

例如，打棒球的人物，就以两脚之间的中间位置为原点，木桶的话就以木桶底面的圆心附近为原点。

将这些配置在World坐标系中，它们的位置和方向都可以偏离World原点，但是用DCC工具制作的对象的原点和方向都不会变化。

这种以对象为中心制作的坐标系叫作**Local坐标系**。脚下的Local坐标原点与World坐标的位置无关，而是在脚底位置，假设Y轴正方向为正面的话，与World的旋转无关，在Local坐标系中Y轴正方向一直为正面。

⬆对象的Local坐标系

Local坐标系的使用示例：竖条纹和横条纹

Local坐标系的使用方法大多是用来计算World位置的offset的。

如下图所示，竖条纹小人和横条纹小人哪个看起来更壮呢？关于竖条纹和横条纹的基础颜色，前者为Local坐标系的X轴，后者与Local坐标系的Z轴垂直进行配色。

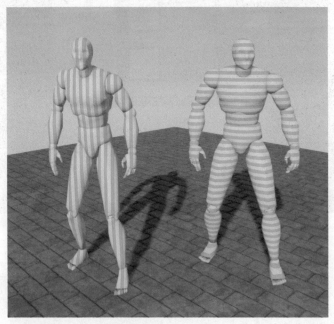

⬆ 竖条纹的小人和横条纹的小人

看起来还是竖条纹小人要瘦弱一些吧。

竖条纹的材质如下图所示。

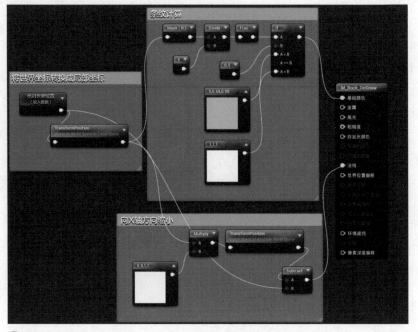

⬆ 竖条纹的材质

横条纹的材质如下图所示。

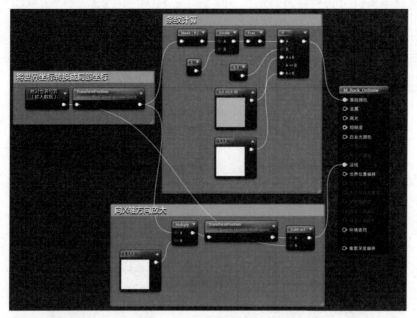

⬆ 横条纹的材质

是不是发现了WorldPositionOffset了呢？

竖条纹的WorldPositionOffset的Local X轴方向为0.9倍，横条纹为1.1倍。所以不是竖条纹小人看起来瘦弱，而是数值确实小！

这种方法在World坐标系中不能实现。如果在World坐标系中缩小X轴，就会让人物缩小。

最坏的情况是人物躺在了地上，World坐标系的X轴方向变成了人物头的方向，身高也可能缩短了。

因此，这个表现必须要转换到Local坐标系中。

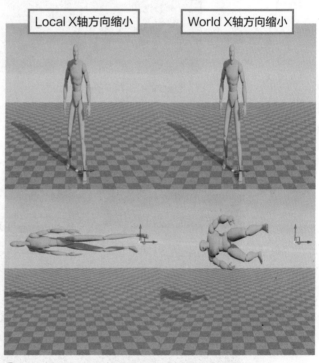

⬆ 在Local坐标系和World坐标系中缩小的情况是不同的

此外，最后要从Local坐标系返回到World坐标系，这是因为WorldPositionOffset必须在World坐标系中进行指定。

View坐标系·Screen坐标系

View坐标系是反映出3D空间的照相机的Local坐标系。

这么说可能不太好理解，可以当成以你自己作为Local坐标系，并以自己的角度看三维空间。

你的前面，只有前面。不管你是面向北还是面向南，或是朝上，你朝向哪个方向，哪个方向就是前面。

如果在你的视野的右边能看到人，那个人就在你的右边。与在World坐标系的哪里没关系，就在你的右边。

这正是View坐标系的实体。

当然，这个坐标系也是直角坐标系。

原点是照相机的位置，右手方向为X轴的正方向，头上面的方向为Y轴的正方向，前面为Z轴的正方向。

这里需要注意的是，在**View坐标系中**没有Z向上。

毕竟是在UE4中，不能保证View坐标系可以与其他Z 向上的描画系统一样Y 向上。但是，在UE4中的View坐标系的阶段中会变成Y 向上。

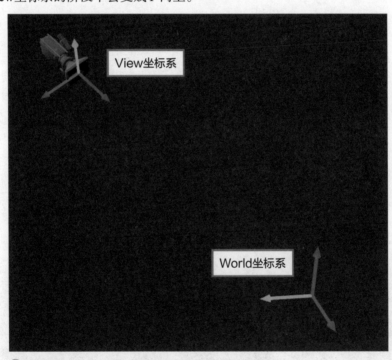

⬆ 以照相机为原点的View坐标系和World坐标系的关系

在这个阶段做Y向上是因为后面更容易做Screen坐标系。

Screen坐标系在不完整的三维空间中，将深度定义在0.0~1.0之间，但是基本上横方向为X轴，纵方向为Y轴。

背景美术设计师和人物美术设计师不需要太在意这个坐标系。如果你是制作发布过程的，那么可能需要思考一下这个坐标系了。

需要掌握整个坐标系的主要是UI设计师。在游戏中的HUD或菜单页面中，会用整个坐标系来进行配置。

本书不面向UI设计师，所以关于整个坐标系不做详细说明。

View坐标系的使用示例：地平线的表现

在有些角色扮演游戏中有可以看见远处地平线的场景。

在制作这样的游戏时，可以用Field贴图来圆形制作，但是因为冲突判定等游戏因素，太圆了会发生广阔的贴图绕了一圈的问题。

所以，这里介绍在模型中制作普通的平坦的地面，同样进行冲突判定，用材质只改变外观的方法。

这个方法是利用View空间中的特定距离降低顶点坐标高度方向实现的。

特定距离是距离照相机的远近，但不是单纯的照相机和顶点的距离，而是在View空间中的XZ平面的距离，或者利用Z轴的距离。

通过将这个距离的二次方与定数做乘法运算，可以让Field贴图看起来是圆形的。

下图所示的为View空间的横断面。

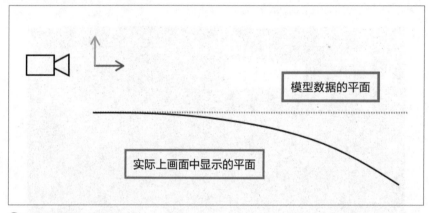

模型数据的平面

实际上画面中显示的平面

⬆ 离照相机越远顶点越低

下图从左边开始为：没有任何加工的模型数据，看Z轴距离的方法，看XZ平面的方法。

⬆ 采用这个手法的效果

本来只是一个平面的地面变成了弧形。

运用XZ平面的距离，画面左右也变成了弧形，更加强调了地平线的样子。

这个手法中，在Field中配置的所有的模型材质都需要加入设定WorldPositionOffset的功能。

下图只分割出了材质的WorldPositionOffset的输入部分。

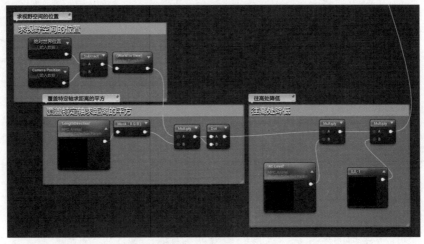

⬆ 在WorldPositionOffset中输入材质计算节点

在所有的材质中都使用同一个参数，所以要使用材质参数集合。

如果将LengthDirection设置为（0，0，1），就使用Z轴的距离；如果设置为（1，0，1），就使用XZ平面的距离。

AC Level是指定下降多少的参数，设置为0.0，一般的模型就会直接被描画出来。另外，设置为负数时会向上提升。

关于这种手法的注意事项

这个手法可以方便看出外观的变化，但是也存在问题。

首先，影子不能正常表现。

光线贴图（light map）的影子没什么问题，但是动态的影子不能正常描画。

不去做动态的影子，采用圆形影子等模拟的影子会更好。

另外，在UE4中不能描画不在照相机范围内的模型。

通过界限箱和界限球可以判断是不是在照相机范围内，但在WorldPositionOffset中不作考虑。

把值下降很多的话，就会被判断为超出页面范围，可能会无法描画。

其他的动态光线也有不能正常使用等问题，所以真的想使用时，可能需要改造引擎。

照相机空间和View空间

在Transform节点和Transform Position节点中有Camera Space和View Space两个坐标系。直译的话就是照相机空间和视口空间，都是以视点为中心的坐标系。

实际运用View坐标系来制作材质时，选择其中任意一个都会得到相同的结果。这两个坐标系都是View坐标系。那么它们有什么不同之处呢？照相机空间是拍摄实际表现到页面上的图片的照相机的坐标系，而View空间是在各页面的光照中使用的照相机的坐标系。

如果把它们当作一样也没什么大问题。这两个坐标系在描绘实际显示的图片阶段，完全是相同的坐标系。

但是，在描画影子贴图（shadow map）时，是不同的坐标系。

影子贴图是从光线的方向来做对象的透视图，运用当时的深度信息来表现影子的手法。在描画这个影子贴图时，实际显示的图片在其他的照相机中绘制透视图。

通常，想要变化从照相机中看到的对象，用照相机空间比较好，但是无论是用哪个照相机，对View坐标系进行处理时，都需要使用View空间。

切线空间

前面说明的坐标系都是对象的坐标系。

但这里要介绍的**切线空间**跟前面介绍的属于对象本身的坐标系不同。

纹理中有叫 *UV坐标* 的坐标系。纹理的横方向为 *U* 轴，纵方向为 *V* 轴，是二维的直角坐标系。在这个基础上，在纹理中加入垂直的向量，就变成了三维的直角坐标系的空间，叫作切线空间（tangent space，或接向量空间）。

切线空间中，*U* 轴为X轴，*V* 轴为Y轴，垂直方向为Z轴。

在进行纹理制图的模型横切面中，在切线空间中配置有连接横切面的曲面的形状。这时，切线空间的Z轴的法线和方向是一致的。

因此，把切线空间的X轴叫作切线（tangent），Y轴叫作纵法线（bynormal）。

切线和纵法线如何配置，可以在模型视口中确认。将按钮标志的"法线""切线""纵法线"设置为ON后，模型上就会分别显示各个轴。

切线空间有什么意义呢？

一般的纹理制图中大多是没意义的信息，但是对一部分纹理来说确是非常重要的信息。

法线贴图和切线空间的关系

⬆ 只在静态网格体中可以确认

保存在法线贴图中的法线是切线空间中的向量。

例如，假设将（1，0，0）这个切线空间的X轴储存为平行向量。

如果将切线空间设置为模型，会怎么样呢？

即使不设置切线空间，也可以知道法线方向。但是不知道切线方向。

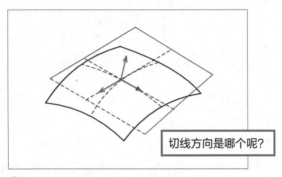

⬆ 与切面平行的话，向量也会变成切线

相应地，设置切线空间后可以知道切线方向，与切线平行的向量也可以转换到模型的Local空间中。

在UE4中，在主材质节点的法线中输入向量后，默认为切线空间。使用在引擎内部的模型中设置切线、法线、纵法线，将输入的法线转换为World空间。

因此，即使不在做好的模型中设置切线、纵法线，也可以在引擎中的input阶段自动生成。

只是自动生成的切线可能会出现质量问题。

法线贴图是对的，但是法线质量出现问题时，可能是在模型中设置的切线空间不正确。使用DCC工具来正确编辑吧。

不同方向反射和切线空间的关系

上面说明了切线空间的使用方法主要是法线贴图，另一个使用方法就是不同方向反射。

CD光盘和头发等会产生与镜面反射不同的反射。右图的扇形反射就是不同方向反射的典型例子。

⬆ DVD表面的不同方向反射的例子

遗憾的是UE4中不支持不同方向反射。

前面我们介绍了在Contents Example中使用DitherTemporalAA来模拟不同方向反射的安装方

法，但在实现广为人知的不同方向反射的照明计算中，一般会用切线和纵法线的方向。

现在我们在材质中安装其中的一种照明计算，是1992年Gregory Ward发表的不同方向照明计算，用自发光色来描画。

Ward的不同方向反射照明定义所用公式如下。

$$Specular = \rho_s \frac{e^{-tan^2(\delta) \cdot (\frac{cos^2\Phi}{\alpha_x^2} + \frac{sin^2\Phi}{\alpha_y^2})}}{4\pi\alpha_x\alpha_y\sqrt{cos\theta_i \cdot cos\theta_r}}$$

光看这个公式不明白是什么意思，在 "AppendixCoordinate > Materials > M_Ward_Aniso" 中有已经安装的材质，请打开确认。

有些复杂，但是如果有实际使用的机会的话，可以将其函数化。

在参数之一的AnisoRoughness中设置切线方向、纵法线方向的粗糙度值，就可以将切线或纵法线方向的反射延长。

下面是在AnisoRoughness的R中输入0.3，在G中输入0.08后的结果。

🔼 在UE4中的安装结果

很遗憾，因为必须要跟一般的光线形状不同，所以利用率不是很高。

但是，在限定光线的环境下，在材质内进行照明计算也是一个不错的选择。

也有其他的不同方向反射的照明计算公式，可以根据情况不同来进行选择。

A ▌小结

- 坐标系因DCC工具、游戏引擎的不同而不同。确认是右手还是左手，Y向上还是Z向上。
- 在UE4中，可以使用Transform、Transform Position来更换坐标系。
- World坐标系是关卡整体的坐标系。关卡编辑器是World坐标系。
- Local坐标系是各模型的坐标系。主要用于计算World位置Offset的计算。
- View坐标系是从照相机的角度来看的坐标系。这个坐标系需要注意是Y向上。
- 切线空间又叫纹理的Local坐标系。可以告知我们模型中UV坐标的粘贴方向。

A-2 PBR的基础理论

PBR是什么

物理基底渲染（Physically Based Rendering，以下简称PBR）是近年的游戏图像中采用的渲染手法。

PBR与现实世界中光和物质之间的物理作用非常相似。因此，通过使用与现实世界相同的值，可以非常逼真地表现图像。

在本书前面的正文中也稍有涉及，使用PBR的优点如下。

- 可以使用现实世界中实际测量的值简单表现出仿真效果（照片写实）。
- 在各种光线的环境中都可以正确表现物质的外观。
- 遵循能量保存的法则，美术设计师可以用小参数来调整感觉。

为什么能实现这样的效果呢？这就需要大家了解PBR的基础理论知识了。

PBR的基础理论

正如物理基底这个词一样，将现实世界中的物理现象逼真地模拟出来，就是PBR。PBR基础理论知识需要从了解现实世界中的光是如何运作的开始。

下面讲解的PBR基础理论会稍微有点难度，但是不需要一下子全都理解。以我个人的经验，理解光的运动很难，有时甚至会有一点不可思议的感觉（当然不同的人理解也会有差异）。查阅了各种文献后，将知识点连成线，慢慢就会融会贯通了。所以在阅读下文时，体会从点到线的感觉就可以了。

扩散和反射

光是从太阳、灯泡等发光的光源产生的。产生的光（入射光）照到物质上后，**被物质吸收后扩散出来的光（扩散反射光）与物质相撞后变成反射的光（镜面反射光），到达我们的眼睛里。**

不同光的运动如右图所示。

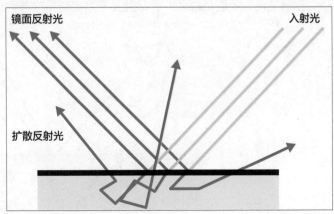

镜面反射光　　入射光

扩散反射光

⬆ 镜面反射光和扩散反射光的运动

⊙ 扩散反射光

扩散反射光是在物质内部扩散，向各个方向发出的光。下面我们来看一下扩散反射光的运动顺序。

①碰到物质后，光被物质吸收。

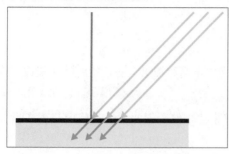

②被吸收的光在物质内向各个方向扩散。

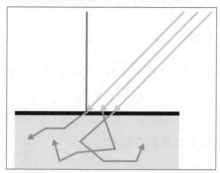

③特定波长的光发射到外面，这就是扩散反射光。

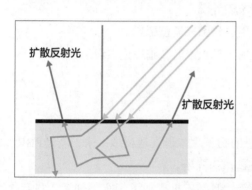

④其他的光直接被物质吸收。

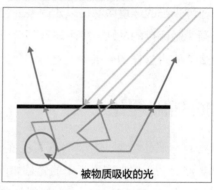

扩散反射光发散到外面，关于被吸收的光我们也稍作说明。

从光源发出的光有七个颜色的光线，这七个颜色的光线如下图所示，与彩虹是一样的颜色。例如光照射到红色电灯泡时，这些光线先进入到物质内部，然后只有红色波长的光线反射出来。我们看到这个反射出来的光的颜色，就认为这个物质是红色的。

上面举的是红色电灯泡的例子，如果是白色的话，几乎所有的光线都可以作为扩散反射光反射出来。反过来，如果是黑色的话，几乎所有的光线都被吸收。

也就是说，我们是根据扩散反射光来判定物质的颜色的。

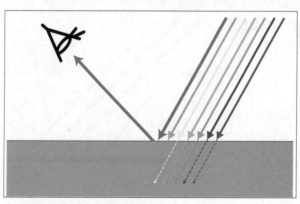

⬆ 根据扩散反射光来判定物质的颜色

刚才举例的白色物质和黑色物质，可以作如下说明。

- 白色物质

   几乎所有的光线都变成了扩散反射光＝扩散反射光的量多。

- 黑色物质

   几乎所有的光线都被吸收了＝扩散反射光的量少。

扩散反射光的量与后面的镜面反射光有关系。

⊙ 镜面反射光

镜面反射光是以面的法线方向为轴，像镜子一样，与入射角相同角度反射出来的光。我们认为镜面反射光是"反射"的。正如"镜面"这个名称一样，把周围看作镜子一样反射光的话，可能比较容易理解。

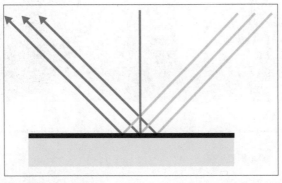

⬆镜面反射光的运动

反射是什么呢？把这个图片的红色电灯泡中的成分抽取出来后，扩散反射光和镜面反射光就能区分开了。这样看大家就知道了，扩散反射光是物质的颜色，镜面反射光是环境的反射。

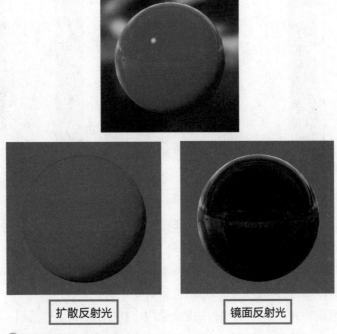

扩散反射光　　　　　　　　　镜面反射光

⬆扩散反射光和镜面反射光

反射的光量不会比进来的光量多

前面已经讲了，光照到物质上之后，分成了扩散反射光和镜面反射光，成为了我们认识物质的光。

这两个光的强度的合计值不会比照射进来的光的强度大，这是能量守恒定律。

能量守恒定律是如何发生作用的呢？我们来看看。

左侧的球体的扩散反射光的颜色是亮的。颜色明亮说明扩散反射光的量大。

右边的扩散反射光的颜色暗。因此，可以清楚地看到反射。扩散反射光暗，说明扩散反射光的量小。

因此，视觉上可以看到镜面反射光的量变大。

镜面反射变弱 ← → 镜面反射变强

⬆根据扩散反射光的亮度，反射强度的变化

将这一变化转化为图表后如下图所示。红色柱是扩散反射光的量，绿色柱是镜面反射光的量。除去扩散反射光的量后，剩下的能量就是镜面反射光。

这个图表并不完全准确，但是可以大致了解扩散反射光和镜面反射光的关系。

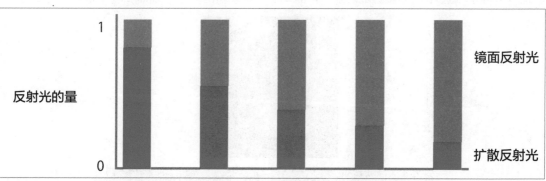

⬆扩散反射光和镜面反射光的比例图表

PBR中根据这一能量守恒定律可以自动修正，美术设计师就不需要一边察觉环境的不同，一边制作纹理了。

以前的制作手法是一边模仿一边调整纹理，调整材质的参数。在一个场景中看起来质感不错，但配置到其他场景中就会飞白，这是因为没有遵守能量守恒定律而引发的现象。

想要不顾虑这些问题进行制作，使用PBR优势就非常明显了。

但是，能量守恒定律并不一定在PBR中完全适用。在UE4的PBR中适用，但是在后面讲解的其他PBR的类型中也有不适用的情况，使用时需要注意。

各种物质的反射方式

扩散反射光、镜面反射光根据物质或表面的状态不同，反射的方式也不同。从这些差异中我们可以识别其质感。

制作反射不同的要素分为两类，**是金属还是非金属，表面光滑还是粗糙**。

是金属还是非金属

物质是金属还是非金属的判定标准在于反射方式的不同。这种不同可以通过金属反射的特征来理解。

金属反射有以下三个特点。

- 反射率通常很高
- 没有扩散反射光
- 镜面反射光有颜色

上述的两种类型可以通过**菲涅尔反射**这一现象进行理解。

◉ 菲涅尔反射率

菲涅尔反射是根据视角不同反射率（有反射时）发生变化的现象。

菲涅尔反射的现象可以用非金属物质来确认。

非金属中，从面的法线方向来看时（从地面的正中间看时：图B）反射很弱，从接近90°角的角度来看时（与地面基本平行的角度来看时：图A）反射很强。

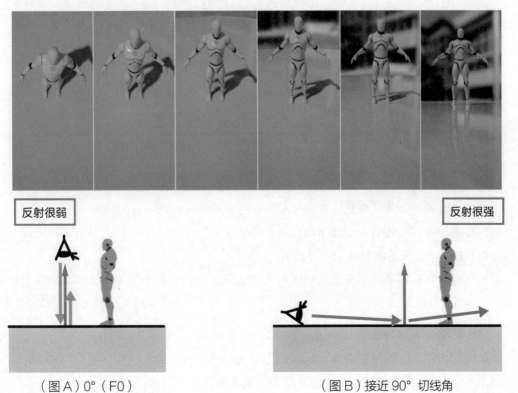

反射很弱   反射很强

（图A）0°（F0）   （图B）接近90°切线角

⬆ 非金属时，因看的角度不同反射发生变化反过来，如果是金属时，从哪个角度看反射都很强。

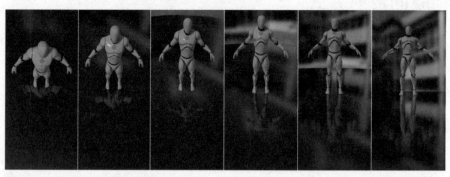

⬆ 金属时，从哪个角度看反射都很强

如图A所示，将面的法线方向和视线的角度表示为F0°。如图B所示，接近90°的角度叫作切线角。

那么，来确认一下各物质的反射率是如何变化的。下面是菲涅尔反射率在各物质上的表现的图表。

注意视线的角度和反射率的移动变化。视线的角度接近0°时，金属是0.6~0.95的高反射率，而非金属是0.05~0.2的低反射率。视线的角度在0°~50°之间时反射率几乎没有变化。

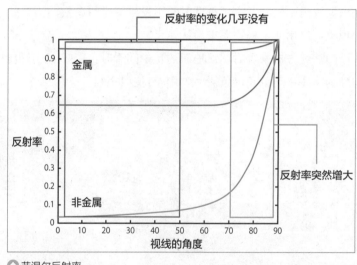

⬆ 菲涅尔反射率

在50°~80°时开始发生变化，在90°时所有的物质的反射率一下变成1。

也就是说，所有的物质在切线角时如镜子一样反射。但是，金属通常具有很高的反射率，所以无论从哪个角度来看都如镜子一样反射。

说句题外话，看到菲涅尔反射后可能有人会想到水面吧。在水面发生的菲涅尔反射，与这里说明的菲涅尔反射是相同的现象。因视线角度不同，反射率也不同，这就是菲尼尔反射。

◉ 金属的扩散反射光

金属因其特性，内部不会进入光线。扩散反射光是进入物质内部后，扩散出去的光，所以金属材质不会出现扩散反射光，即金属的扩散反射光为黑色。

扩散反射光

镜面反射光

⬆ 所有光都变成了镜面反射光，所以没有扩散反射光

◉ 镜面反射光可以上色

最后要说的金属的特性就是镜面反射光可以上色。

如下图所示，非金属和金属的高光色不同。非金属时，高光色为白色，而金属的高光中有其他颜色。

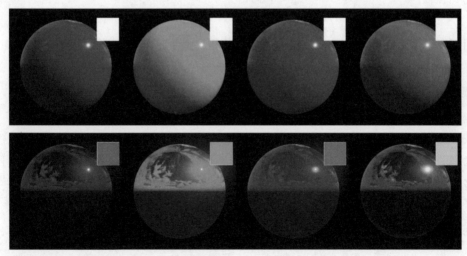

⬆ 金属和非金属的高光色不同

金属的镜面反射光中，因金属的种类不同，特定色的反射率有时会很低。例如金子的话，镜面反射光为黄色。这是因为蓝色的镜面反射低，几乎看不到蓝色，所以看起来是黄色。这种现象不是表现在所有金属中，只在金、铜等极少的一部分金属中会发生。

如上所述就是金属的三大特征。

使用了金属的参数的PBR可以判断物质是否为金属，通过这些特征就可以控制透视图系统（rendering system）。因此，不需要美术设计师来控制这些特征。美术设计师只需要简单判断是不是金属就可以了。

表面是光滑还是粗糙

表面的粗糙度（微表面）是光滑还是粗糙，会对反射产生影响。表面的粗糙度不是在法线贴图中可以用视觉识别的表现，而是通过手的触感感觉的表面的粗糙程度。

光因表面的粗糙度不同，反射的角度也不同。

如下图左边所示，表面光滑的材质，镜面反射光像镜子一样反射，反射非常明显。而右边表面粗糙的材质中，镜面反射光进行扩散反射，所以反射很模糊。

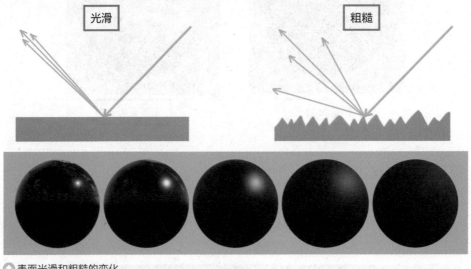

⬆ 表面光滑和粗糙的变化

为了表现表面的粗糙度，在PBR中使用**粗糙（粗糙度）**这个值。粗糙值为0时，表面光滑，为1时，表面粗糙。

粗糙还可以被称为glossiness（光泽度）或smoothness（光滑度），使用目的都是设置表面的粗糙度。

表面的粗糙度不仅影响镜面反射光，还会影响扩散反射光。因此，有类似于PBR这样影响两种光的公式。但是，扩散反射光几乎看不出什么变化，所以在UE4中，只对镜面反射光使用类似的公式。

线性空间透视图

与PBR的基础理论知识稍有不同，为使用PBR得到正确的透视效果，需要掌握这一重要的知识点。

PBR的计算是在线性空间透视图中进行的。因此，引擎将会把读取的纹理作为线性空间进行识别。

如基础颜色贴图一样，颜色纹理是γ空间的数据，所以需要进行γ修正，但是要注意其他的粗糙、法线、金属等纹理，被当作线性数据进行读取。

UE4可以在引擎中的纹理中进行γ修正。当纹理在γ空间中制作时，通过进行γ修正可以得到正确的透视效果※。

线性空间·γ空间是什么

在Photoshop中制作的数据会使用sRGB的颜色文件夹。在sRGB的颜色文件夹中，显示γ修正正在进行，所以一边查看显示一边调整的纹理数据将变成**γ空间的数据**。

显示器有方便我们查看数据的功能，这就是γ修正。

知道计算机如何处理数据后，就能更好地理解γ修正了。

下图为从黑到白色调的贴图。查看线性空间的数据，会感觉暗的色调有点少。

● 线性空间的数据

但是，被显示器修正（γ修正）后，就会变成我们常看到的色调，如下图所示，变成了γ空间的数据。

● γ空间的数据

线性空间是计算机的数据，用于计算，对我们来说不好识别。线性空间的色调在数据的数值中有一定数量增加。

但是人眼要看到黑色的色调，需要很多的色调，查看线性空间的色调时，不能识别细微的暗色。因此，会觉得白色的面积很多。

而γ空间显示的色调，对于我们来说更方便使用。我们的眼睛会看到从黑到白等距离排列，这是数据被修正后的效果。

UE4的线性计算在线性空间中进行。所以，使用γ空间的数据进行透视不会得到正确的线性效果。

补充

γ修正还有其他的存在理由。显示器不会将输入的值直接进行输出，所以修正值也可以称为γ修正。而且，显示器的特征正好与人眼的特征一致。

γ修正在显示器的应用中广为人知。但是，我个人的观点是，γ修正便于理解更为合适，远胜于称之为方便人类的数据或方便计算机的数据。

※可能比较麻烦，在UE4中读取的纹理会自动识别法线贴图、HDRI等线性数据，但是其他的数据会自动进行γ修正。纹理的γ修正的设置参见P87。

为什么γ空间的数据的线性不正确呢

我们在制作基础颜色贴图时，用纹理的效果来调整制作。这里的效果就是方便我们处理的状态，也就是γ空间的数据。

在进行线性计算时，根据基础颜色贴图的颜色（亮度）来计算光照到该物质的反射量。基础颜色是扩散反射光的颜色，所以可以说是设置光的反射率的。用反射来照射的光叫作**间接光**。

使用γ空间进行计算的话，会比本来用于计算的值更暗，所以反射率下降，间接光也变暗。下图是砖块的基础颜色贴图。跟γ空间的纹理相比，亮度不同。纹理的亮度越亮，因光的反射，间接光也会越亮。

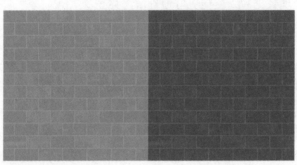

⬆ 左：线性空间数据　　　　右：γ空间数据

下图显示基础颜色的亮度不同室内的亮度也会变化。所有的都是相同的光线亮度，但基础颜色的亮度变化后，对间接光也会产生很大影响。因此，在γ空间制作所使用的纹理时，需要使用γ修正来进行正确的设置。从γ空间转换到线性空间的方法叫degamma或linearize。

⬆ 因基础颜色的亮度不同，间接光也不同。左边开始基础颜色的值为0.3，0.5，0.8

▌扩散反射光、镜面反射光和CG用语

在理解PBR时容易混淆的是以前使用的CG用语，它与PBR的用语不一致。将在线性实时制图时使用的用语和PBR对照进行说明，里面会有跟DCC工具中的用语不一致的地方，请大家知晓。

扩散反射光

扩散反射光是转达给我们物质颜色的光。CG中是设置网格颜色的项目，所以被称为漫射（Diffuse）。

但是，漫射这种叫法是以前制作手法的称谓，在PBR中叫作**反照率**（albedo）或**基础颜色**（Base Color）。

如右图所示，没有AO或镜面的信息，只设定物质的颜色的纹理。

前面已经说过，根据设定的基础颜色贴图的颜色不同，对线性透视也会产生影响。不要靠效果来设置颜色，而是以测出的值为基础来制作。

⬆ 反照率贴图，基础颜色贴图

镜面反射光

镜面反射光也是混淆PBR理解的一个方面。

镜面反射光一般用镜面（Specular）来表示。但是，因制作环境不同，镜面的设置信息也不同。首先要理解的是**以前的制作手法中使用的镜面不是镜面反射光。**

线性实时中的镜面反射光的设置方法因开发环境不同而不同，所以需要根据开发环境来理解用语的意思。

⊙ 以前的制作手法（PS3、XBOX360）

镜面反射光的反射分为两种进行安装。一种是根据光源的高光，另一种是周围环境。以前的制作手法的镜面，作为控制光源的高光的射入方法来使用。根据感觉控制高光射入的位置和不能射入的位置（还有镜面蒙版这个项目）。此外，通过使用镜面力（specular power）这个项目可以控制高光圆圈的清晰度。

周围环境的反射通过使用环境贴图（Environment Map或Cube Map）来安装。环境贴图是抓取了周围360°的纹理，所以表现为环境的"反射"。

没有设定粗糙度的项目，所以需要配合质感调整高光的清晰度和环境贴图的清晰度来表现各自的表面粗糙度。

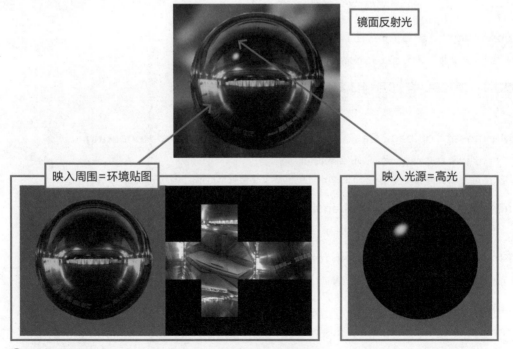

⬆ 用以前的制作手法（Unreal Development Kit）制作的质感表现

◉ PBR（Base color，Metallic，Roughness）

PBR中的镜面反射光用透视系统来自动设定。UE4用金属的值来判断镜面反射光的颜色，用粗糙度的值来设置清晰度。在以前的制作手法中，必须要用自己的判断来设置镜面反射光的颜色和表面粗糙度，所以我认为很轻松。

这里需要注意的是，PBR中镜面这个用语的作用。UE4的主材质节点中也有镜面这个项目，但是跟以前的制作手法的镜面的目的完全不同。UE4的镜面是**设置物质的反射率**的项目。一般的素材（木材、铁、岩石、塑料等）固定设置值为0.5，所以不需要更改设置。

什么时候需要更改数值呢？在设置特殊的素材（冰、水、皮肤等）时需要更改镜面的值。此外，像车身这种粗糙度值较低的物质，或者想要加入环境遮挡这样隐蔽位置的反射时，都可以使用。

经常出错的地方是，想要控制反射的时候，调低镜面的值，但是正确的做法是更改粗糙度的值。

◉ PBR（Albedo、Specular、Smoothness）

PBR中因使用的环境和引擎不同，使用的类型也会不同。UE4除了使用的Basecolor、Metallic、Roughness类型之外，主要还有Albedo、Specular、Smoothness类型。这些类型中没有金属，如果是金属，就可以判断反照率为黑色。因此，在镜面项目中设置镜面反射光的颜色。前面我们接触的制作环境中以镜面反射光的意义来使用镜面的就是这一类型。

因为在UE4中不使用这一类型，所以没有做详细说明，但是在软件Marmoset Toolbag2、Substance Designer、Substance Painter中可以使用这个类型的PBR。

◉ 参考文献

1. CEDEC2008 线性空间和物理上正确的线性

2. compojigoku 学会了！线性工作流程的混合（composite）

http://compojigoku.blog.fc2.com/blog-entry-26.html

3. 床井研究室 2009年09月14日 第11次 扩散反射光产生的阴影

http://marina.sys.wakayama-u.ac.jp/~tokoi/?date=20090914

4. Marmoset Toolbag2 Basic Theory of Physically-Based Rendering

https://www.marmoset.co/toolbag/learn/pbr-theory

http://dragon-rider1987.blogspot.co.uk/2014/05/marmoset-toolbat2basic-theory-of.html

5. allegorithmic The comprehensive PBR guide

https://www.allegorithmic.com/pbr-guide

6. Physically Based Rendering for Artists

https://www.youtube.com/watch?v=LNwMJeWFr0U

7. kiriya科学 Q&A

http://www.kiriya-chem.co.jp/q & a/q26.html

A-3 次表面（subsurface）

次表面·散射（scattering）

在"卷末资料A-2 PBR基础理论"中对扩散反射光进行了说明。

非金属的扩散反射光通常是入射光在物体内部散射后，从表面射出的光。

像岩石这类太阳光无法穿透的物体，入射光的位置与射出光的位置大致相同。

但是，人的皮肤和植物的叶子等入射位置和射出位置就有很大不同。

这些物体看起来是不透明的物体，其实是半透明的物体。

只是透明度比较低，所以一般当作不透明来处理。

但是，对于太阳光这样的强光来说，不能一概处理为不透明。

强光，也就是能量很大的光，在物体内部散射后能量不会完全损失，一部分从离入射位置很远的位置射出，有时会完全从反方向射出。

这种现象叫**次表面散射（表面下散射）**，用英语单词的首字母来表示就是**SSS**。

这种现象无法用以前的扩散反射光的计算方法来进行计算，所以很多镜面引擎都采用专用的计算手法。

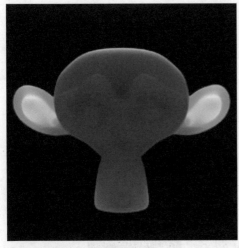

⬆次表面散射的例子

UE4中实现SSS的计算手法有7种（截止到UE4.16）。

这些手法需要分别安装，使用用途和执行速度稍有不同。

可以从材质的"细节"面板的"Material > 底纹模式"中进行选择。

⬆次表面相关的Shading Model有7种

⊙ Subsurface

SSS的一般处理。

计算成本有点高，但是调整后可以在各种材质中使用。

⊙ Preintegrated Skin

人的皮肤的简单处理。

用lookup table纹理控制计算成本。

特别用于人的皮肤，几乎不做其他用途使用。

⊙ Subsurface Profile

主要用于人的皮肤的复杂处理。安装在UE4.5上。

会进行屏幕空间的过滤，所以成本很高。

但是品质也很高。

⊙ Two Sided Foliage

用来处理植物的叶子等薄的物体。在UE4.7中安装。

将材质参数Two Sided设置为ON后，与安装的非金属物体的兼容性更佳。

⊙ Hair，Cloth，Eye

跟名字一样，用于头发、衣服、眼球的底纹模式。

在UE4.11中安装。

将在其他章节中说明，这里就不进行说明了。

卷末资料将对这些底纹模式进行深入研究。

Subsurface

实现SSS的一般处理。

可以将底纹模式切换为Subsurface后进行使用，跟DefaultLit不同，不透明度和次表面颜色的材质输入为有效。

UE4.7之前的版本都是金属无效，但是到了UE4.8变为有效了。

⬆在Subsurface中不透明度和次表面颜色为有效

机制（machanism）

底纹模式是将物体内部进入的光在受到次表面颜色中指定的颜色的影响后，射出到外面的情况进行计算的公式。

这时，不透明度，也就是受到物体的不透明度的影响光将发生变化。

物体的不透明度就是**透光**的难易度，或者说是**光的能量的吸收能力**。

光进入物体后发生散射，向各个方向射出，但是如果是不透明的物体会吸收大部分能量。

最终，光在接近表面的部分，或者说在光射入的方向又将光射出，几乎在其他方向没有光射出。

而不透明度低的物质几乎没有吸收能量，将各个方向散射的光直接射出。

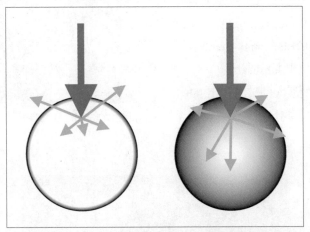

⬆ 因透明度不同，光的能量的吸收率会变化。跟不透明度高的球（左）相比，不透明度低的球（右）的内部的能量损失更少

因不透明度产生的差异，概括下来有以下几点。

⊙ 不透明度：高

- 光的射入方向跟扩散反射光运动相似。
- 阴影部分射出的光很少。

⊙ 不透明度：低

- 不论光的射入方向如何，都会有定量的光射出。
- 阴影部分射出的光很多，会变亮。

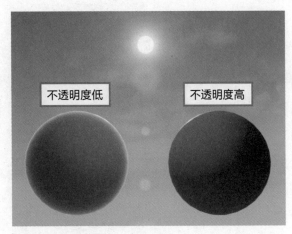

不透明度低　不透明度高

⬆ 根据不透明度的高低，外观的变化

使用用途

想要安装SSS的各种材质中都可以使用。

但是，对于人的皮肤、植物的叶子等需要使用特定的其他的底纹模式。

线性本身的计算成本并不是很高，但是想要输出理想的图片，需要进行大规模的调整，直到确定一定的理论为止，会感觉处理起来有一定困难。

这是因为不透明度和次表面颜色的参数只需要简单地写入纹理就可以了。

原本不透明度和次表面颜色的参数就是因物质的性质而不同的。

这些是根据光穿透的难易程度和物体内部吸收能量的程度决定的值，但是在线体中没有考虑物体的厚度和内部构造。

因此，需要设置考虑了材质的厚度和内部散射情况的不透明度和次表面颜色。

Epic Games提供的Elemental Demo中，作为冰巨人的材质来使用Subsurface。

这个材质中有冰的层次的情况，用Subsurface安装的冰可以参考其进行安装。

⬆冰巨人比较复杂，但是是一个很好的例子

示例：冰

⬆来自Elemental Demo

给大家介绍在Elemental Demo中使用的冰的材质。

冰巨人的材质很复杂，这里的材质没有那么复杂。

这个材质主要运用了次表面颜色的计算。

也就是说，只使用基本的菲涅尔突出边缘部分的次表面颜色。

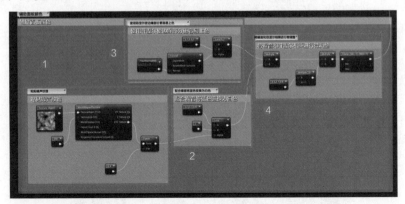

⬆ 次表面颜色的计算

①中在网格上将噪音纹理粘贴到圆柱上。

将其乘以0.4，调整为噪音的白色部分变多。

②中将这个噪音还原，从水蓝色到白色进行直线插补。

整体上白色较多，所以可以在白色里面稍微看出一点水蓝色。

③中用菲涅尔从黑色到接近白色的水蓝色进行直线插补。

这样网格的边缘部分调整为淡淡的水蓝色。

最后在④中，将②和③的结果相乘，调整为稍微有一点蓝色后结束。

另一个重要的参数是不透明度的值，将其设定为0.1常数。

这样，光源照射的一面中就会透过很多光了。

如果想要表现混杂物质很多，透明感低的物体，跟次表面颜色一样使用菲涅尔会更好。

小结

- SSS可以同时表现入射光的法线方向的射出和透光。

- 线性计算比较复杂，但是在现在的硬件中完全可以实现。

- 没有考虑到将物质的厚度和内部构造线性化，所以需要在不透明度和次表面颜色的输入值上下功夫。

  通过调整这些输入值，可以表现物体的厚度等。

Preintegrated Skin

Preintegrated Skin是安装人的皮肤时非常高效的SSS手法。

原论文为Eric Penner在SIGGRAPH 2011中的演讲*Pre-integrated Skin Shader*。

底纹模式与Subsurface相同，不透明度和次表面颜色可以使用。

机制

在Preintegrated Skin中，提前计算射入人的皮肤的光损失了多少能量，射出多少光，并将这一信息保存到查找表（Lookup table）纹理中。

光线计算时，通过取样**查找表纹理**获取值，并将其与次表面颜色进行乘法计算即可，使用起来非常简单。

下面是将基础颜色和次表面颜色变成灰色后，白光下面的光线效果。

因为印刷的关系，可能看起来效果不是很好，有点发红。

因为人的皮肤中有氧气运输血液中的物质，受到血红蛋白的影响，所以看起来有点发红，而查找表纹理计算并得到了这个红色。

⬆ 白色的物体看起来有点发红

查找表纹理记录在引擎的内容中。

在内容浏览器中勾选"显示引擎的内容"后，选择Engine Content文件夹，并搜索PreintegratedSkinBRDF，搜索到的纹理就是查找表纹理。

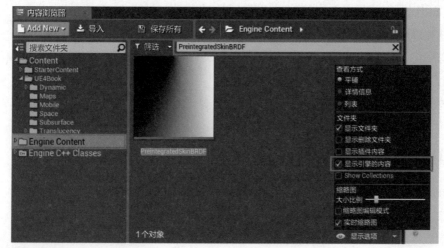

⬆ 查找表纹理记录在引擎的内容中

有点发红，但还是看得不太清楚。

所以将纹理放大20倍来显示。

⬆ 变成20倍之后，可以看出红色了

在查找表纹理的*UV*坐标中，从法线和光的内部面积求*U*值。

*V*值使用不透明度中输入的值。

需要注意的是，不透明度中输入的值与其他的SSS和半透明材质不同，不是不透明度。

这里的值是**曲率**。

曲率是显示物体的曲面弯曲程度的值。

曲面与半径*r*的曲面一致时，可以用1/*r*来求曲率。

也就是说，曲面越平缓，曲率越低。

曲率高的地方容易透过从其他地方射入的光。如下图所示，因为透过内部的光到射出的距离短。

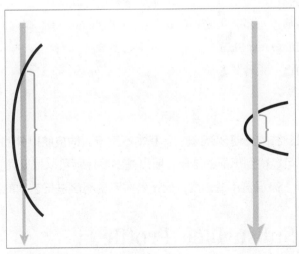

⬆ 曲率的高低和光透过的容易程度

用人的脸来举例，脸颊的曲率低，鼻头的曲率高。所以，鼻头是光容易透过的地方。

曲率越低，光越不容易透过，但相反的是，不透明度越低，光越容易透过。

UE4的光线计算中，需要用（**1−曲率**）来求V的值。

不透明度的输入值与不透明度相同，容易透光则为黑色，不容易透光则为白色。

下图为不透明度的输入值不同产生的效果差异。

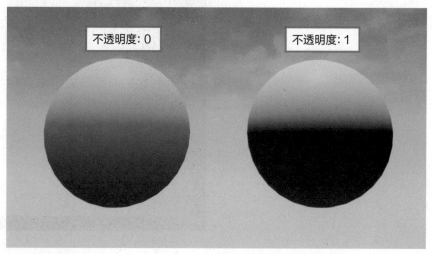

⬆ 在不透明度中输入(1－曲率)

使用用途

仅限用于人的皮肤。因为查找表纹理是通过人的皮肤的文件结果产生的。

如果可以把那点不自然的地方忽略的话，就可以在所有血液是红色的生物中使用了。

但是，在虚拟世界的妖怪和外星人等血液不是红色的生物中得不到正确的效果。

此外，在冰和植物的叶子等物体中也不能使用。

这个底纹模式有一定的使用限制，但是优点是通过基础颜色、粗糙度、不透明度、次表面颜色的纹理，设置简单的调整参数，就可以得到想要的结果了。

不需要制作复杂的材质，所以可以控制制作成本和运行成本。

Epic Games的安装样本不多，但是在Couch Knights demo的SK_Owen_Head中，通过所使用的材质就可以使用Preintegrated Skin了。

只是单一的安装而已，很容易参照。

小结

- 是特定用于人类皮肤的高速SSS安装。基本不用于人的皮肤以外的地方。
- 只需连接纹理就可以得到想要的结果，所以美术设计师可以根据直觉来制作。
- 需要用（1－曲率）来设置不透明度，但是考虑不透明度进行艺术的调整问题也不大。

次表面轮廓（Subsurface Profile）

是通过UE4.5导入的屏幕空间SSS。

原本是Jorge Jimenez在2011年发表的Screen-Space Subsurface Scattering（SSSSS）和由其改良的Separable Subsurface Scattering（SSSS）。

与其他的SSS手法不同，改变了**使用屏幕空间的滤镜来实现SSS**这一点。

此外，主材质节点中可以使用不透明度，但是不能使用次表面颜色。

机制

与用其他SSS手法处理光线计算时相比，Subsurface Profile在光线计算时不进行任何操作。

在进行了各种模式的描画后和进行半透明材质的描画前实现SSS。这时用**次表面轮廓重置**来运行整个页面的发布过程。

次表面轮廓重置在内容浏览器的"新增 > 材质纹理 > 次表面轮廓"中进行。

⬆ 将次表面轮廓重置来制作

在制作的文件重置中设置三个参数。

⊙ Scatter Radius

指定进行过滤的范围。

值太小则SSS的影响很弱，但是过大又会产生阶梯状的效果。

⊙ Subsurface Color

其他SSS中的次表面颜色。

在Subsurface Profile中，不设置材质输入，而是需要设置asset。

⊙ Falloff Color

是对次表面颜色进行Falloff的功能。使用基础次表面颜色和同色系颜色。

不使用同色系颜色可能会导致SSS的颜色范围消失。

例如，SubsurfaceColor为红色，Falloff Color为蓝色时，次表面颜色中没有蓝色成分，所以颜色不能扩展。

制作轮廓重置需要在材质或材质实例中进行设置。

在材质"细节"面板的"Material>Subsurface Profile"中选择所使用的asset。

如果是材质实例，则勾选Override Subsurface Profile，然后选择asset。

⬆ 在材质中设置轮廓时

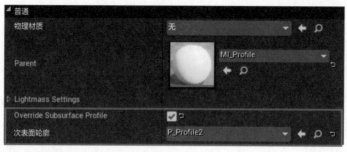

⬆ 在材质实例中设置轮廓时

注意，在Subsurface Profile中不透明度的值会相反。

也就是说，不透明度越高，次表面的效果越明显，越低效果越弱。

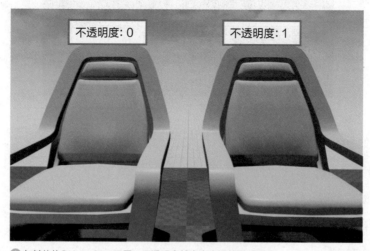

⬆ 与其他的Subsurface不同，不透明度越高次表面效果越明显

缺点是在UE4的安装中，与在原来的技术中安装的功能相比有不足之处。

就是光的透过。

原来的安装在光线阶段光的透过有根据透明度进行处理的功能，但是在UE4中省略了这一功能。

无需深究理由是什么，但是需要注意受此影响，像人的耳朵这样容易透光的部位也不能透光了。

因为执行整个页面文件，所以会比其他的SSS的处理成本稍微高一点。

依赖于页面分辨率，所以请斟酌是否要在需要维持高帧率的游戏中使用。

使用用途

一般用于表面光滑的SSS材质。

特别与人的皮肤、翡翠等不透明的宝石类兼容性好。

但是，在积雪这样颗粒感强的材质中，得不到好的效果。

整个页面执行文件会让法线贴图和AO等中表现的颗粒感变模糊。

此外，因为不适用于光的透过，所以对于植物叶子这样薄的SSS材质也得不到想要的效果。

在表现人的皮肤的基础上还想表现光的透过的话，可以考虑使用Preintegrated Skin。

小结

- 制作高品质的光滑SSS材质时使用。
  材质的表现比较基础，对于美术设计师来说容易调整。
- 不适用于光的透过，所以要避免在重要的材质中使用。
- 主要描画的运行成本会变高。

Two Sided Foliage

这是在UE4.7中新增的SSS材质。

与名字一样，主要用于将Two Sided设置为ON，使用薄的对象的材质。

机制

基本上与Subsurface相似，但是与Subsurface不同的是专注于光的安装。

在物体内部散射的光在物体内部的各个方向扩散，但是在薄片状的物体中，容易从薄片中射出。

利用这一特点，在Two Sided Foliage中只对没有光照射的一面进行SSS计算。

此外，因为光的直线转播，照相机越接近光源，越容易出来SSS的效果。

也就是说，薄片状的物体与光线垂直配置时，以及物体没有光照的一面与视线垂直时，SSS的效果最佳。

但是，光照射的一面完全没有SSS的效果。

光照射的一面只有扩散反射光和镜面反射光，与Default Lit得到的光线效果相同。

在UE4的很多Demo中，都用Subsurface安装了植物的叶子。

在Subsurface中，光照射的一面也会出现SSS的效果，但在Two Sided Foliage中不会出现。

沿用这些模式，更改Two Sided Foliage时，光照射的一面可能比Subsurface时要暗。

这时，需要把基础颜色调亮一些。

材质输入的不透明度有效，但是光线计算不适用于这个参数。

在使用Shading Model时，请使用次表面颜色来调整SSS的效果。

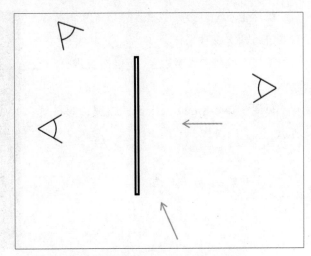

⬆ 这个SSS手法与光的方向、相机的方向有很大的关系

使用用途

将Two Sided 设置为ON，就可以在所使用的整个SSS材质使用了。

优点是可以较轻松地安装植物的叶子、纸、薄布等。

SSS的效果只用次表面颜色来调整，所以不方便直观感受。

例如像树叶的茎这样有点粗的地方，将次表面颜色调暗，或者将纸上被墨水弄脏的地方变黑，可以方便确认SSS的效果。

使用了Epic Games提供的样本中，免费发布的Kite Demo的草木。

素材质量很高，请一定看一下。

使用示例：树木的叶子

Epic Games提供的Demo中的树木的叶子基本上是用Subsurface来安装的。

Blueprints Office Demo中间的树木就是其中的一个典型的例子。

将树木更改为Two Sided Foliage。

使用原来的Subsurface时，在次表面颜色中输入后，就变成了下面的效果。

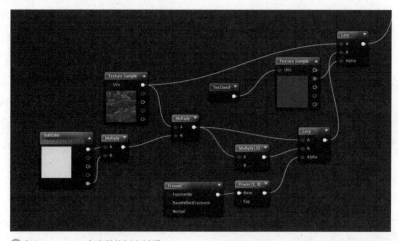

⬆ 在Subsurface中安装的树木材质

虽然说不上复杂，但是计算量很大，所以需要进行两次纹理采样。

第二个纹理是AO纹理，所以需要进行AO制图。

只用于Two Sided Foliage的纹理，如右图所示。

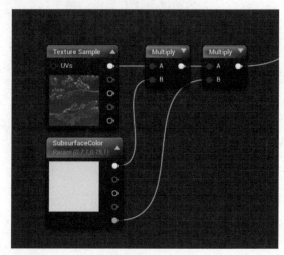

⬆ 在Two Sided Foliage中重新安装的树木

计算量变少，纹理取样也减少了，效果如下图所示。

⬆与Subsurface相比更加自然

Subsurface的材质需要调整为在叶子的边缘强调SSS。

调整后与照相机的距离拉远，有颗粒感，看上去不太自然。

调整Two Sided Foliage的材质，使其即使与照相机的距离变远，看上去也不会别扭。

使叶子看上去既新鲜又透明。

材质只是变成了对基础颜色纹理调整的参数，很简单吧。

小结

- 用两面多边形描画薄的对象时，使用Shading Model较为方便。
- 不使用不透明度，而是使用次表面颜色进行调整。

  基本上只需要对基础颜色进行参数调整就能得到想要的效果。

- 有光照射的面中不适用SSS。
- 与使用Subsurface相比，有时调整基础颜色会更好。

调整人体皮肤

我想很多人都对使用SSS来表现人的皮肤感兴趣吧。

在UE4的文件中也有针对调整人的皮肤的页面。

https://docs.unrealengine.com/latest/JPN/Engine/Rendering/Materials/HowTo/Human_Skin/index.html

参照上述页面，调整下面的模型。

底纹模式用Default Lit，除了法线贴图的细节贴图之外，只需要输入基础颜色、粗糙度、镜面、AO所对应的纹理即可。

可能您会觉得制作模型和纹理有这些就够了，但是因为法线贴图产生的阴影太重，让皮肤看起来很硬，耳朵因为比较薄也应该有一定的通透感。

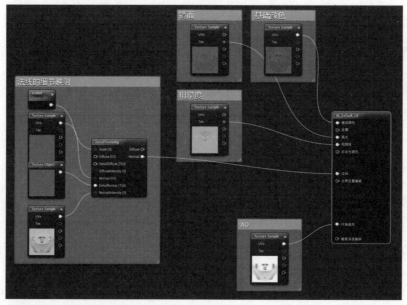

⬆ 在Default Lit中安装的人的皮肤的材质

调整Subsurface Profile

下面将材质仅更改为Subsurface Profile。

不透明度在这里也适用，所以可以在里面输入纹理。

将Profile素材如下进行设置。

Scatter Radius	1.5
Subsurface Color	(1.0,0.554258,0.405)
Falloff Color	(1.0,0.163,0.07)

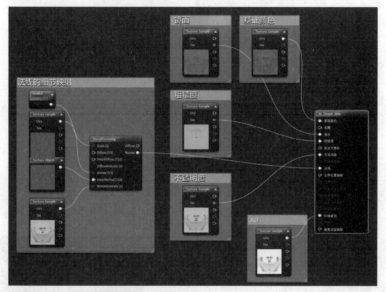

⬆ 在Subsurface Profile中重新安装的材质

效果如下图所示。

只切换这一模式效果看起来就会很不一样。

耳朵看起来更加通透和透明，因法线造成的重阴影也变得更加柔和了。

虽然这样看起来已经不错了，我们还是再稍微调整一下。

⊙ 调整镜面

在UE4的文件中将镜面值调整为0.35左右。这是计算人类皮肤的折射率后得出的数值。

在镜面纹理描绘的灰度值平均为0.12左右，有点小。

可以固定为文件中的0.35，但因为有折角纹理，所以如下图所示进行调整。

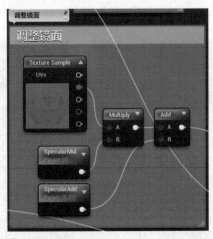

⬆ 新增镜面调整参数

SpecularMul的默认值为0.0，SpecularAdd的默认值为0.35。可以将SpecularMul设为1.0，SpecularAdd设为0.0，从而获取原来的纹理数值。

将纹理的平均值变为现在的纹理的2~3倍也可以，所以在调整毛孔的镜面反射变化时，将SpecularMul设为2.0~3.0，SpecularAdd设置为0.0。

在目前这个阶段，效果如右图所示。

额头、嘴唇、脖子更加有光泽，皮肤也更水润了。

⊙ 调整粗糙度

下面来调整粗糙度。

与其他材质一样，设置最小值和最大值。

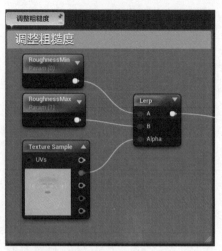

⬆ 新增粗糙度的调整参数

这个方法非常方便。

通过更改粗糙度的最小值和最大值，不仅可以调整皮肤的质感，还可以调整皮肤的状态。

例如，将最大值下调至0.5后，如下图所示，会出现看起来像淋湿一样的质感。

此外，与照相机的距离拉远后，会使镜面反射光的反光看起来太强。

要解决这个问题有以下两个方法。

一是根据距离上调粗糙度的最小值。

这个方法最简单，效果也最明显。

现在淋湿的皮肤在0.0~0.3之间变化为佳，还可以根据皮肤的状态、年龄等变化进行调整。

这个方法的缺点是需要自己来设置对应距离的变化。

要计算在多远的距离设置多少数值，需要在蓝图或材质中安装计算公式。

另一种方法是如文件所述，用粗糙度纹理的shipmap的方法。

这个方法会根据距离来自动选择合适的shipmap。

在input前，设置合适的shipmap最佳，但UE4中有将法线贴图进行粗糙度贴图调整的制作方法——Toksvig贴图。

使用时，在编辑器中打开粗糙度纹理，在"细节"面板的"Compositing > Composite Texture"中设定相应的法线贴图。

然后打开同一多边形隐藏的菜单，选择设置了纹理粗糙度值的纹理。

纹理中只有粗糙度灰度纹理时，将Composite Texture选择为Add Normal Roughness To Red。若存储了其他纹理的Alpha值，则选择Add Normal Roughness To Alpha。

Composite Power变大后，粗糙度的值会随shipmap变大，也就是说，距离变远后，表面会变粗糙。

⬆ 自动调节粗糙度贴图的shipmap的功能

这个方法会改变素材，因此在皮肤状态动态变化时，处理起来会比较困难。

此外，这个手法中采用的最大尺寸关卡0的shipmap会比原来的粗糙度的值更大。

用shipmap时，要尽量自己来调整。

比较效果后，如下图所示。

⬆ 拉远照相机的距离，会让镜面效果更加稳定

◉ 调整法线

调整法线设置了让变为基底的法线贴图的强度发生变化的参数。

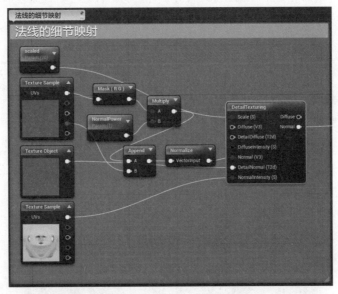

⬆ 新增细节贴图的强度调整

原本在制作脸的法线贴图时，应该将大的皱纹（额头、眼角、嘴角等）和小的毛孔等存储在其他的纹理中。

用于毛孔的法线贴图做成可线性的纹理，用蒙版来与大的皱纹的法线贴图进行混合。

这时，不用主要的法线贴图来变化大的皱纹，而是用用于毛孔的法线贴图来调整强度效果更好。

大的皱纹也会与之相应调整基础颜色等，所以不推荐这种变化方式。

在准备用于毛孔的法线贴图时，也准备好粗糙度纹理，与主要的粗糙度纹理进行混合。

此外，因为在整个页面中使用Subsurface Profile过滤，所以整体上看上去有点模糊。

将法线贴图变弱后，会变模糊，会因此模糊细节。

在制作法线贴图时，最好先清晰地做出凹凸，再用材质参数进行最终调整。

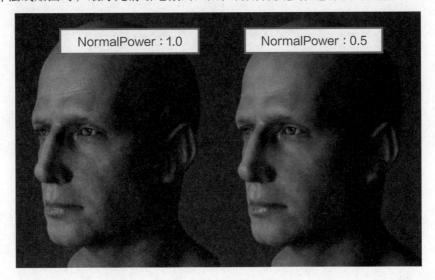

调整Preintegrated Skin

如在机制中所介绍的一样，Subsurface Profile不表现光的透过，且运行成本也高。

想表现光的透过时，要使用Preintegrated Skin。

所以，下面为大家介绍在Subsurface Profile中使用以安装为目的的素材，进行Preintegrated Skin的调整的过程。

◉ 更改遮罩模式

首先，直接更改遮罩模式。

在Subsurface Profile中用Profile素材来指定次表面颜色，但在Preintegrated Skin中需要输入材质来进行设置。

没有指定次表面颜色用的纹理，所以先放入基础颜色。

飞白了，不能直接使用。

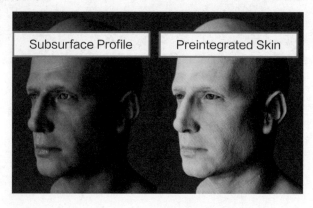

◉ 调整不透明度

首先必须调整不透明度。

前面说明过Subsurface Profile中不透明度为0.0时透明度低，为1.0时透明度高。

Preintegrated Skin与其他的SSS手法一样，为0.0时透明度高。

也就是说，需要反转用于Subsurface Profile的纹理。

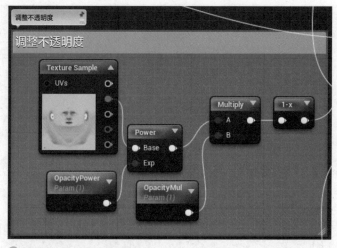

⬆ 在反转不透明度前新增调整参数

增加OpacityPower和OpacityMul调整参数进行反转。

效果如下图所示。

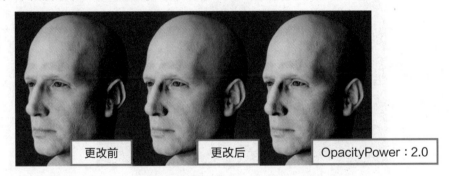

调整了耳朵的阴影效果。耳朵里面的阴影也变重了，看起来更加自然了。

◉ 调整基础颜色和次表面颜色

调整整体的飞白。

飞白的原因是没有对基础颜色和次表面颜色作任何调整。

每个纹理都使用了基础颜色纹理，但需要分别调整，如下图所示，进行颜色浓度和亮度的调整。

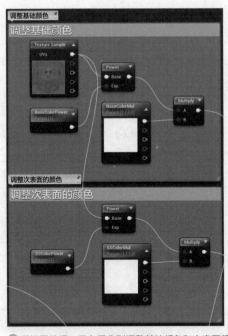

⬆ 用相同纹理，但必须分别调整基础颜色和次表面颜色

默认值会造成飞白，所以按下表所示进行数值调整。

BaseColorMul	(0.8, 0.8, 0.8, 0.0)
BaseColorPower	1.0
SSColorMul	(0.2, 0.2, 0.2, 0.0)
SSColorPower	1.0

效果如下图所示。

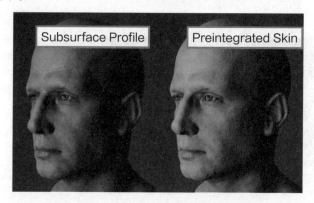

看起来好多了。

◉ 调整法线

虽然看起来好多了，但法线贴图造成的阴影还是有点奇怪。

原因应该是在Subsurface Profile中使用了过强的法线贴图。

如果整个页面的凹凸不明显，那么在不使用整体过滤的Preintegrated Skin中调弱法线贴图效果更好。

但是，将大的皱纹像毛孔一样调弱效果不是很好。

还是将法线贴图的粗凹凸和细凹凸分开，分别进行调整吧。

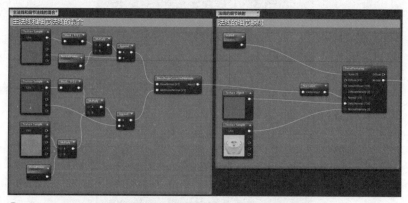

⬆ 大的法线贴图用主纹理进行调整，小的法线贴图用细节纹理进行调整

将NormalPower设置为0.8，Detailpower设置为2.0后，效果如下图所示。

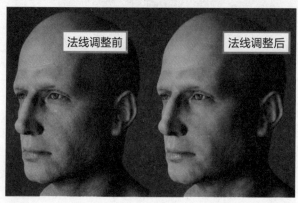

控制了皮肤表面的粗糙度。

还有需要调整的地方，但是重要的纹理调整都做好了。

现在尽量不调整纹理，但是根据需要进行细微的调整更好。

最终效果

拍摄了在不同光线环境下的几个Subsurface Profile和Preintegrated Skin的最终效果。

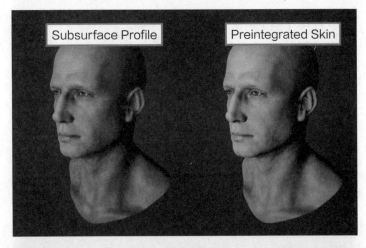

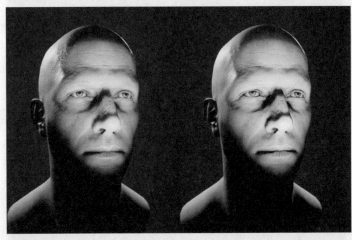

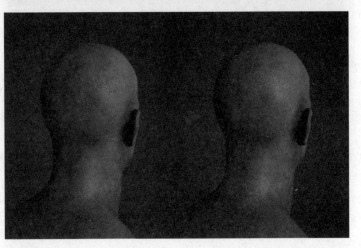

这次我们只作了简单的调整，在更多细节上调整后，品质会更高。

◎ 参考文献

1. Eric Penner "PreIntegrated Skin Shading" SIGGRAPH 2011

2. Jorge Jimenez，Veronica Sundstedt，Diego Gutierrez "Screen-Space Perceptual Rendering of Human Skin" ACM Transitions on Applied Perception，Vol.6(4)，2009

3. J.Jimenez，K.Zsolnai，A.Jarabo，C.Freude，T.Auzinger，X-C.Wu,J.von der Pahlen,M.Wimmer and D. Gutierrez "Separable Subsurface Scattering" Computer Graphics Forum 2015+

A-4 头发、眼睛、布的材质

UE4.11中特殊用途的材质

UE4的默认材质和遮罩模式DefaultLit用于表现金属或塑料等材质。

这些材质的射入光在一些物体表面射出，在金属表面几乎完全反射。

在"A-3次表面"中也做了说明，像人的皮肤这样有透明感的材质中，光的运动变得复杂，在默认材质中也表现得更加复杂。

关于人的皮肤，在Preintegrated Skin和次表面文件中也可以表现，但是除此之外希望可以在更多的特殊材质中表现。

如果可以表现人的皮肤，那么自然用于人物的其他材质也可以表现出来了。

所以，在UE4.11中增加了表现人物的三种遮罩模式。

Hair是表现头发的遮罩模式。除了头发之外，还可以表现眉毛或动物的体毛。

平面物体通常在某一特定位置进行光的反射，与光的射入方向无关。镜面反射光只与特定位置的光的入射角和看这一位置的照相机的视线方向的相对关系有关。DefaultLit根据光的方向和视线的方向所成的角度进行计算。

头发作为细长圆柱状的物体进行处理。圆柱的光的反射，在对圆柱的中心轴方向进行照射时反射最强。也就是说，对特定位置的光的射入方向也会影响反射光。

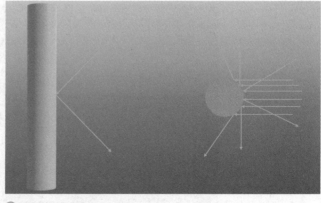

⬆ 柱体的光的反射
中心轴水平方向反射效果最佳，但是在垂直方向光会进行迂回反射

这种反射叫作不同方向反射（各向异性反射）。A-1 坐标系中使用接线方向安装不同方向反射，与头发相似。

Eye是表现人的眼睛的遮罩模式。在人以外的其他动物中也可以使用，只要是与人的眼睛质感相同，就可以使用。

但是，还是以表现人的眼睛为主。

人的眼睛是有机物，没有皮肤变化那么多，但是正面有水晶体这一物质，而且有虹膜，还有保护虹膜的房水，为了包裹住这些，眼膜成扩张状。

遮罩模式为把虹膜的部分与其他部分，也就是白眼珠的部分分开来处理而进行设计。

Cloth主要是用来表现布料的衣服的遮罩模式。

布也可以使用UE4中的DefaultLit和Subsurface等遮罩模式来进行表现。

但是，实际在表现布料时，需要稍微复杂的材质组成。

本章中以Epic Games公司提供的ContentExamples文件、PhotorealisticCharacter文件以及KiteDemo文件为基础，说明制作使用这些遮罩模式的材质的方法。

Hair

遮罩模式Hair跟名字一样，是用于头发材质的。

提供几种考虑了头发的形状和性质的头发的线性计算。

有名的方法是Kajiya-Kay模式，又叫头发的遮罩原点的方法，但是近年来使用不多了。

2003年发布的Marschner模式中有很多使用的例子，也用于重新启动的古墓丽影系列中。

UE4的Hair遮罩模式与这些不同，以d'Eon et al.2011，d'Eon et al.2014的论文为基础进行安装。详细内容请参考各论文。

关于材质的安装，将使用Photorealistic-Character文件进行说明。材质名称为M_HairSheet_Master2。

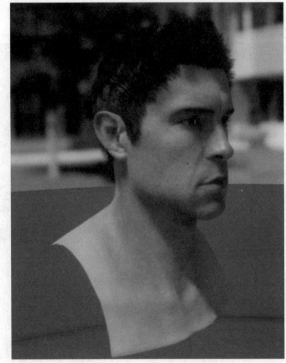

⬆ PhotorealisticCharacter文件的半身雕像网格

打开材质后，会看到复杂的节点群，如果一个一个进行分解也不是那么难。

输入材质

UE4的材质使用遮罩模式来改变输入材质的参数。这点与遮罩模式Hair相同。

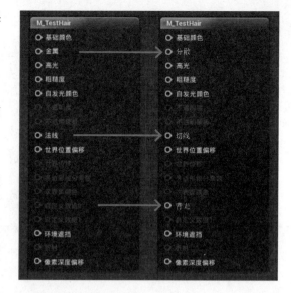

如图所示，有三个地方的参数名称改变了。

金属变为分散。将头发中光的散射设置在0.0~1.0的范围内。

法线变为切线。后续进行详细说明。

背光这一功能现在不需要，所以不进行连接。

不透明蒙版

在头发的材质中，使用不透明度后会让头发出现透明感。

以蒙版用的纹理为样本，将多个片状的多边形叠加后制作而成。薄片上应该粘贴纹理，但是假设从正面来看这些薄片。

多边形薄片没有厚度，所以放倒照相机后变得更薄了，完全放倒后，薄片消失。

在这一状态中，头发可以跟薄片一样，通过外形看出变化。

为防止蒙版发生这一情况，薄片离照相机的水平距离越近，不透明度的值越小，也就是说变成了透明。

注释部分的Edge Mask就是这种处理。

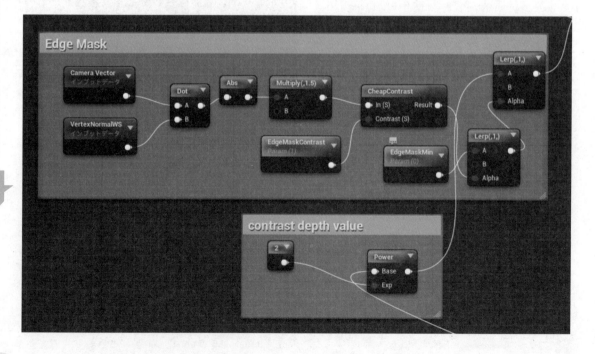

照相机矢量和顶点的法线矢量越接近垂直，则可通过EdgeMaskMin参数来获取设置的值。

但是，不是变成垂直后不透明蒙版一定会变为1，一定比例上不透明蒙版的值会接近1。

这一比例使用了Depth纹理。注释部分contrast depth value就是以前面讲的EdgeMaskMin为基础，使用0~1之间的值，将contrast depth value~1之间的值与蒙版纹理的值相乘。

效果如下图所示。

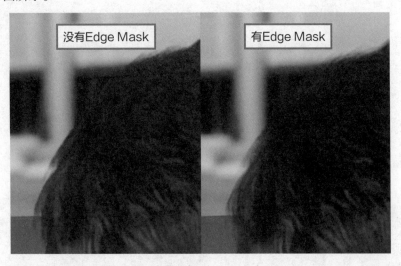

可以看出用EdgeMask表现出了头发的柔软。

这个项目的网格即使没有EdgeMask，也不会发现头发是薄片做成的，但是在网格中会比较明显，如果处理速度没有问题的话，还是安装比较好。

切线

进行线性计算时法线是非常重要的因素。因为有法线，多边形面可以规定里外，光在多边形的正面，也就是对着法线方向射入时，反射最强烈。

但是，在现在的计算机图像中，这些线性计算基本以像素为单位进行。也就是说，法线方向也需要以像素为单位进行。

前面已经讲过，头发被定义为极小的圆柱状。

只拿出一根头发时，这根头发要以多少像素来描画呢？与照相机的距离也有关系，基本上用1像素就足够了。

不足1像素的头发，哪个部分被光照射，想要猜测这个部分的法线在光的哪个方向是不可能的。当然，可以输入头发网格的片，但是在线性计算时不需要这一法线。

这时只能从光的射入方向和相对于法线的方向猜测能量的运输，所以法线没有加入计算中。

如前面所述，在小圆柱中光的射入方向与圆柱的中心轴方向对光的反射难易度有影响。也就是说，圆柱的中心轴方向是线性计算的重要因素。

遮罩模式变为Hair后，输入材质的法线变为切线。这里的切线是指圆柱的中心轴方向，因上述原因不需要法线，而需要切线。

圆柱的中心轴方向也就是头发的方向。

头发的方向可能因头发的UV的粘贴方向而出现一些问题，但是一束头发是由多个网格制作而成的，各自的UV方向不固定时，使用指示头发方向的流动贴图（flow map）。

最终得到的切线是材质的Tangent和注释的部分。

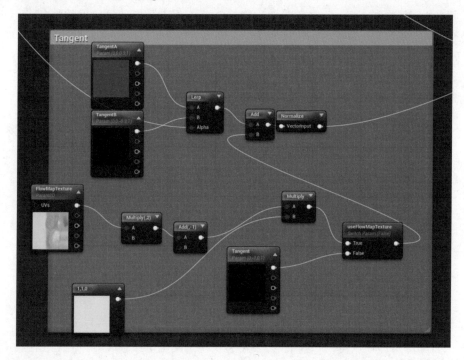

下面是基底求到的切线。

useFlowMapTexture的静态开关为True时，使用从流动贴图中获取的切线。从这个纹理中获取的值的各个成分都在0~1之间，但想要的信息具有正负矢量，所以将各要素的值更改为-1~1之间。此外，为了不从贴图中获取Z的值，将其设置为0。不使用流动贴图时，使用常数的切线。

上面是对于基底的切线，在Z值中放入了噪声（noise）。默认切线的Z值在-0.3~0.3之间，但是XY的值也可以放入噪声。推荐只对调整起来比较困难的Z值进行调整。

噪声的有无会对头发的高光美感产生影响。想要表现漂亮有光泽的头发时将值变小，反过来就把值调大。

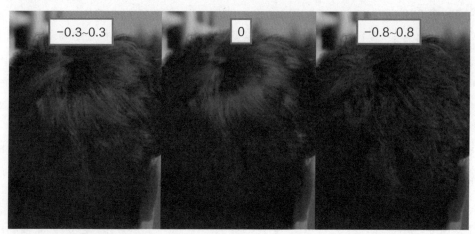

像素的深度offset

安装头发的材质后，非常重要的一点是像素的深度offset。

这个输入材质参数一般不使用，是以像素为单位写入深度变化的参数。

一般来说，offset的深度值会直接采用多边形的深度值，但是像素的深度offset中输入参数后，在多边形的深度值中每个像素都适用深度的offset。

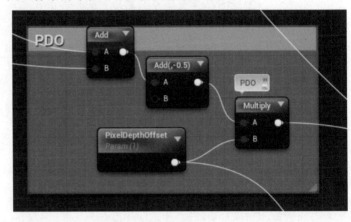

深度的offset的主要处理是PDO和注释部分。调整参数后进行计算。

那么，为什么要使用像素的深度offset呢？

我认为主要原因是减少网格的多边形片的感觉。

游戏中头发的表现方法有很多，但是最常用的就是在多边形片中粘贴头发的纹理。通过重叠片来表现发量。样本项目也是用这种方法制作的。

使用这种方法最大的缺点就是只粘贴纹理可以看出头发的网格是薄片。头发都在同一平面上的话，很容易看出是片状结构。

这时就需要用到深度offset了。使用深度offset可以设置片多边形中的发束单位的深度，降低片的质感。

此外，后续还将讲述网格的制作方法中的其他功能，敬请期待。

实际变化深度offset的效果如下图所示。

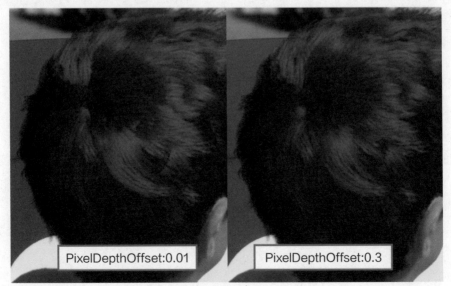

左图为PixelDepthOffset的值小时，中心附近的发束有片的感觉。在高光下看得更加明显，所以不要将深度offset设置为无效。

需要注意发际也是容易看到片的感觉的部位。深度offset值变小后，发际变成直线。在人物没有被放大时，发际不是多么重要的部位，但是在电影画面中需要注意。

此外，还可以应用改变材质的深度offset的时间轴方向的噪点功能。

依我个人的见解，影响不大，但是使用TemporalAA时，可以设置为有效。只是使用FXAA时，避免影子移动。

分散（scatter）、粗糙度

粗糙度一般跟材质一样，表示材质的粗糙程度。

分散是将头发中进入的光的散乱程度进行数值化。值越大，光的散射越大，发色变亮。反过来，值越小，光的能量被头发吸收，发色变暗。

闪亮的金发接近1.0的值，深色的黑发接近0.0的值。

样本项目的材质中，这些被作为基本常数进行设置。

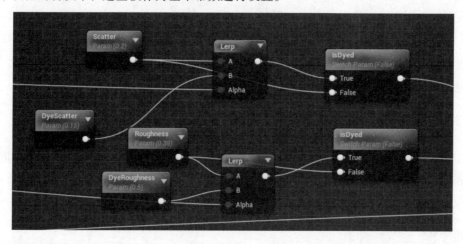

Dyed的静态开关为True时，在两个颜色之间进行插值。这个开关根据头发是否染色、染的部分和没染的部分来改变分散和粗糙度的值。

这两个参数设为常数更容易处理，所以如果没有特殊原因时，将它们设置为常数。

基础颜色

在样本项目的材质中，有很多调整参数。

首先，可以设置从发根到发梢的颜色，还可以指定染发的颜色。

颜色的亮度在其他地方进行设置，可以顺着头发的方向随机改变颜色，还可以在顶点色中使用。

是否需要调整所有的参数呢？极端来说把基础颜色设为常数，颜色也没问题。

当然，在染色和掉色等情况下，变化颜色，或者使用色彩不匀的深度offset和不透明蒙版的纹理来表现也可以。

这里没有给出材质节点的截图，感兴趣的话，可以实际操作材质试看。

阴影的重要性

一般在遮罩模式中使用法线方向和光的方向来求光的影响程度，因此网格的表面时暗时亮。

但是，在Hair的遮罩模式中，会将法线替换成切线，所以无法得出光的影响程度。

也就是说，与光照射到外面还是里面无关。

没有被光照射的部分如何处理呢？用阴影来处理。没有阴影的时候，里面被光照射也会被计算进去。

下面的截图是光线由远及近的例子。

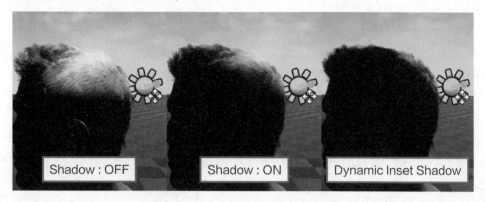

阴影为OFF时，光可以很容易透过。而阴影为ON时，只有头顶是亮的。

这样亮的地方也还是太多了，看起来有点不自然。

尝试将Dynamic Inset Shadow设置为ON。这个开关只为网格分配阴影贴图。

为了分配这个网格专用的阴影贴图，阴影的精密度比一般的要高。所以，可以得到更准确的光照效果。

但是，这样一来处理工作变多，一般用于像电影这样读取容易需要更精美的图片时。

头发网格的制作方法

头发网格的制作方法可以采用样本项目那样叠加片的方法来组合，这种方法更适合短而且有点乱的头发上使用，不太适用于整齐的头发，或者编成辫子的头发。也不适用于直发。

网格的制作方法与发型、模拟人物、动漫人物等诸多要素相关，所以不能一概而论地说这种方法好。

也有适用于编发和整齐的头发的方法。

Epic Games开发的游戏Paragon中在人物上使用的Sparrow这一手法，可以将头发的网格复制。

⬆Paragon的女性人物Sparrow

用网格制作编起来的头发，再用一个几乎一样的覆盖在上面。Sparrow中，作为基底的网格是没有不透明蒙版的DefaultLit，设置遮罩模式的材质，覆盖的网格也应用Hair遮罩模式。

在覆盖的网格中设置不透明蒙版后，从头发的空隙中就可以看到基底网格了。基底网格和被覆盖的网格的高光射入方法不同，所以头发看起来很乱。

此外，使用这种方法时，只使用像素的深度Offset，不使用不透明蒙版，这样调整起来会更加容易。

使用深度Offset后，覆盖的网格的一部分稍微进到里面了。Offset大到一定程度时，这个部分会比进入到比基底网格更里面。

进入到比基底网格更里面的位置后，这部分就不能被描画，被描画的对象变成了基底网格。这样就变得跟不透明蒙版的结果一样了。进入到里面后就没有片的质感了，同时又能得到不透明蒙版的效果，这样处理起来更加方便了。

Eye

遮罩模式Eye是用于眼球的遮罩模式。

如右图所示，眼球是用很多材质做成的。

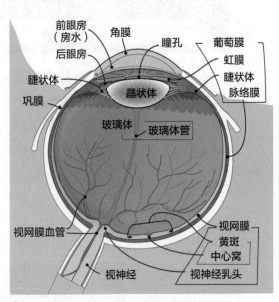

⬆ http://ja.wlkipedia.org/wiki/目中的人眼的结构

将这些材质分别模式化不太现实，要完美计算一个材质的光的模拟也是不可能的。

白眼球的部分使用Wrapped Diffuse这一计算公式，但是并不是专用于眼球的，是类似于次表面材质整体的公式。

虹膜部分可以当作上图的房水部分进行计算，但是并不是正确模拟眼球的计算。

眼球中重要的因素不是光的计算而是形状。

一般来说，会觉得模拟眼球就是制作眼球，但是实际上角膜部分要比眼球更凸出一些。

而且虹膜在角膜里面，被房水覆盖。

眼球中射入光后，光通过瞳孔进入到晶状体，刺激视网膜后，向大脑传递刺激信息。通过这一刺激大脑来反映看到的是什么图片。

人的视野很广，可以看到180°左右的范围。180°为横向的光，由上图可知，从正侧面射入的光是到不了瞳孔里面的。

因此有角膜和房水将进入眼睛的光进行折射，具有向瞳孔导入光的功能。这样正侧面的图片我们也能看见了。

反过来也能说得通。反射到房水里面的光通过角膜折射到外面。所谓的能看见，也可以说是能被看见。就像俯视深井时，深井中也倒映着你的影子。

我想说的是，眼睛的虹膜是通过折射来看见外面的物体的。看的角度不同，瞳孔的位置也会变化。

要实现这一效果，只进行光线的处理是不够的。决定在虹膜的什么位置能看见，在纹理采样的阶段，所以这个安装需要在材质中进行。

幸好ContentExamples中有眼球的网格，也有样本材质。这个材质的完成度很高，只需要调整参数和纹理就可以基本上做好人物的眼球了。实际上在PhotorealicticCharacter项目中使用的跟ContentExamples的网格差不多。

下面对本项目中使用的材质M_EyeRefractive的一部分进行说明。

输入材质

与Hair一样，这个遮罩模式也会有一部分的输入材质变化。

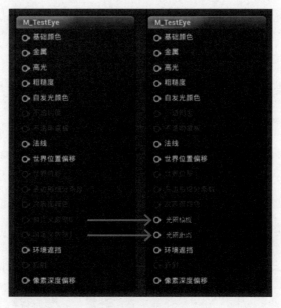

默认数据0和1分别会让光圈蒙版和光圈距离发生变化。

光圈就是虹膜。跟虹膜相关的信息在这里输入。

除了这些之外还有其他材质信息需要输出，后面再讲解。

ML_EyeRefraction

打开ML_EyeRefraction材质后，可以看到稍复杂的节点群。习惯后就不会觉得难理解了。

Epic Gams提供的材质的特点是，在看起来不复杂的节点群中有材质函数，材质函数中有较难理解的部分。

这个材质也一样，请从节点群中找到ML_EyeRefraction这个节点，这就是材质函数。

请放心，虽然参数很多，但并不是太复杂的函数。有一点需要注意这个函数承担了材质的重要部分。

IrisMask

输出ML_EyeRefraction节点，里面有IrisMask。这个值是区分虹膜和白眼球的蒙版，1.0完全是虹膜，0.0完全是白眼球。虹膜和白眼球的连接部分是角膜，也叫角膜缘。

IrisMas参数输出的值就用于此，但是与原来输入材质的参数float相比，IrisMask参数为float2的2要素。

这个材质可以只把虹膜与其他纹理进行替换。人的眼球的白眼球部分不会根据人物进行变化，但是虹膜会经常变。

虹膜变成其他的纹理后，需要与白眼球进行混合，但是在这个材质函数中，纹理混合的位置可以分别指定遮罩模式的光圈蒙版。

距离用LimbusUVWidth这一参数来指定。分别设置在R通道中纹理混合使用的距离与G通道中输入材质的蒙版距离。

IrisUVRadius是虹膜纹理配置到白眼球纹理时，指定在UV坐标上用多大的半径来配置的参数。虹膜是用不同于白眼球的纹理的全尺寸来描画的。

RefractedUV

前面已经讲解过，被角膜覆盖的部分是房水折射光的部分。被角膜覆盖的部分也就是虹膜部分。

虹膜部分本应该在折射后看见，但是必须考虑到眼球的结构。

角膜缘是虹膜和白眼球的界限部分，这个部分中角膜到虹膜的距离非常短，而角膜的中心部分到虹膜的距离最大。

如下图所示，眼球的模型是球状的，从平面来看角膜到虹膜的距离影响虹膜纹理的位置。

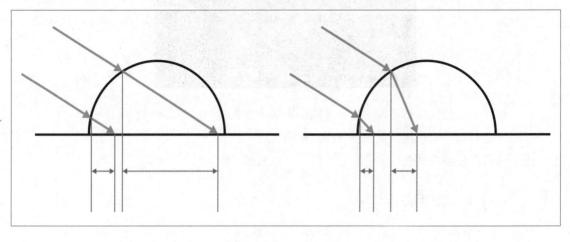

把球形看作角膜，平面看作虹膜。左边是没有折射的，右边是有折射的。

在角膜缘附近的光如果没有折射，就会获取附近的虹膜的颜色。因此，中心附近会获取很远的虹膜颜色。

但是折射后会怎么样呢？

不仅角膜缘附近的光产生折射，移动距离也发生了很大变化。无论角膜和虹膜的交点是否产生折射，都会获取相同的虹膜颜色。

但角膜中心附近的光在折射后移动距离变长，与没有折射相比获取位置更近的虹膜颜色。

RefractedUV根据角膜到虹膜的距离来计算虹膜的UV坐标。

为了更清楚看到效果，在材质编辑器的预览中尝试使用平面。移动照相机后就能看到虹膜部分呈小盆状了。

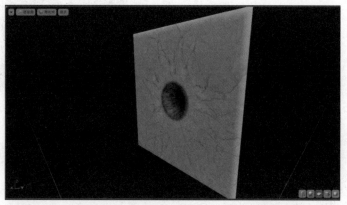

⬆ 静止图片可能不方便看，虹膜部分凹进去了

Pupil Scale

这个材质的参数中还有Pupil Scale。Pupil就是指瞳孔。

不只是人类，动物的眼睛遇到光后也会瞳孔放大。虹膜的大小不会变，只有瞳孔发生变化。

瞳孔放大或缩小时虹膜部分也会做肌肉收缩的运动，从纹理的角度来看，可以看到虹膜纹理的中心部分放大或缩小。

Pupil Scale参数就是设定这个功能的参数。通过变化这个参数，可以表现瞳孔的放大和缩小。

这个处理在材质中心附近的惯例节点（custom note）中变化。关于惯例节点内部的代码这里不做说明，但注意这是很重要的一个部分。

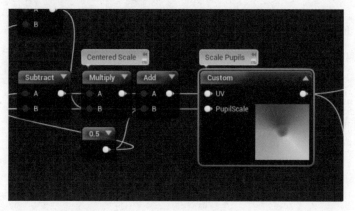

Tangent output

查看M_EyeRefractive后，您应该注意到了在输入材质附近有一个没见过的节点，即右图中的Tangent output节点。这个节点变成终端后意味着什么呢？

这个节点是输入材质节点中没有的节点，用于输出特殊数值。现在只用在遮罩模式Eye中，但是原本应该是用在Hair中的。

从这个节点中输出的内容被压缩并保存至Gbuffer。这个节点中输出的到底是什么呢？

答案是虹膜的法线。

在这个遮罩模式中，虹膜部分的光线对虹膜进行照射，只考虑光线的计算的话，需要的就只有虹膜法线。

但是，在这之外的很多地方也会使用法线，要对所有的虹膜法线进行处理是不可能的。

所以，这里采用另外输出虹膜法线的方法。

各遮罩模式中固有的参数通常为0/1，但是这个输入材质中不止有float，遮罩模式Eye中还分配有眼睛模板和眼睛距离。

Tangent output节点是解决这个问题的唯一方法。

连接值需要World空间中的法线。从法线贴图获取时，必须用Transform在World空间中更改。

Cloth

遮罩模式Cloth是用于表现布料的遮罩模式，是我们介绍的所有遮罩模式中最容易理解的。

在ContentExamples中有M_ClothingMaterial这个材质，里面有Cloth。

这个遮罩模式并不适用于所有布料，在有的布料的种类中并不适用。

例如，ContentExamples里的麻布材质M_Burlap、丝绸材质M_Silk、皮革材质M_Leather，它们使用的是DefaultLit遮罩模式。

但在UE4.11后就没有这些模式了。

Cloth最好用于聚酯纤维和棉等柔软的布料。

下面说明材质的内部。首先来看一下ContentExamples的M_ClothingMaterial。

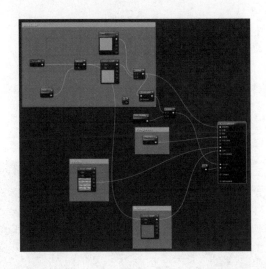

在学习完Hair、Eye材质后，再来学习Cloth是不是觉得非常简单呢？Cloth材质基本上这样就可以了。

当然，很多时候需要调整各种参数，要想得到好的效果，也需要仔细研究。

输入材质

在这个遮罩模式中输入材质也有部分变化。

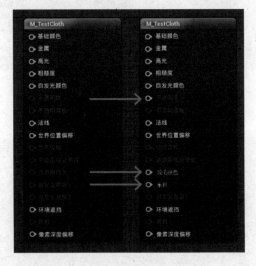

首先，您应该已经注意到不透明度变为了有效，但是其实是用不了的，所以不需要连接。

绒毛颜色（Fuzz Color）用于指定布料的绒毛部分的颜色。

在ContentExample的材质中，用Desaturation节点来变化灰度，但是在厚的布料时，直接使用原来的颜色就可以了。

Cloth是指定是否为布料的参数。1使用布料的遮罩模式，0时结果与DefaultLit相同。

刺绣的花纹中不需要参数，而衬衫中的印花多是烫花，这部分当然不属于布料。因此，只有这部分需要用DefaultLit来描画。

但是，如果只有这部分与其他材质不同的话就麻烦了。烫花的印花容易出现裂纹，从裂纹中能看见隐藏的布料。实际上不可能表现这一模式。

用布料参数来解决这个问题。想用DefaultLit来表现印花部分或牛仔的铆钉时，需要用专用的蒙版纹理来更改布料参数。

应用于Kite Demo的少年

Kite Demo的少年是在UE4.11之前的版本中制作的，所以服装材质用DefaultLit制作而成。来看看实际上使用的材质。

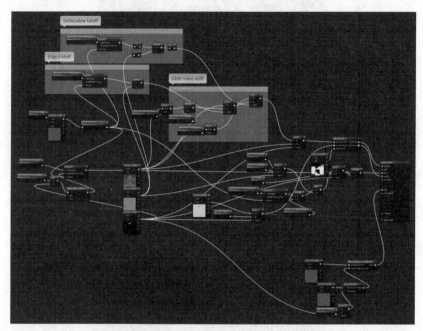

不复杂，为了表现绒毛服装，在边缘部分加入RimLight（轮廓光）效果。

尽量保留里面原有的参数，用Cloth重新制作的材质如下图所示。

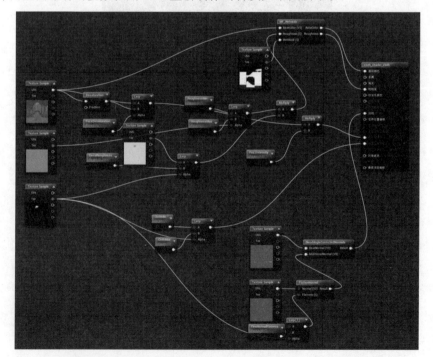

在输入法线中也有没变化的部分，基础颜色部分被简化了。

效果如下图所示。

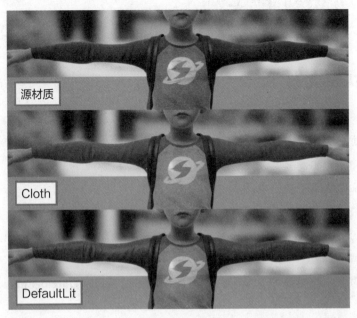

最上面的源材质被调整了很多。绒毛立起来看上去是有点厚的布料，看起来也不错。

中间是使用Cloth的效果。对参数稍作调整后制作出来的效果，看起来像聚酯纤维的材质。

最下面是中间的Cloth材质直接更改为DefaultLit的效果。没有做任何调整，在DefaultLit中看起来根本不像布料。

从这些效果中可以看出，遮罩模式Cloth是可以简单表现布料的。

DefaultLit中用源材质也可以表现布料，但是没有Cloth那么容易。

不像Hair和Eye那样，不用这个遮罩模式就不能表现这个效果，但是会比其他的遮罩模式更容易进行处理。

▌参考资料

◉ **Unreal Engine 照片模拟人物**

https://docs.unrealengine.com/latest/JPN/Resources/Showcases/PhotorealisticCharacter/index.html

◉ **[d' Eon et al.2011]"An Energy-Conserving Hair Reflectance Model"**

◉ **[d' Eon et al.2014]"A Fiber Scattering Model with Non-Separable Lobes"**

◉ **Energy-Conserving Wrapped Diffuse**

http://blog.stevemcauley.com/2011/12/03/energy-conserving-wrapped=diffuse/

◉ **Kite的少年和学习UE4.11的新着色器**

http://www.slideshare.net/Satoshikodaira/kiteue411

A-5 动态材质实例

动态材质实例是什么

游戏中会有因为某些因素而更改材质参数的时候。

例如，受到攻击的玩家变白并开始闪烁，受到攻击后UV会变得不稳定，等等。

但是，材质和材质实例的参数只能在编辑器中编辑，在游戏中无法编辑。

这个材质实例只能用于游戏中，游戏结束后就没用了。

与材质实例相同，材质可以以材质实例为基础生成。

但是像StaticBoolParameter或StaticSwitchParameter这样的**静态参数是不可以更改的**。

动态材质实例可以用C++编程代码或蓝图来制作。

本书中没有对蓝图进行说明。关于蓝图的详细说明请参照《Unreal Engine 4蓝图完全学习教程》。

制作动态材质实例

用蓝图制作动态材质实例需要使用Create Dynamic Material Instance这个节点。

作为基底的材质，通过指定材质实例来制作动态材质实例。

在网格中设置做好的动态材质实例，就可以与原来的材质进行替换。

此外，网格组件中，有设定材质编号制作动态材质实例的命令。节点名称也是Create Dynamic Material Instance，使用时请注意。

⬆ 用蓝图制作动态材质实例的节点

左边是仅制作了节点，右边是制作后，设置网格的节点。在Return Value中输出做好的动态材质实例。

用构造脚本制作时的注意事项

游戏中被敌方攻击后，人物的身体会闪烁。

这种情况下，肯定想要设置动态材质实例。

在蓝图中，有构造脚本（Construction script）这个让动作者实行命令的功能。

满足前面讲的受到敌人攻击后闪烁的情况时，这个**构造脚本**是非常有用的功能。

下图是用构造脚本制作动态材质实例的例子。

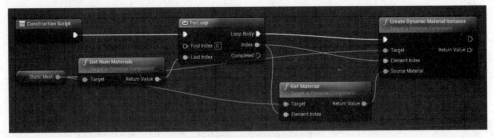

↑ 用动态材质实例的例子。这里使用在网格中设置的材质为基底制作实例

在使用这种方法时，需要注意在关卡编辑器上配置的动作者上使用这个命令。

构造脚本不仅在编辑器中配置对象动作时使用，在移动、旋转等情况下也可以使用。

因此，网格的材质数变多后，在编辑器上进行移动等操作，就会生成和设置很多动态材质实例，编辑器的任务会非常繁重。在材质数多的网格中需要注意。

溶解效果

游戏中使用动态材质实例的典型例子就是溶解效果（dissolve effect）。

游戏中人物受到攻击倒下时，一定时间后人物会从页面上消失。

以前会采用先变成半透明再消失的手法，但在UE4中半透明材质的成本较高，所以不推荐这种方法。

所以，现在多使用不透明蒙版溶解效果。

这里给大家介绍几个在材质中安装溶解效果的方法。

使用纹理的溶解效果

使用噪点（noise）纹理，制作网格像被虫蚀一样消失的效果。

简单的消失没意思，尝试制作在被光照的地方慢慢消失的SF tick。

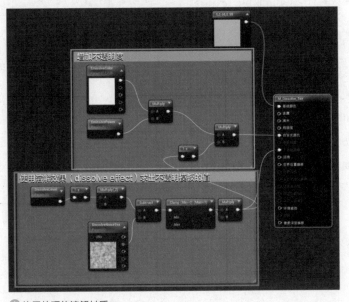

↑ 使用纹理的溶解材质

红框的部分是从游戏中指定的DissolveLevel参数在0~1之间变化时，不透明蒙版也在0~1之间进行变化。

DissolveLevel为0时，网格都会显示出来，为1时，网格都不显示。

不透明蒙版为1时，网格都会显示出来，为0时，网格都不显示，这与DissolveLevel正好相反。

参考噪点纹理，使用采样的0~1的值，需要在不透明蒙版的值中加入噪点。

红色框的部分是考虑了这些条件的计算公式。

绿色框的部分是不透明蒙版与自发光的加法运算，比较简单。

EmissiveColor参数在颜色面板中编辑时，不能指定比1.0大的值。

因此，在EmissivePower参数中可以在自发光色中输入比1.0大的值。

通过更改这个纹理，可以更改溶解部分。

⬆ 因噪点纹理产生的不同。左边使用的是pearlin噪点，右边使用的是砖块噪点

从关卡中求不透明蒙版和自发光色的计算，这个例子不是绝对的。

如果是满足自己要求的计算公式，可以用更简单的计算公式，如果需要复杂的计算公式，也可以使用查找表纹理（lookup table texture）。

使用平面方程式的溶解效果

使用平面方程式可以在一定方向上减少网格，尝试安装溶解效果。

平面方程式有四个常数，是可以定义没有中断的无限平面的方程式。

通过使用平面方程式，可以如右图所示，求某坐标P的平面最短距离I。

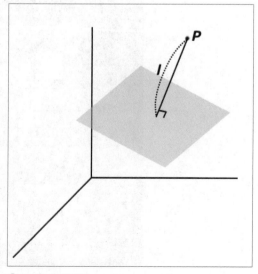

⬆ 平面方程式图解

- 平面方程式用四个常数 a, b, c, d 表现平面
- 点P(x, y, z)和平面的最短距离l可以用下面的公式求出

$$l = ax + by + cz + d$$

此外，可以通过指定平面的法线方向，求出最短距离l在法线方向的正值，与法线方向相反的点为负值。

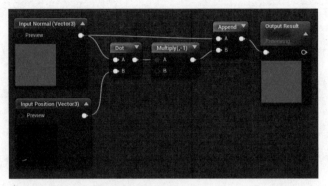

⬆ 求平面方程式的四个参数的材质函数

用求出的参数求坐标和平面的距离的材质函数如下所示。

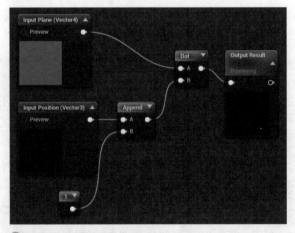

⬆ 求点和平面最短距离的材质函数

用这些函数指定的平面，上面为显示，下面为不显示。

制作简单的材质，平面方程式的结果如果为正值，则显示，如果为负值则不显示。

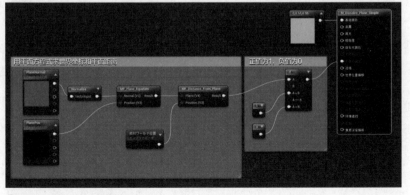

⬆ 用平面方程式切断溶解材质

通过将平面的法线和平面上的坐标变成参数，可以从外部进行指定。

移动平面后，可以从各个方向切断。

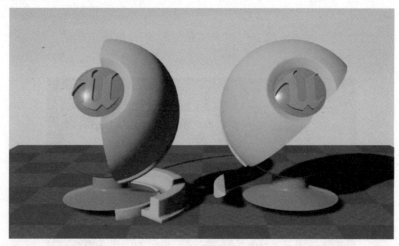

⬆ 切断平面的不同

再做得漂亮一点

但是，只做这些溶解效果还比较单调，所以使用**模拟半透明**来制作慢慢消失的效果。

另外，在消失前通过变化颜色来让消失感更强。

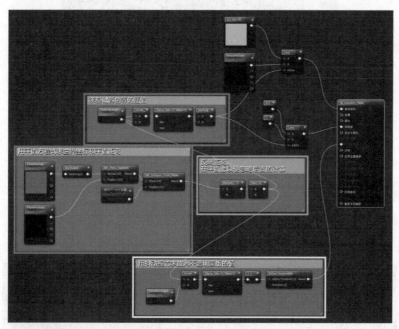

⬆ 用平面方程式制作的溶解材质的完成版本

红框内是用平面方程式算出的距离。

绿框内是反转距离符号，将负值变为0。

这种方法是不计算正值，也就是不受溶解影响的部分的方法。

黄框内输入不透明蒙版的值，使用DitherTemporalAA来安装。

DitherTemporalAA的Alpha Threshold函数在0~1之间取值，越小则像素的清晰度越低。也就是说，可以像Alpha值一样进行处理。

到平面的距离，从0开始，越向负方向移动，Alpha的值就会越下降。

蓝框内也一样，负值越大结果越接近1，用计算结果将基础颜色和粗糙度等值在Lerp节点中进行混合。

下图是使用这个材质的效果。

↑ 可以用于表现慢慢消失的效果

水平的平面显示慢慢上升的状态，像魔法一样从下面开始石化，还可以用于在镜子中换衣服的表现。

此外，用数学公式可以在各种形状中（例如球和圆柱）表现溶解效果。

用WorldPositionOff的动态模糊

UE4的发布过程（post process）处理中有动态模糊，但是用于照相机的透镜中显示的形状的动态模糊，作为动画的强调表现来说有点弱。

这里我们用WorldPositionOff来表现像动画一样的动态模糊（motion blur）。

移动方向的动态模糊

对平行移动的物体的移动方向制作延伸顶点的材质。

在投出的球和高速移动攻击的人物等中，通过像移动方向的反方向延长顶点，可以得到动画中残留的效果。

右图为这次制作的材质的效果。

↑ 平行移动的动态模糊

发布过程的动态模糊在移动时看起来就是这样。

这种方法只需要向移动方向的反方向延长顶点，不在移动方向上延长顶点。

使用顶点的方向来向后面进行延伸。移动方向和法线方向相反时，可以延长顶点。

如下图所示制作进行这一处理的材质。

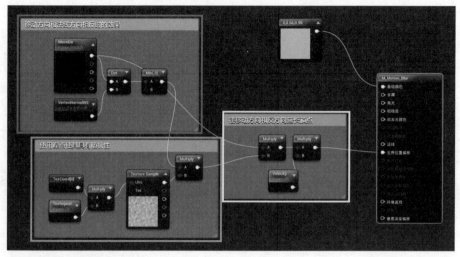

⬆ 平行移动动态模糊的材质

首先，将移动方向MoveDir和顶点法线上进行Dot运算。

Dot指定两个矢量的成角，不满90°则为正值，90°则为0，大于90°则为负值。

运用这个性质，移动方向和顶点法线为负值，只有在反方向延长时为红框部分。使用Min节点，将正值变为0。

然后，在绿框的部分加入噪点，以使其具有一定的随机性。

虽说是随机，但是也不想每个框都发生变化，所以事先粘贴上噪点纹理。

此外，噪点变化太大可能会导致画面效果变脏，所以要使用具有连续性的噪点，例如Parlin噪点。

最后，在黄框部分中，在移动方向的反方向计算并设置延伸顶点的顶点素材。

这个方法在球状凸起中效果更好，在凹状对象和人物中以及复杂形状中凸起多边形等时，可能会产生视觉上的不适。

这时，可以通过使其高速运动或在不延伸的顶点中使用顶点色来设置。

旋转的动态模糊

旋转的动态模糊是让人物像龙卷风一样旋转的喜剧动画的经典表现。

在游戏中表现时，在旋转开始的动画后，多替换成像龙卷风一样的效果模式。

但是，这里不进行替换，而是通过旋转顶点来表现。

通过让顶点坐标螺旋旋转的方法实现龙卷风的表现是最好的。

螺旋旋转是对龙卷风的中心轴方向（这次是Z轴方向）应用sign up，用sign(x)符号函数来求各坐标的旋转量。

下图为实现这一处理的材质。

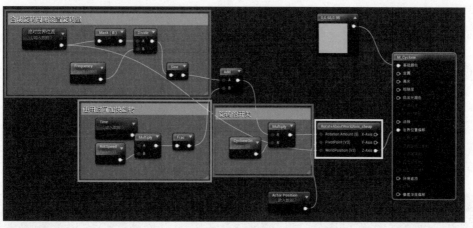

⬆龙卷风材质

使用顶点的World坐标的高度（Z值）和指定的频率数（Frequency）来求sign up的结果。

在红框内进行处理，在高度方向的轴中可以求得-1~1的值。

通过以上操作就能变成螺旋状了，但是没有旋转，所以要将绿框部分的时间旋转量和红框中求得的旋转量相加。

然后，水蓝色的部分就可以指定ON/OFF了。

将CycloneOn的参数设为1后，发生旋转，设为0则不会旋转。

注意，设为0、1之外的数值，旋转会中途停止。

最后，用黄框部分的RotateAboutWorldAxis_cheap节点，在Z轴进行顶点坐标的旋转。

这个节点是通过旋转中心的World坐标，和指定要旋转的World坐标来计算旋转时的World-PositionOffset的节点。

0~1为一次旋转。也就是说，0时为0°旋转，1时为360°旋转。

负值则为反方向旋转。

应用了这个材质的蓝色小人如右图所示。

⬆设置了龙卷风材质的蓝色小人

小人可以像龙卷风一样旋转，但是脚的旋转不太好看。这是因定点数太少而导致的。

让它高速旋转就可以掩盖这一问题，但是希望可以转得更漂亮点。

使用曲面细分功能使其变得顺滑

使用**曲面细分**（tessellation）功能可以分割多边形，还可以增加顶点。

但是这个功能需要硬件支持曲面细分功能，现在只能在PC机和高配置游戏机中操作。

要使用曲面细分功能，在材质的"细节"面板中找到"Tessellation > D3D11Tessellation Mode"，在下拉列表中选择Flat Tessellation即可。

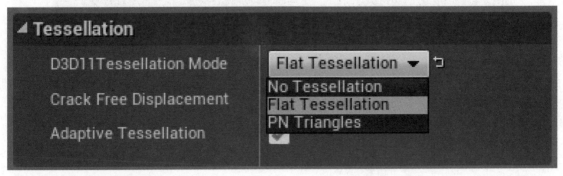

⬆ 使用曲面细分功能使其变得顺滑

Flat Tessellation保持多边形的形状，只增加顶点。

曲面细分功能有效后，主材质节点的WorldDisplayment也有效。

这个参数是对用曲面细分分割的顶点坐标进行WorldPositionOffset。

所以，将前面连接在WorldPositionOffset上的节点连接到WorldDisplayment即可。

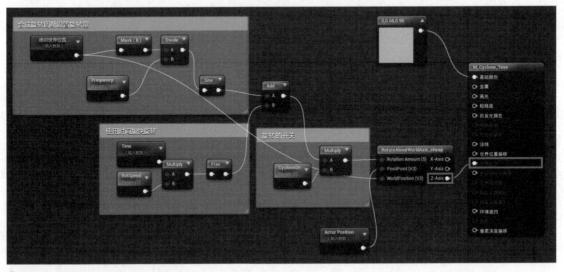

⬆ 可以连接到WorldDisplayment

除了最后连接的部分，其他都没有任何变化。

效果如下图所示。

⬆ 使用曲面细分的效果

小人脚旁边变得更加顺滑了。

WorldPositionOffset和WorldDisplayment因使用方法不同，模型的形状可能也会发生很大的变化，但是碰撞是不会受到任何影响的。

想要改变碰撞的大小和形状时，要使用其他的蓝图进行更改。

此外，在描画判断中使用的界限框中可能不能正常进行删除（culling）处理。

WorldPositionOffset被放入黑球中，可以用来表现像粘液这样溶解开来的表现，是非常有用的参数，请熟悉使用方法。

 A-6 半透明材质的限制

UE4的半透明材质

UE4采用了**延迟渲染**（deferred rendering）这种渲染手法。

这个方法用配置了很多光的场景来提高渲染效率。

遗憾的是，这种方法可以用于不透明材质中，但是不能用于半透明材质中。

因此，UE4中对于不透明材质和半透明材质有各自的渲染手法。

下面为大家说明半透明材质和不透明材质的不同和制约。

描画顺序

半透明材质的描画顺序在以前的渲染方法中也容易出错。

UE4中也一样，跟以前的方法一样使用Z种类和优先度种类。

在一个网格中设置了多个材质时，描画顺序就是分配材质的顺序。

Z种类

Mesh部件从平面的里面开始按顺序描画。

深度以Mesh部件的Local坐标中心为基准点。

有限度种类

根据用户设置的优先级来按顺序描画。

设置方法是在网格部件或网格Actor的"细节"面板中，在"Rendering > Translucency Sort Priority"中设置大于0的值。通常▽是隐藏的，所以要勾选标志，使其显示出来。

优先级的数值越小越会被先描画。

这个种类比Z种类优先被处理。

⬆ 优先级种类在红框内设置

光线

半透明材质与不透明材质最大的不同之处就是光线。

静态光线的光线贴图，因为事先已经进行了Lightmass的粘贴处理，所以半透明和不透明的处理相同。

但是，对于动态的光线处理不同。

这里将说明半透明材质特有的动态光线。

Translucency Lighting Mode（半透明照明模式）

半透明材质中，遮罩模式不能正常运行。

遮罩模式为Unlit时，自发光色有效，只有自己发光处理的点不会变成不透明材质。

但是在Default Lit时，可以进行半透明材质专用的光线处理。

在"细节"面板的"Translucency > Lighting Mode"中选择六种光线处理。

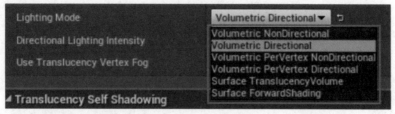

⬆ 可以从下拉列表中选择六种光线模式

◉ Volumetric（PerVertex）Non Directional

它是六种光线中最简单的光线处理。

通过**间接光线高速缓存**的方法进行环境光线（Ambient Light）的计算。

这种处理中法线方向没有意义，即使设置法线贴图也没有任何效果。

对于烟和尘土这种没有形状的粒子，使用这种处理很方便。用PerVertex上带有的使用光线的系数作为顶点单位进行计算，会更加方便。

◉ Volumeric（PerVertex）Directional

包括Volumetric（PerVertex）Non Directional，都是保持光线方向的间接光线高速缓存的光线效果。

这种处理中不能忽视法线方向。"细节"面板的Directional Lighting Intensity可以让有方向的间接光线高速缓存控制光发生变化。PerVertex版本还是以顶点单位来计算系数。

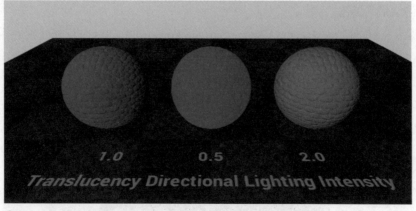

⬆ Directional Lighting Intensity（定向照明强度）不同，控制光也不同

◉ Surface TranslucencyVolume

包括Volumeric Directional的处理，只能使用**反光捕捉**的一个结果。

此外，勾选Screen Space Reflections为ON后，也会受到**屏幕空间反射**的影响。

不存在反光捕捉，也不使用屏幕空间反射时，与Volumeric Directional效果相同。

将类似玻璃和水面一样的镜面反射作为主要的材质来使用。

⦿ Surface ForwardShading

是可以获得与不透明材质相近的光线效果的模式。

主要面向VR，使用新增Forward Rendering的方法进行光线效果。

关于Forward Rendering的更多内容请参照"A-8 VR的图像"。

这个模式会受直接光的计算、反光捕捉和屏幕空间反射的影响。

此外，与Surface TranslucencyVolume不同，这个模式会计算直接光的反射成分。

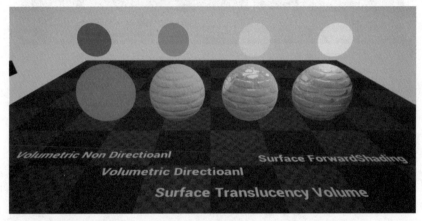

⬆因光线模式而产生的不同

镜面反射

间接光线高速缓存只用于扩散反射（Diffuse）计算。

而且，在Surface ForwardShading之外的光线模式中不会进行镜面反射光的计算。

例如，将金属参数设置为0.0后，扩散反射的效果为黑色（0，0，0），不进行镜面反射的计算，所以最终结果为黑色。

例外的是，Surface TranslucencyVolume/Surface ForwardShading时反光捕捉的环境贴图，或skylight的立方体贴图只有一个有效。

此外，还可以设置接受屏幕空间反射的影响。

⬆半透明材质的镜面反射

阴影

在半透明材质中设置阴影时，或是受到阴影的影响时，都会进行与不透明材质不同的处理。

静态设置阴影

在半透明材质的光线贴图中设置阴影时，根据半透明材质的颜色来设置阴影。这样的影子在UE4中叫作Colored Translucent Shadow。

使用这个阴影可以表现彩画玻璃（stained glass）。

⬆静态光线的Colored Translucent Shadow

动态设置阴影

要在半透明材质中设置动态阴影，需要以下两个设置。

一个设置是将各光线的"细节"面板中的"Light > 分配半透明阴影（Translucent shadow）"设为ON。直线光（directional light）保持默认为ON，但是其他的光线中默认为OFF。

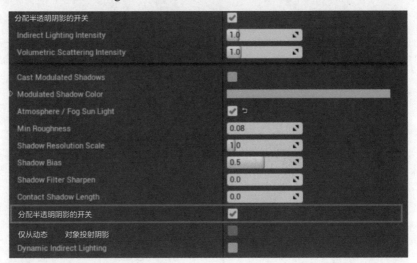

⬆光的分配半透明阴影的开关设为ON

另一个是将设置阴影的Actor的"细节"面板中的"Lighting > Volume metric translucent"设为ON。颗粒Actor（Particle actor）默认为ON，其他都默认为OFF。

这个设置只有在Cast Shadow为ON时可以设置。颗粒Actor（Particle actor）的Cast Shadow默认为OFF，所以要把它设置为ON。

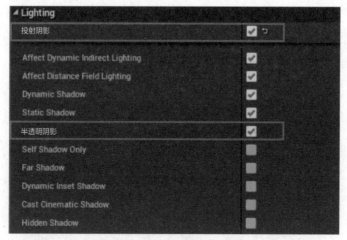

⬆ Actor的Volume metric translucent设为ON

与在不透明材质的阴影中使用阴影贴图的方法不同，这里使用的是Fourier opacity map这种方法。不能制作阴影贴图这样的软阴影（soft shadow），但是可以用于像烟这样有颗粒的物体阴影。

此外，与静态阴影不同，不会反映出半透明材质的颜色。但是，UE4.17中会因材质的不同产生不能正确进行计算的情况。

接下来是Depth Fade。使用这个节点的材质中，不会显示阴影。

虽然可以修正不合适的地方，但是不知道什么时候会修正。

⬆ 颗粒的阴影

不透明材质的阴影影响

只有在光线移动的时候，不透明材质才会受到阴影的影响。

但是，间接光线反射的结果接收阴影，所以没有不透明材质的阴影贴图漂亮。

此外，影响程度非常小，如果不移动的话基本看不出来。

⬆ 基本上看不出不透明材质的阴影影响。图中红圈圈出的部分受到了一点影响，但不进行对比是看不出来的

半透明材质的阴影影响

半透明材质的阴影影响不会受到其他Actor的影响，只受到自身阴影（自己的影子落在了自己的身上）的影响。

下图为烟雾的颗粒，可以看出是受到了自己的影子的影响。

但是，在固体的网格中，自身阴影看起来就不好看了。

特别是不透明度高的材质中会穿帮，需要注意。

⬆ 颗粒和球都是半透明的，球不受颗粒的阴影影响，但是会受到自身阴影影响。此外，线形的Artifact看起来很明显

Separate Translucency

在UE4中有两种描画半透明材质的pass。

一种是在帧缓冲区（Frame buffer）直接描画半透明材质，另一种是叫作Separate Translucency（半透明景深修复）的pass。

将材质的"细节"面板的"Translucency > Separate Translucency"设为ON，就可以用其来描画了。

UE4.17中更改为Render After DOF这个名称，功能是一样的。

⬆Separate Translucency默认为ON
UE4.17更改为Render After DOF

Separate Translucency pass中在其他的渲染目标（Render target）中描画半透明材质，之后再到帧缓冲区（Frame buffer）中进行加工。

用这个pass描画的半透明材质会部分受到发布过程的影响。

详细内容后续说明。

Separate Translucency中还有另一个效果，烟和火这样半透明的颗粒的描画对象，像素处理会变复杂。

为了减轻像素处理，将这些对象描画到比帧缓冲区分辨率更低的渲染目标中，在帧缓冲区中加工时，延伸渲染方法。

UE4的Separate Translucency增加了UE4.11的这个功能，可以通过指定原来的分辨率百分比来更改分辨率。

这个设置在项目设置中没有，所以需要增加到ini文件夹中使用调试注释（Debug comment）。注释如下。

r.SeparateTranslucencyScreenPercentage＝100

数值为百分比，如果想跟原分辨率一样，就指定为100，想小一点，就指定为小于100的值。

发布过程（Post Process）的影响

一部分的发布过程与半透明材质的兼容性不佳，会产生外观不协调的问题。

此外，如前文所述，是否使用Separate Translucency pass来描画，会产生不同的影响。

下面对这些发布过程进行说明。

Depth of Field（景深）

半透明材质的一个大问题就是模拟照相机焦点的**Depth of Field（DOF）**的发布过程。

首先用Separate Translucency pass来描画的半透明材质不受DOF的任何影响。

用其他的渲染目标来描画的半透明材质，在处理完DOF的发布过程处理后，再后续在帧缓冲区中加工。

⬆ 绿线为焦点线，红线为不聚焦线。两个球左边为不透明，右边为半透明材质。半透明材质即使在不聚焦线上也可以聚焦

那么，是不是在帧缓冲区中直接描画的pass就没问题了呢？并不是这样。

用这个pass描画的半透明材质确实会受到DOF的影响，但是焦点距离在半透明材质中可以透视，变成了不透明材质。

因此，无论是否有焦点距离，不与焦点重合就可以看见，与焦点重合就看不见。

⬆ 焦点线上的半透明材质为不聚焦，因为透过的不透明材质为不聚焦。反过来，前面的半透明材质下半部分是聚焦的

多次使用半透明材质时，需要特别注意DOF的影响。

屏幕空间环境遮挡（Ambient occlusion）

在UE4中安装的**屏幕空间环境遮挡**没有受到半透明材质的任何影响。

在半透明材质中想进行环境遮挡时，需要使用材质输入的环境遮挡。

屏幕空间反射

UE4的环境反射是静态反光捕捉，还有Skylight和动态屏幕空间反射。

后者只对不透明材质产生影响，基本不用于半透明材质中。

但是，UE4.8的半透明光线模式为Surface TranslucencyVolume/Surface ForwardShading时，会受到屏幕空间反射的影响。

只是在速度方面不好，只用于水面这样明显的部分是没问题的。

⬆ 上部分为只有屏幕空间反射，下部分增加了Skylight。左边的球为不透明，右边的球为半透明

平面反射

在UE4.12中增加的新反射表现——平面反射也受到半透明的限制。

这些限制与屏幕空间反射一样，只在Surface TranslucencyVolume/Surface ForwardShading时有效。

只在特定平面中使用的方法，但是能够实现比屏幕空间反射更好的反射效果。

⬆ 在半透明的地面上使用平面反射的反射

光轴（Light shaft）

光轴也叫Godray，因Surface Translucency的ON/OFF效果不同。

用Surface Translucency pass描画的半透明材质不受光轴的影响。

不透明度值大的材质，特别容易出现光轴消失或看不清楚的情况，需要注意。

在帧缓冲区中直接描画的pass受到光轴的影响，也会作为光轴的遮蔽物进行处理。

外观看起来没什么破绽。

不透明度的值只要不过大，就不会出现比DOF更大的问题。

发布过程材质

发布过程材质的"细节"面板中有"Blendable Location"（可混合位置）这个参数。

这个参数用于指定执行发布过程材质的时机。

选择Before Translucency后，比半透明材质的描画更早执行发布。

但是，只限于用Surface Translucency pass描画的半透明材质。

需要注意，用直接描画pass描画的半透明材质时，发布过程处理会变为有效。

贴花

不是发布过程，但是半透明材质不受贴花的任何影响。

模拟半透明

通过使用DitherTemporalAA材质公式节点，可以在不透明材质中，制作模拟半透明的材质。

因为是不透明材质，所以光线的效果与其他不透明材质相同，发布过程的影响也会得到比不完全的半透明材质更正确的处理。

⬆ 红板是使用DitherTemporalAA的不透明材质

前面的草的阴影正确地落到了半透明板上。

连接如下图所示。

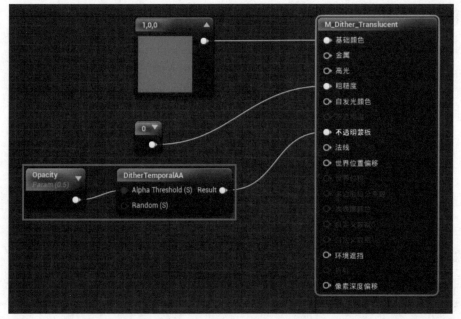

⬆ 在Alpha Threshold中输入不透明度，连接输出到不透明蒙版，需要在Masked中设置Blend Mode（混合模式）

但是，有一些问题。

一个是阴影不整齐。

会产生波纹状的Artifact，看截图不太清楚，但里面很复杂。

在UE4.7之后的版本中，Alpha Threshold为0.5时，Artifact不明显，但其他的值会非常明显。

用这种方法时，还是不设置阴影为好。

⬆ 移动后Artifact的噪点更加明显

另一个问题是难以变化光滑的不透明度。

特别是在大的值和小的值中看起来不正确，会时而消失时而出现，不方便使用。

最后一点是，将发布过程和图形保真（Antialiasing）设置为无效，看起来就不像半透明材质了。

特别是Temporal AA有效时，这是看起来效果最佳的方法，所以推荐使用Temporal AA。

但因为是在时间轴上增加采样次数的方法，所以在动态的场景中会发生不协调的情况。

特别是对剧烈地移动进行半透明处理的部分，会发生透过不透明度的延长。

使用大面积覆盖页面的物体时，这个问题就更加明显了。

小结

- 半透明材质在UE4中是不良因素较多的材质。

  使用时需要特别注意，一般不会在不透明材质中进行替换。

- 光线通常使用Volumetric Non Directional，镜面反射只有在重要的时候才会使用Surface TranslucencyVolume。

  而且，不能用于静态光线。

- 注意对发布过程的影响。

  特别是跟DOF的兼容性不佳，减少DOF的影响。

- 没有特别的要求的话，使用运用了DitherTemporalAA的模拟半透明。

  这时，发布过程和图形保真（Antialiasing）为有效。

A-7 移动设备（mobile）的图像

UE4中使用移动设备

在UE4中高配置的图片容易处理，又支持OS的操作系统为iOS和Android的移动设备，在Web浏览器上支持HTML 5。

这些平台与PC或高配置游戏机相比性能较低，所以想在这些平台上输出相同质量的图片比较难。

但是，现在增加了面向高配置移动设备平台的游戏开发，如NEXON公司的HIT、Netmarble公司的天堂2：重生，使手游的唯美图片也可以在UE4中制作。

UE4中有可以分别在高配置放置环境、高配置移动设备环境、移动设备环境中制作图片的缩放功能。

下面为大家介绍其中有代表性的功能，和移动设备中方便的功能。

⬆ 调整Blueprint Office demo后的效果

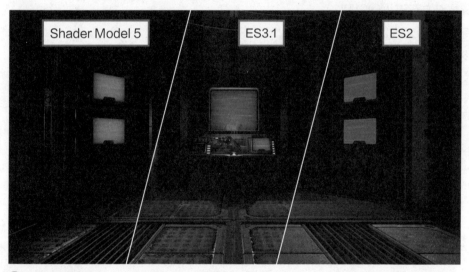

⬆ 相同调整的效果

Feature Level

　　UE4中主要的图片API（提供描画、遮罩功能等的接口）支持DirectX、OpenGL、Metal、Vulkan。

　　这些图片API也有自己的版本，但是每个版本支持的硬件版本不同。

　　硬件是根据支持的功能来划分版本的，基本上将版本称为Feature Level。

　　例如，DirectX时，可以基本上使用所有DirectX10.1中提供的功能的硬件，是Shader Model（SM）这个支持Feature Level的功能。

　　在UE4中对应四个Feature Level。

Shader Model 4	面向PC、高端放置型游戏机
Shader Model 5	
ES2	面向手机、高端手机
ES3.1	

面向移动设备的开发时，Feature Level选择ES2或ES3.1。

ES3.1是面向移动设备的，如果是NVIDIA的Tegra X1或iOS用的图片API"Metal"相关设备或Android OS设备的话，适用于版本5.0的Lollipop之后的版本，跟PC用的Shader Model 4功能大致相同。

在这之前的移动设备需要使用ES2。

如果是面向大范围的游戏或不需要大部分图片功能的2D游戏使用ES2，如果是高配置放置型游戏设备中进行图片的表现则使用ES3.1。

预览环境

想要在移动设备用的Feature Level中开发时，如果不在对象的移动设备上就不能进行图片的预览。

还好在UE4中有在开发PC中进行各Feature Level预览的功能。

在关卡编辑器的菜单图标中选择"设置 > 预览描画"关卡后，可以选择各种Feature Level。高配置移动设备、移动设备用的预览可以进行默认设置和指定在特定环境中的设置。

切换时，Eileen执行着色器编译（Shader compilation），尽量避免频繁切换。

此外，预览环境说到底只是在PC上的模拟。跟实际上在移动设备中的效果不会完全一致，但大致是相同的效果。

移动设备预览设置通常比PC设置（Shader Model 5）更加轻松，从而可以在低配置的PC中提高开发效率。

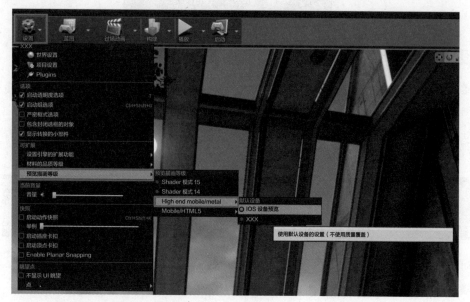

Feature Level Switch

在制作适用于多个Feature Level的游戏时，想要在限制功能和执行问题中使用相同的材质会比较难。

也有这种方法：在最低线的Feature Level中制作所有的材质，在稍高版本的Feature Level中也使用同样的材质。但是，Shader Model 5和ES2中发布时，很多人会觉得Shader Model 5中的图片会更漂亮。

那么，如果在各Feature Level中分别制作材质，材质数量就会变多，管理成本也会变大。

这时，可以使用的材质节点就是Feature Level Switch。

这个节点中连接对应各个Feature Level的引脚后，就可以在这个Feature Level中描画，并将连接源的节点直接输出了。

Default引脚必须进行设置，对于没有连接引脚的Feature Level，会输出所有连接到Default引脚后的效果。

连接到各Feature Level的引脚是任意的，所以不需要连接与Default引脚的内容相同的Feature Level。

这个节点是静态的开关，不进行着色器编译时不使用Feature Level的连接部分的处理。

因此，运行中不能进行动态切换。

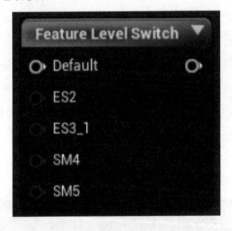

移动设备的统计信息

材质编辑器的"统计数据"信息窗口可以输出PC中使用的Feature Level相关的出错和统计信息，但是不会输出移动设备相关的信息。

移动设备相关的出错和统计信息需要将菜单中的"移动设备统计信息"设置为有效才可以输出。

移动设备统计信息有效后，就可以在"统计数据"信息窗口中输出移动设备相关的信息了。在移动设备发生出错时，输出编译出错，在有问题的节点中显示出错。

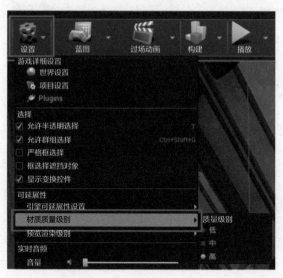

移动设备统计信息通用于ES2、ES3.1中，所以只想用于ES3.1的开发会有点不方便。

此外，不进行移动设备的开发时，反而会添乱，这时应该设为OFF。

设置材质品质

即使PC和移动设备适用于相同的Feature Level，但因硬件性能的差异，有时高速运转会比较困难。

例如，需要判断在低配置的移动设备中不使用法线贴图等。

这时，在Feature Level中的切换不能应对性能的差别，只能用于设定材质的品质。

切换材质品质的预览在菜单的"设置">"材质品质等级"中，可以切换为高、中、低三个等级。

一般没有进行任何设置时，即使切换设置图片也没有变化，但是通过下述设置，材质的品质会发生变化。

⊙ Quality Switch

使用材质节点Quality Switch可以根据材质品质进行材质的更改。

与Feature Level Switch的使用方法相同，在Default引脚中必须连接节点，其他引脚随意连接。没有连接的品质参照Default引脚的连接。

这些节点也是静态开关，所以在运行时不能更改。

⊙ 各平台的材质品质设置

在移动设备平台中，各平台可以对品质进行很多设置。

项目设置的"平台"中有各平台的设置，但是其中"XXX材质品质？YYY"的项目是各OS、各Feature Level中的各材质品质的特殊设置。

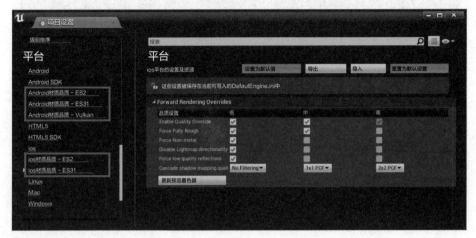

各设置项目如下表所示。

Force Fully Rough	所有的材质设置为无反射
Force Non-metal	所有的材质设置为金属无效
Disable Lightmap directionality	将指向性高光贴图设为无效
Force low quality reflections	将反射全部设置为低画质
Cascade shadow mapping quality	级联阴影贴图的过滤品质

进行完这些项目的更改后，单击"更新预览着色器"可以在预览中使用设置。

但因为执行的着色器编译很多，所以尽量避免频繁更改。

受限制的材质功能

在移动设备中的材质功能中有在Shader Model 5中没有的限制。此外，ES2和ES3.1因限制而产生差异。

受到材质限制时，着色器编译时会输出错误。阅读出错信息，在各平台中进行必要的调整。

以下为在移动设备中的限制项目。

• Shading Mode只支持Default Lit和Unlit。

• 最多可以使用八个纹理。

  • 在ES3.1中可以使用与PC同等程度的纹理。

  • Shading Mode为Default Lit时，在系统中使用两个纹理，所以用户最多可以使用六个纹理。

- 关于纹理个数，只采样更改UV坐标的纹理时，不分别计算为一个。
- Customized UV最多可以使用三个。
  - 在ES3.1中基本没有限制。
- 存在不能使用深度褪色的硬件。
- 不能使用折射。
- 不能使用曲面细分。
- 不能使用材质公式节点SceneColor。
- UE4.17中可以使用Mobile Separate Translucency。
  - 在UE4.16中有选项框，但没有效果。

移动设备使用的材质功能

材质"细节"面板中有Mobile项目。

这里面的项目都是关于使移动设备高速运行的功能。

Use Full Precision（使用全精度）

指定在着色器内部的计算是否为高精确度。

设置为ON时，进行高精确度运作，但是有时根据硬件差异也会变成低速。

没有特别的需要，推荐设置为OFF。

Use Lightmap Directionality（使用方向性光照）

设置为OFF后，在光线贴图的光线计算中不会考虑法线。

可以高速运行了，但是光线效果变平，效果不佳。

默认为ON。在OFF时，在纹理中写入影子信息后，效果看起来也好很多。

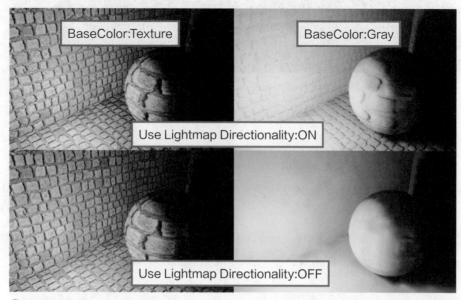

⬆ 在单色的基础颜色中可以很清楚地看到光线效果。通过在纹理中描画影子，模糊凹凸感的技术也适用

光线的限制

与材质关系大的部分也有光线的限制。

- Static（静态）光源和Stationary（固定）光源都能使用。
- Movable（动态）光源可以最多使用一个平行光源和四个点光源。
- 静态光线贴图适用于阴影。
- 在Static（静态）光源以外的平行光源阴影中有一些限制。
  - Stationary（固定）光源的阴影一般不会生成Movable（动态）光源对象的影子。
    - Modulated Shadow（雕制阴影）时会生成。
  - 有捕捉阴影的Movable（动态）光源存在时，不会生成Stationary（固定）光源的Static对象的阴影。
    - 静态对象中也不会设工程Modulated Shadow（雕制阴影）。
- 不能捕捉Movable（动态）光源产生的阴影。

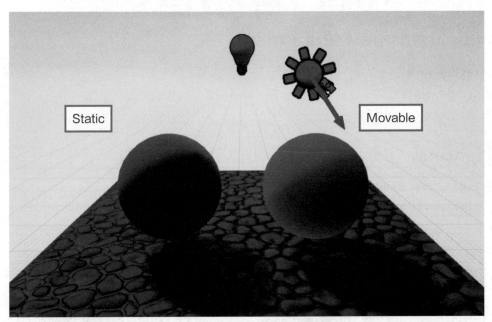

🔼 Movable（动态）光源对象是通过Movable平行光源生成的阴影，但是不会生成Stationary（固定）点光源产生的阴影

发布过程的限制

发布过程中有最大限制使用功能的内容，也有功能限制的内容和不能使用的内容。

此外，在项目设置中Mobile HDR无效时，发布过程也不会为有效。在使用发布过程时，必须将这个设置设为有效。

部分功能只能在电影基调（Film tone）贴图有效时才能发挥作用。电影基调贴图默认为有效，想要设置为无效时，通过控制台命令（Console command）输入如下内容。

r.TonemapperFilm 0

要设为有效时，将0变成1。

- 可以最大限度使用的内容
  - 颜色缩放
    - 电影基调（Film tone）贴图无效时部分功能无效
- 基调贴图
  - 根据电影基调（Film tone）贴图的有效/无效，设置项目发生变化
  - 效果影响
  - Dart mask
    - 电影基调贴图无效时则无效
  - Custom debuss
- 有功能限制
  - Bloom
  - 自动曝光
  - DOF
  - 发布过程材质
- 不能使用的内容
  - Light Propagation Volume
  - 环境立方体贴图（Ambient cube map）
  - 镜头光晕
  - 环境封闭（Ambient Occlusion）
  - 运动模糊（Motion blur）
  - 屏幕空间反射

高速指南

在移动设备中需要考虑高于PC端的速度。

在PC的高速化中使用的手法在移动设备中也有效，但是移动设备需要更高的速度。

下面为大家介绍移动设备中提高速度的方法。

积极使用Customized UV

与PC中的八个相比，这里使用三个，您可能会觉得太少了，但使用Customized UV的功能进行UV坐标的加工还是有效的。

UV滚动（scrolling）和tiring与像素无关，所以可以多使用这些安装。

适用于纹理大小

在移动设备中纹理的大小是用二次方来计算的。不是二次方的纹理有很多机器不适用，即使适用速度也不佳。

此外，正方形速度更快，所以尽量避免纵向或横向过长。

纹理过大也会出现问题，所以尽量使用小的纹理。

最终方法Low Dynamic Range（LDR）

UE4中，在移动设备中也可以使用High Dynamic Range（HDR），但是在光线中没有讲究，在制作不需要光线的作品时，可以考虑使用Low Dynamic Range（LDR）。

想使用LDR时，将项目的"设置 > 透视 > Mobile HDR"设为OFF。

默认为ON，所以要在HDR中进行光线操作。

切换这个项目时，需要重启编辑器后才能反映出来。

使用LDR后，发布过程无法使用，Alpha Rending只能在γ空间中进行。

当然光线也可以在LDR中进行，但是图片的质量会下降很多。

↑ 光线的颜色变化，fog、bloom和图形保真都为无效

速度变快了，这是实在没办法时最后使用的方法。

参考资料

在UE4公开的文件中详细记载了移动设备环境中的限制和移动设备作品的制作指南。

关于各移动设备的转换有点过时了，希望后续会更新。

移动设备开发整体的文件

https://docs.unrealengine.com/lastest/JPN/Platforms/Mobile/index.html

iOS设备的对应表

https://docs.unrealengine.com/lastest/JPN/Platforms/iOS/DeviceCompatibility/index.html

Android设备的对应表

https://docs.unrealengine.com/lastest/JPN/Platforms/Android/DeviceCompatibility/index.html

A-8 VR的图像

关于VR的问题

2016年被称为VR（Virtual Reality）元年，以Oculus公司的Rift为首，HTC公司的Vive、SIE公司的PlayStationVR（PSVR）等高配置VR头戴式耳机开始发行。

在此之前也有可以安装Oculus Rift的开发套装和智能手机的移动设备VR，但是高配置VR头戴式耳机开始发行后才引起热议。

适用于VR的游戏和作品被广泛售卖，在活动现场也准备了使用了VR的节目，很多人都开始开发和研究VR。

但是，在VR的开发中有很多问题，其中大多是关于图像的问题。

VR的图像问题主要有两个，即帧率和立体呈现的问题。

VR头戴式耳机以每秒90次的频率获取人脑的波动，传递游戏中的信息。

也就是说，帧率下降到90fps（frame per second）后，游戏的输入变少，图片会发生延迟或倒退。

这时人的视觉信息与身体的移动信息不一致，就会产生晕车、晕船的感觉。

这种症状被VR的开发者称为VR眩晕症。

在VR和3D游戏中都会出现这种眩晕的症状，但是在VR中发生的概率会大很多。

产生VR眩晕症的原因不光是帧率的问题，但是发生帧率降低确实会让人产生眩晕的症状，所以必须避免。

幸好，现在出现了补充帧数之间图片的技术，大幅缓解了帧率的问题。即便如此，还是要努力使帧率维持在较高水平。

90fps是反射Rift和Vive的，但是也开发了4k、120fps的VR头戴式耳机，这样帧数的问题就更大了。

其次是立体呈现的问题，也是与帧率相关的。

在VR中用立体呈现的技术来让图片看起来更加立体。如果不使用这项技术，VR的世界就会变得平平的，只是变成了能放大图片使其离眼睛更近的头戴装置而已。

人的左右眼睛看到的图像大致相同，但是因为眼睛的位置不同，看到的图片会稍有不同，这叫作视觉差。

VR的立体呈现就是运用这种视觉差产生的图片帧率的焦点不同来实现左右眼分别识别的。

想象一下3DCG透视图片。一般3DCG图片是用单眼照相机透视拍摄的图片，与游戏相同。

但是立体呈现和单眼中都不行。必须要透视两个眼睛的图像，必须用单一的计算来进行两次透视。

在普通的游戏中以60fps来描画一次图片，在VR中以90fps描画两次。

本就失真的图像在VR世界中就更加失真了。这样的图片不会让体验者有仿真的体验。

立体呈现的另一点是，游戏界中使用的"模糊"技术部分不能使用。

广告牌的效果可能比较好理解。

在烟、火、爆炸等效果中，实时透视的一般技术是使用面向照相机方向的广告牌来进行处理。

通过进行重叠可以实现大量的效果，但是在立体呈现环境中人眼可以看出深度，所以很容易识破重叠的方法。

距离越远越不容易看出来，但是距离近了就不好采用模糊的方法了。

下面为大家介绍Epic Games公司提供的Demo Show Down的方法，并以免费发布的游戏Robo Recall为例进行示范。

⬆ 看起来是立体的球，其实都是平板的
右边进行了广告板（Billboard）处理，所以能够看出球的变化

A ▸ Forward Rendering

在UE4的高配置图片中使用Deferred Rendering手法。

这种手法在处理大量移动光时效率非常高，但是在GBuffer中描画几何信息到进行光线的这段时间，在动态光不多的场景中效率当然变低了。

UE4的移动设备透视有以前的Forward Rendering，在动态光数量少时这种方法效率更好，但是限制也很多。

关于移动设备透视的限制请参考"A-7移动设备的图像"。

高配置图像基本不使用光，但是移动设备的限制还是让人不放心。所以将适用于VR透视的Forward Rendering引用到UE4.14中。

与Deferred Rendering相比有限制，但是比移动设备透视要好一些。

使用时将项目设置的"Rendering > Forward Renderer"中的Forward Shading设为ON。更改为ON后，会提示需要重新启动编辑器，重新启动即可。

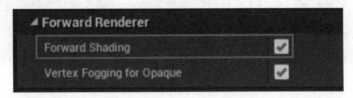

Forward Renderer比移动设备渲染的限制少，但是比Deferred Rendering的限制要多。

灯光和阴影

Static（静态）光源没有限制。因为Static光源光的效果都可以使用在光线贴图上。不能进行实时计算，所以不会受到什么限制。

固定光和Movable（动态）光源有进行实时计算的部分，所以会受到一些限制。

平行光源Directional Light是场景中唯一有效的。与Stationary（固定）光源和Movable光源无关，一直都是仅有一个有效。在有Stationary光源和Movable光源中的任意一个时，在编辑器的光线路径中会进行有效的变化，但是游戏启动时为Movable光源优先。

平行光源的串联（cascade）阴影也只有一个有效。光线的有限顺序与是否有阴影无关。

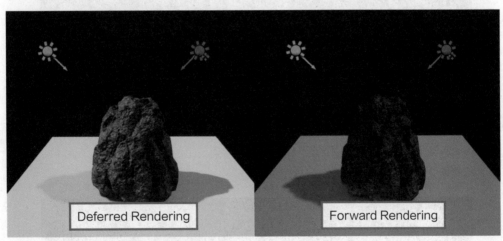

⬆在同一场景中Deferred和Forward的比较

左边绿的光线是Stationary光源，右边红的光线是Movable光源。

点光源（Point Light）和聚光灯光源（Spot Light）在直线光的计算结果中差别不大。

半透明光线有部分存在明显的差别。

Deferred Rending的Volumetric Directional和Volumetric PerVertex Directional，在Deferred Rending中差别不大，但在下图中却有很大差别。

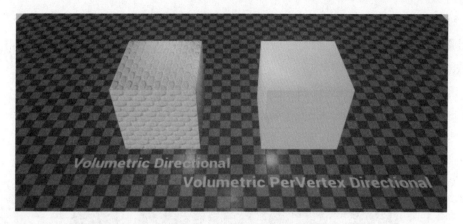

半透明材质的光线无论在Deferred Rending还是Forward Rendering中，都是在描画不透明材质后，再在Deferred Rending中描画。

因此，你可能会觉得半透明的光线不会有变化，但是却差别很大。

源代码可以清楚地知道是否使用Forward Rendering进行处理，所以我认为这种差别是有意为之。

阴影的重叠会有限制。

在Deferred Rendering中，投射阴影的Stationary光限制最多只能重叠四个，但在Forward Rendering中包括Movable光在内为四个。

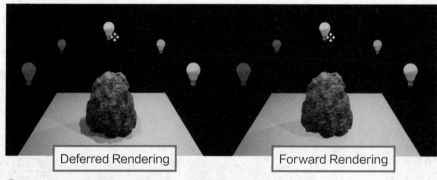

⬆ 只有中间白色光为Movable光源，其他为Stationary光源

在Forward中，只有中间光的阴影。

投射重叠阴影的光超过四个时，会显示如下警告。

TOO MANY OVERLAPPING SHADOWED MOVABLE LIGHTS, SHADOW CASTING DISABLED:
PointLight5_3

此外，在UE4.14中导入了接触阴影（Contact Shadows），但在Forward Rendering中无法使用。

动态的阴影投射可不是轻松的处理。在制作VR应用时，不使用动态阴影投射会维持高帧率。

发布过程

UE4的发布过程中有一些以GBuffer描画的内容为基础进行的处理。

这些发布过程不能用于不描画GBuffer的Forward Rendering中。

不能使用的发布过程如下。

- **屏幕空间环境遮挡**

- **屏幕空间反射**

除此之外在用发布过程材质制作使用了GBuffer的材质时，在Forward Rendering有效时，编译会出错。所以在从Deferred Rendering进行切换时需要注意。

与发布过程稍有不同，在Forward Rendering中可以使用MSAA。

MSAA是不方便在Deferred Rendering中使用的Anti-Aging方法，在UE4中不支持在Deferred Rendering中使用。

UE4标准的Temporal AA和MSAA相比速度和质量都有提高。

速度与内容相关，但是在Robo Recall中比Temporal AA速度慢。

在质量上有优点也有缺点。

Temporal AA是在时间轴上设置子像素的技术，所以在不动的场景中会凝聚为高质量。

但缺点是在动态的场景中会发生图像模糊的"鬼影"现象。

在VR中检测到人头部的运动后移动照相机，所以基本上照相机不会停下来。因此，可能会受到Temporal AA的缺点的影响。

与此相比MSAA稳定性更高，不会模糊。

但是缺点是容易出现镜面混淆（Specular aliasing）。

镜面混淆是指小的反射物多，光的镜面反射也更多，从而产生泛白的镜面现象。

在静止画面中不容易看出来，但是在动态页面中非常明显，因此与VR的兼容性不佳。

发生这种现象时，重新查看对象材质。特别是法线贴图和粗糙度贴图的颗粒程度是否合适，检查是否正确生成Mipmap。

这些贴图的高频成分是引起镜面混淆的主要原因。

此外，镜面混淆容易发生在网格的边缘附近，所以可以通过调高网格边缘部分的粗糙度来一定程度避免这种现象发生。

不预先描画粗糙度贴图，也可以从法线的信息来变化粗糙度。勾选材质"细节"面板中的"Material > Normal Curvature to Roughness"。

通过上述方法可以控制边缘部分混淆，但是在贴图上更容易控制，有利于提高速度。

MSAA的另一个缺点是Dither Temporal AA的不抖动半透明更加明显。

关于这个问题没有什么特别好的解决方法，所以避免在没有大的动态的内容中使用。

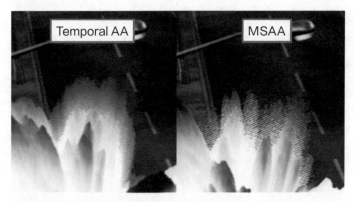

反射（reflection）

反射是提高图片质量不可缺少的要素之一。VR的代入感很重要，有无反射对代入感有很大的差别，所以反射是不可或缺的因素。

但是屏幕空间反射不能像在发布过程项目中说明的那样使用。那么其他的反光捕捉和平面反射会变成什么样呢？

首先关于发光捕捉，选择离对象最近的反光捕捉，其他的反光捕捉为无效。

Deferred Rendering在反光捕捉的采样时进行考虑视差的采样，但是在Forward Rendering不会进行。

因此，不会出现正确的反射效果。

将材质"细节"面板中的"Forward Shading > High Quality Reflection"设为ON，可以应对Deferred Rendering和相同的多个捕捉，也可以应对视差。

这样不利于处理速度，所以除了与反射相关的重要部分，其他最好都设为OFF，然后再使用。

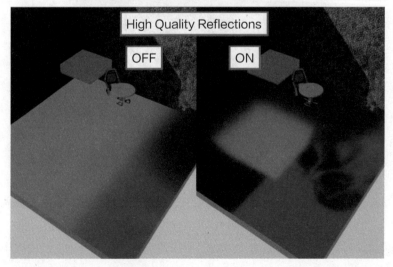

平面反射默认为无效。但是，将材质的"细节"面板的"Forward Shading > Planar Reflctions"设为ON，就可以在这个材质中获取平面反射的反射效果。

这种方法可以正确实时获取反射，但是会降低速度。

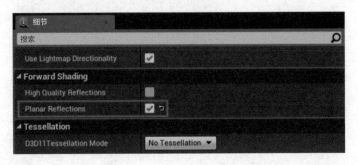

VR渲染技术

VR应用非常重视体验。非VR的游戏可以通过显示器看出虚拟世界，但是这与通过玻璃窗去看另一个世界一样，没有太大的不同。

VR应用不是窗里面的世界，而是创造出进入了那个世界的错觉，这就是VR的"体验"。

但是，这种体验不容易获得。例如VR眩晕，触碰了VR中的对象但是没有反应，VR中的物品比现实生活中相同的物品小（或者大）等，用户会很快察觉那个世界"不是真实的"。

"不是真实的"是由里面的对象决定的。重要的不是图片的真实还是不真实，而是是否"有说服力"。

什么样的图片有说服力，或者什么情况会体验不佳，这些会因人而异，但是还是会遵循一定的原则，而VR开发者就要在这上面下功夫。

前面讲过，VR中帧率很重要。重视体验要提高图片质量，如果效果的帧率不稳定，也会有不真实感。

充分使用UE4的图片表现能力后，会让处理的负担变大，所以必须要在重视体验的同时，考虑到处理量的问题。

下面将针对Epic Games中Showdown demo、Bullet Train以及最新的Robo Recall中使用的高速方法和具有说服力的方法，聚焦到图片进行介绍。

阴影

阴影是显示对象的存在感的一个重要因素。尤其是接触地面的对象，如果没有阴影就会觉得那个对象浮在空中。

但是，与进行了预先计算的静态阴影相比，动态阴影整体上处理会更加复杂，投射阴影的对象增加，处理负担也会变重。

首先，将动态对象的阴影处理变少的方法是使用胶囊（capsule）阴影。

骨架网格的冲突主要使用胶囊来描画阴影，这个方法基本上比在骨架网格里描画阴影贴图操作更快速。

用这种方法来作人物动画，用胶囊形状来表现人形的骨架网格优势非常明显。

通过调整胶囊的数量和大小可以减轻处理负担，同时让外观看起来更协调，但是省略了细节，不好好调整看上去就会奇怪。

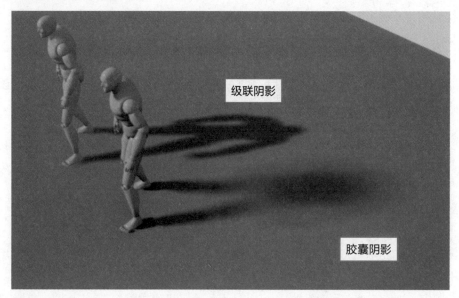

胶囊阴影还有另外一个优点。与一般的阴影不同，胶囊阴影可以计算间接光。

这样就可以变成环境遮挡的外观，可以解决进入其他对象影子后失去接触地面的感觉的问题了。

通常来说，这是不会屏幕空间环境遮挡进行处理的部分，对于不使用这个技术的Forward Rendering来说很方便。

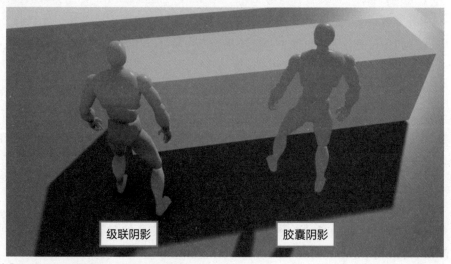

⬆ 因为有间接光的阴影所以会有接触地面的感觉

在Robo Recall中作为敌人出现的机器人，可以用这个方法制作阴影，但是需要注意冲突的胶囊和阴影的胶囊会变为其他的素材。

这个方法的缺点是，可以在骨架网格体中使用，但是不能在静态网格体中使用。

在需要动态的静态网格体或需要更快速的阴影时，还可以将阴影作为网格进行描画。

在Showdown Demo的士兵脚的影子和车的影子等中，都会采用这种方法。

从立体的影子可以看出光照的方向，但是车的影子却与立体影子的方向不同。但是并没有不接触地面的感觉，看起来车还是在地面上的。

这是因为车下面有影子，影子与车是不同的静态网格体。

但是，并不是在板上粘贴圆形影子的纹理的网格，而是在这个网格下面的不透明网格中投射了影子。

详细安装请下载Showdown Demo，并参考其中的CarShadow_Mat材质素材。

⬆ 阴影网格的形状为纵向八边形。在下面有向对象投射的阴影

Robo Recall的阴影网格也使用了吊式电风扇的影子。

与车的阴影材质不同，这个材质不进行投影处理。但是，阴影网格的旋转在材质中进行，在编辑器中看到的影子是转的，但是吊式电风扇不转。

也有将静态网格体与吊式电风扇旋转结合在Blueprint的Tick事件中旋转的方法，但是为了减轻CPU的处理负担，还是减少Tick事件更好，如果是单纯地旋转或平行移动，可能在材质中处理时速度更快。

需要注意的是，特别是平行移动时会进行意料之外的对网格进行视图锥体剔除（view Frustam culling），会发生在本来应该描画的地方不能描画的情况。

⬆ 吊式电风扇的影子在编辑器中也旋转

骨架网格体或Movable光源的静态网格体中，通过限制从场景的静态网格体中获取阴影来达到提高速度的效果。

将骨骼网格体等的"细节"面板的"Lighting> Single Sample Shadow from Stationary Lights"的选项设置为ON，通过Stationary光源来使静态网格体落下，使直接的阴影无效。

直接的阴影无效后，隐藏在建筑物的影子中的人物会变亮。

间接的光线捕捉有效，所以一定程度会变暗，但是不会受到很大影响，在使用时需要注意。

特别是使用光和影的游戏设计和制作图像时默认为OFF，只将确认不会进入影子的对象设为ON就可以了。

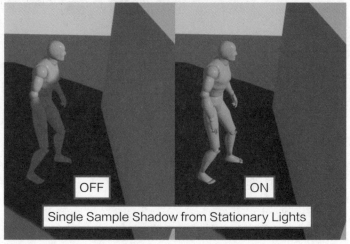

⬆ OFF时胸以下可以获取静态网格体的影子。ON时没有影子

用网格的效果

前面已经讲过，用广告牌会让以前的颗粒效果失去立体感。

拉开充足的距离，显示是很快的，在尺寸很小时，用广告牌效果就足够了。只是Showdown Demo这样的慢动作游戏中，可以清楚看出这些广告牌是平板。

为了避免这种情况，在Showdown Demo中用网格来制作爆炸效果。

在编辑器中也可以看出图片的静态网格体Actor是用复杂的形状来制作动画的，但是在应用材质之前只是一个球形。

球里面有很多多边形，通过在其中应用Explosion这个材质素材可以制作出这个形状。

材质不是很复杂，所以这里不会提示。基本上通过应用多个连续的噪点，就可以移动顶点坐标或调整不透明蒙版了。

需要注意的是，Noise函数不是轻度命令。使用过多材质会变得很大。可以的话请使用噪点纹理进行代替。

Showdown Demo的导弹的烟雾也用这样的网格效果，但是除了这样大量的效果之外，通常使用颗粒系统。

使用什么方法来制作效果是难点，但是可以在VR中一边检查一边使用合适的方法。

视差制图

法线贴图是表现表面凹凸的一般方法。在光线中，通过参考法线贴图可以让表面的光线效果发生变化，可以看出是否凹凸不平。

这种方法让简单的板子可以看到复杂的凹凸，虽然是最基本的方法，但是用于很多游戏的标题中。

但是，这种方法说到底只是看起来有凹凸感，只是对光线产生影响，所以特别是在特殊反射较弱的材质中，视线不动时就不会发生变化，只会看到一个平面。

深度中表现变化最好的方法是在建模的阶段制作凹凸。在深度差大的凹凸中建模，小的凹凸就用法线贴图来表示。

这种方法基本上可以顺利使用，但是在细节部分使用的话，多边形数会过多，例如射到墙上的弹痕这样的动态表现中就不适用。

因此，在Showdown Demo中表现弹痕时使用视差制图。

视差制图是从高度贴图中获取高度信息，并根据高度差来更改显示的纹理坐标的方法。

详情参照"9.4.5 模拟凹陷"小节内容。

通过使用这种方法，将VR内的头的位置和视线方向配合凹凸进行变化。这是在法线贴图中不能表现的部分。因此，是与VR的兼容性较好的表现手法。

弹痕的材质是通过将这些视差制图在多个图层中来表现。图层数为12时，将会进行非常多的设置。

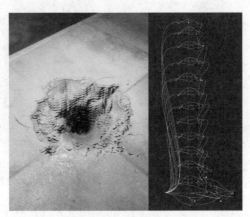

⬆Showdown的弹痕和它的蒙版材质

近距离看可以发现，弹痕的材质变成了图层状。但是，洞是空的。实际上在平面的地面上只是将平面的弹痕网格进行了贴花配置。

关于材质的详细安装，请查看Showdown Demo的M_BulletImpactParallax材质素材。看起来很复杂，其实只是将同一个处理排在一起而已。

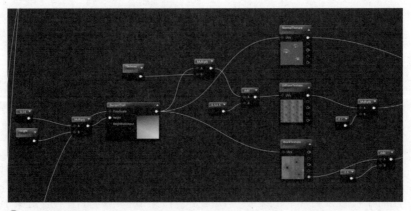

⬆一个图层的处理

纵向的部分如上图所示，仅使用BumpOffset来进行视差制图。因图层不同，常数会发生变化，但是要做的事情并没有变化。

视差制图的缺点是视差越大奇怪的部分的像素越明显。本来想隐藏起来的地方会出来，或者会歪着。

为解决这个问题，可以使用视差遮蔽制图（Parallax Occlusion Mapping），但是使用这种方法会让数图层的视差制图变得更大。

参考资料

在UE4的文件中，介绍了一些让表现更有效果的方法。

此外，在Epic Games Japan的官方Youtube频道中，也有翻译好的英语视频和VR专家的说明视频。

如果您不知道从哪里开始入门VR开发，可以参考下面的文件和视频。

UE4文件"在VR中使用Forward Rendering"

http://docs.unrealengine.com/latest/JPN/Engine/Performance/ForwardRender/index.html

UE4文件"虚拟现实（VR）的最佳练习"

http://docs.unrealengine.com/latest/JPN/Platforms/VR/ContentSetup/index.html

Youtube官方频道"为您介绍Robo Recall中最新使用的VR开发技术！"

https://www.youtube.com/watch?v=LUD4gBwpqLY

A-9 图层材质

图层材质是什么

在UE4中的材质功能中有**图层材质**。

图层材质别名为图层材料，或材质图层，正如名称一样，都是材质和图层。使用这个方法进行制作的是Epic Game在发布UE4时制作的实时Demo Infirtorator。这个项目可以从learning中免费下载。近年来3D喷涂软件也渐渐普及，其实就是材质的重叠。这里将为大家说明在UE4中图层材质的使用方法和它的优点及缺点。

为什么要使用图层材质

例如，这个枪的模型中分配了使用图层材质的材质。可以看到枪的枪身是钢铁的，把手部分是木头材质的。

⬆ 用图层材质制作的左轮手枪

质感是重置平铺纹理的材质函数。分配的材质只有一个，但是在材质中进行材质函数组合，分配到枪身和把手上。

质感使用**ID贴图**这个材质纹理，指定分配范围。R、G、B中分别保存分配质感的蒙版信息。在材质中，用材质函数制作的质感如同Photoshop的图层一样，使用ID贴图的蒙版信息进行组合。

通过上述内容，可能已经有读者注意到了，图层材质也可以说是用Lerp来组合材质函数的功能。

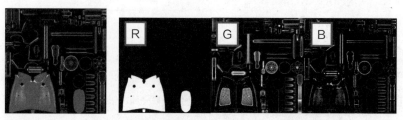

⬆ 分开木材和钢铁的ID贴图。在其他的刮痕和脏的地方也使用ID贴图来进行指定

可能您会想，不用这种方法，用一个纹理可以制作吗？可以，使用收集了钢铁和木材质感的纹理来制作也可以，而且这样描画的处理更少。

在大量的生产中发挥作用

使用图层材质的优点在制作一把枪时感觉不到。例如，开发FPS游戏，使用了各种武器。包括定制数量（Custom Parts）在内可能会超过100个。这时，一个武器用一个纹理的话，制作成本就会增加。

但是，使用图层材质时，只要准备好使用质感的材质函数，就可以从制作的高模型和低模型中，在ID贴图中制作必要的信息了，因此制作成本会降低。此外，可以重复使用相同质感，所以也节省了使用纹理的记忆存储器。

纹理制作的制作成本与使用Substance Painter、Substance Designer相差不大。但是，因为可以重复使用质感，所以可以预测会减少纹理记忆存储器。

使用困难

依我个人的观点来看，图层材质的优点是在量产时可以提高效率，但是使用起来有点难。理由有很多，最大的原因是不能使用材质实例。

这个缺点在后续阅读图层材质的制作方法后应该更便于理解。

图层材质将质感用材质函数进行定义，所以替换质感时也必须替换材质函数。前面的质感都是用纹理来定义的，所以想要替换时不能在材质实例中更改，材质函数的替换需要在材质编辑器中进行。

材质实例在需要后续增加方法时，向父材质增加方法后，子材质的材质实例中也会自动反映出来。图层材质中在组合使用质感时，多为制作父材质。通过使用Switch可以进行多个质感的切换，但是并不是万能的。

这是使用图层材质的功能制作的作品"Infiltrator"。在启动器的learning中可以下载。

⬆ Infiltrator。在GDC2013中发布，使用初期的UE4功能制作的实时Demo

使用的材质基本上如下图所示，使用图层材质。但是，也有很多是用材质实例制作的。如果感兴趣可以到参考中查阅。

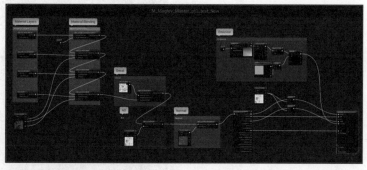

⬆ 从左侧参考图层材质

关于纹理参照个数限制的对策

以前，我在开发中烦恼过是否要使用图层材质。那时的问题之一就是"一个材质可以参考的纹理最多有13个"[※]的限制。组合多个质感制作图层材质，会因为这个限制对制作纹理产生限制。

但是，从4.6版本之后，通过使用 Shared（**共享**）**纹理采样**功能，可以在材质中最多使用128个纹理了。

通过加入纹理采样的设置（设置方法后续讲解），没有了参考纹理个数的限制，但是参考纹理个数增加后，材质的负担自然也会变大。所以要时刻留意材质的负担。

⬆ 显示参考材质的纹理个数

使用共享纹理采样时，在Direct和控制中最多可以使用128个纹理，但是在OpenGL（Windows或Mac中）的渲染pass中不能使用。需要确认制作环境是否能够使用。

图层材质的制作方法

下面对在UE4中制作图层材质的方法进行说明。

※最多为16个，其中3个是光线贴图、阴影贴图等，实际可以参考的个数为13个。

用材质函数制作质感库

在使用图层材质时丰富的质感库很重要。在图层材质中用材质函数来制作质感。因此，可以简单地对质感进行后续调整和反映。

⊙ 使用材质属性

在制作质感的材质函数时，重要的是将输出类型变为**材质属性**（MaterialAttributes，简称为MA）。材质属性是什么类型呢？

简而言之就是将主材质节点的项目聚集到一个中。

想使用材质属性的输出类型时，需要使用MakeMaterialAttributes节点。看起来与主材质节点很相似。

想要把聚集起来的材质分割开来时，需要使用BreakMaterialAttributes节点。通过使用这两个节点，可以重复变为材质属性或分割材质属性。

⬆ MakeMaterialAttributes和BreakMaterialAttributes节点

⊙ 连接质感信息

在质感材质函数中，用材质属性来输出信息。

如图所示，基础颜色、粗糙度、法线的信息都连接到MakeMaterialAttributes中。

除了平铺值，像木纹这样有方向的物体也可以增加旋转值，或者更改喷涂的颜色等，通过增加参数，可以随意使用。

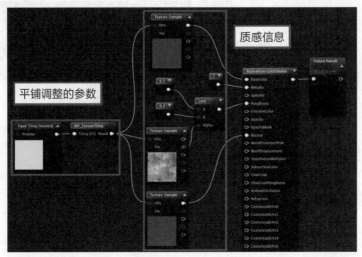

⬆ 钢铁的材质函数

◉ 纹理采样的设置

通过用材质函数向参考纹理设置参考纹理采样，不限于一个材质最多13个的参考数量，而是可以读取最多128个纹理。设置方法可以从Sampler Source中选择Shared：Wrap或者选择Shared：Clamp即可。基本上选择Wrap就可以了。

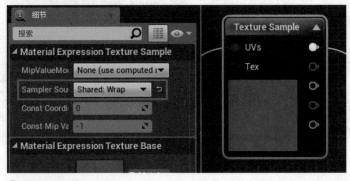

⬆ 纹理采样的设置

组合基本的图层材质

准备好了一些质感之后，终于要开始制作图层材质了。

◉ 将主材质节点变小

在材质中读取材质函数。然后，想先连接主材质节点，从材质函数中输出类型，但是因为和主材质节点的输入类型不同，所以不能连接。

然后将主材质节点的类型替换为材质属性后使用。勾选"细节"面板中的"使用材质属性"后，主材质节点变小。这样就可以输入材质属性的类型了。

⬆ 勾选"细节"面板中的"使用材质属性"后，主材质节点变小

◉ 组合图层

图层材质可以像将材质函数在Lerp中一样组合，而且可以指定设置质感的位置。用图层材质来分配Lerp的功能的是MatLayerBlend选项中的材质函数。现在里面有30种以上材质函数，除了混合之外还有覆盖粗糙度等，可以根据用途来选择使用。

这其中最基本的就是MatLayerBlend_Standard。MatLayerBlend_Standard可以用Alpha来指定两个质感混合的范围。在Aphla中连接ID贴图。

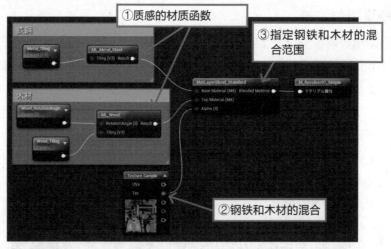

① 质感的材质函数

③ 指定钢铁和木材的混合范围

② 钢铁和木材的混合

🔼 简单的图层材质

　　只需要这个处理就可以制作组合质感的材质了。想要增加参考的质感，使用MatLayerBlend_Standard反复进行混合即可。

🔼 分配了钢铁和木材质感的枪

提高图层材质的质量

　　只分配质感会觉得质量不够好。想要提高图层材质的质量，可以通过新增对象法线贴图，或者根据形状增加刮痕信息，就可以增加细节了。

◉ 增加对象法线贴图

　　增加对象法线贴图时，在MatLayerBlend_Standard后配置MatLayerBlend_NormalBlend，连接法线贴图。

🔼 在图层贴图中增加法线贴图

⊙ 根据形状增加污垢

根据形状增加污垢的方法有很多，根据"想要更改主材质节点的哪个信息"来改变选择的节点。例如，更改粗糙度来表现钢铁表面使用过的刮痕时，通过使用MatLayerBlend_Roughness-Override，可以保存蒙版范围的粗糙度值。此外，可以更改基础颜色的颜色，也有进行乘法运算的节点。

查看节点的名称可以大概知道它的功能，但是在什么项目中放入什么处理，需要确认材质函数。确认一下有没有做的和想像的不一样的处理。

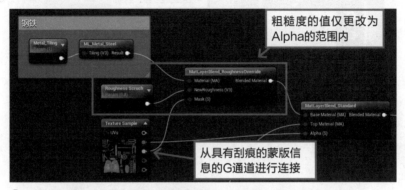

⬆改变粗糙度的信息，在金属中加入刮痕的处理

⬆加入了刮痕和污垢信息的图层材质

⊙ 新增的节点

最新版本中可以从MaterialAttributes中直接获取特定的类型，来增加可以更改的节点。

想要进行函数节点中没有的特殊处理时，可以不使用大的Make、Break节点，所以使用起来很方便。

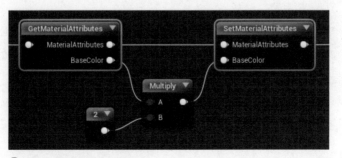

⬆使基础颜色的颜色变亮的处理

小结

比起在UE4中的制作方法，我认为理解图层材质更重要。采用PBR自然就会使用3D喷涂软件了，这样一来质感等素材的建库就更重要了。像图层质感一样，使用可以平铺的质感来制作蒙版，并将蒙版重叠，这种方法也可以在制作纹理时使用，在Substance Designer、Substance Painter等中也可以使用。

即使不能使用图层材质，也可以通过使用已有的质感来降低操作成本，便于统一质感和质量。无论是哪种形状，做好的质感都可以作为素材一直在PBR中使用，所以如果感兴趣可以下载来看看。

A-10 开发材质的工作流程

本书是面向新手到中级水平的读者群体的。虽然我写了这本书，但是中级的内容还是有些觉得难，即便如此我也想把我知道的东西传达给已经有开发经验的各位读者，如果能有所帮助的话，我将倍感荣幸。

大家学习UE4的目的各有不同，这里想跟大家谈谈开发中制作材质的流程。因为是基于我的经验，所以因环境不同，方法也会不同。希望这本书可以对您有所启发。

根据想要制作的东西不同，材质中可以用到的功能也不同。例如，高度仿真的图片、建筑的可视化、变形的动画图片等，想做的图片不同，制作的材质也会不同。管理材质也是一样，根据管理的内容不同，功能内容也会变化。

游戏开发的工作流程

首先，简单地说明一下游戏开发的流程。本书没有涉及游戏开发的工作流程，所以只作简单的概述和流程的说明。

游戏开发是按照制作标题的企划书来开始制作的。制作开始时，首先要设计将企划内容落实到游戏中的原型。近年来，也有从企划阶段开始使用游戏引擎等来制作原型的方法。这段制作原型的期间，可以简单地制作游戏内容，这样如何进行游戏的设计部分就被确定下来了。这个部分不作图像，只考虑游戏。

与游戏设计一样，图片如何制作也是在原型制作期间进行设计的。根据企划内容，概念艺术描画了多个点。只有概念艺术算不上艺术，需要配合企划中的世界观设置等方案内容进行制作。以描画的概念艺术为基础，游戏的图片也开始制作了。

本来在游戏设计的原型确定后，再移动图片的原型比较好，但是在开发现场中平行进行原型设计的情况比较多。这里只需要了解游戏设计、游戏图片、制作原型、正式制作的工程就可以了。

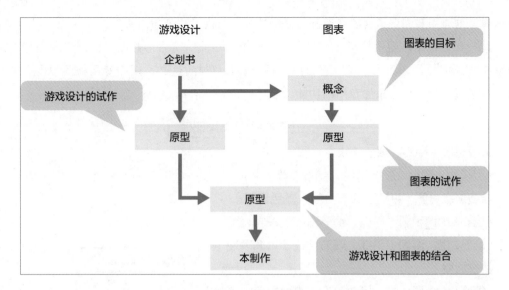

结合了游戏设计和图片的原型中，就可以制作游戏的一个循环了，觉得游戏"有意思"的时候再进入正式制作。

正式的制作是制作整个游戏的量化生产时期。用原型制作的只是游戏中的一部分，制作方法和游戏等都是在确定的基础上进行的。剩下的部分就按照基础来制作就可以了，所以会比原型更快制作出更多量化的内容。

用原型进行材质制作的工作流程

在游戏开发的流程中如何制作材质呢？

原型开始阶段

材质是制作图片时重要的因素。图片的目的是让概念艺术作为基础。图片的原型中要适当列出需要以什么目标让概念艺术在材质中发挥什么功能，专用的材质需要什么种类和什么功能等。这里列出的是大致的项目和功能。

- 蒙版材质（平铺、细节法线）
- 岩石材质（平铺、细节法线）
- 植物材质（晃动表现、两面显示、消除）
- 地面材质（纹理混合、水洼表现）
  ……

后续增加在制作时连接游戏的功能，还有提高图片质量的功能等。在原型期间也会有"先放进去，用不用到时候再判断"的情况，所以后续再增加也可以。

然后，原型阶段就接近尾声了，需要的功能都很清楚了。

原型的尾声

原型阶段结束后就进入到正式制作的量化生产部分。也有公司会把不重要的部分交给外包公司来做。这时需要固定素材的渠道和材质的功能，否则没法外包出去。

因此，在正式制作前要精确检查安装在材质中的功能。然后再修改之前列出的内容，重新查看和整理还需要什么功能。可以看出像岩石材质和草材质这样通用的专用材质中也会因配置位置和场景事件的需要来添加专用的功能。

为游戏玩家准备的功能

- 蒙版材质（平铺、细节法线）
  - 宝箱用（平铺、细节法线、轮廓发光）
- 岩石蒙版材质（平铺、细节法线、颜色调整）
  - 岩石材质_积雪（平铺、细节法线、积雪调整）
  - 岩石材质_湿润（平铺、细节法线、湿润表现）

为提高图表质量的功能

- 植物材质
  - 植物材质_爬山虎（晃动表现、两面显示、消除）
  - 植物材质_树叶（晃动表现、两面显示、消除）
  - 植物材质_草（晃动表现、两面显示、避开游戏人物）
- 地面材质
  - 地面材质_湿润的洞穴（纹理混合、地面湿润表现）
  - 地面材质_干燥地带（纹理混合、沙子流动的表现）

……

这样一来，就可以根据用途来增加专用材质的数量了。

查看增加的功能，里面不仅有图片用的功能，还有蓝色字标注的游戏动作的功能。

不是用增加的功能就能在专用材质中做什么都可以了。从用途的列表中判断再做专用的材质，或者通过切换开关来应对等。至此，就准备好了正式制作时需要的整理了功能的材质。

很难判断是分开材质还是使用开关更好。专用材质越多，管理起来越困难。比起让负责制作材质的工作人员来判断，不如一边听使用材质实例的美术设计师的意见，一边结合材质制作的方法来判断。

此外，并不是到了正式制作阶段就不会再增加材质了，有时也会增加。只是材质的基本功能和方法已经确定，遵循方法来增加材质也不会有太大问题（即便如此还是会发生各种问题，这也是游戏开发的难点……）。

A ▎在制作材质时需要注意的事项

做完上述内容，就剩下制作材质了，即使功能相同，也因制作方法不同使用起来的难易度不同。

我为大家列举了在制作材质时需要注意的地方。注意这些地方，就可以制作出方便使用的材质了。

不要使用太多开关

参数开关是非常方便的功能，不仅可以应对处理分歧，还不会计算分歧中没有使用的功能处理。所以即使一个材质中有很多处理，也只会计算使用了的部分，在制作多功能的材质时可以不用担心负荷问题。

但是，我们真的需要多功能的材质吗？

使用开关太多的材质会让人感觉混乱。能否得到正确的效果需要习惯和理解。材质实例会被很多美术设计师使用，所以要注意只在用直觉就能使用的部分使用开关。

我曾经也使用了很多超出工作人员要求的开关，在一个材质中增加了很多开关。功能越多，图表的节点越复杂，使用材质实例的工作人员觉得混乱，但最混乱的还是作为制作人的我。

这样多功能的材质要判断制作的材质是否在正确运行也会花时间。而且还很难发现错误，制作也很难。刚开始觉得是好事，但是效果并不好。

控制参数的数量

可以随意调节的参数很方便，但是我们并不需要。专注用材质调整时有利的功能，尽量减少参数的数量。

自己使用的材质有时后来再看时也会出现"这是什么参数来着"的情况。重新思考一下是否需要留下这样的参数。

保持一致性

多个材质的使用目的相同时，没必要更改参数名。同一个参数名代表同一种参数，在切换父材质时仍然可以使用它的值。使用具有一贯性的参数名称，就可以有这样的好处。

此外，在顶点色的事件中，R为纹理混合，B为湿润的表现等，将经常使用的顶点色功能进行通道分配，这样即使没有具体说明，美术设计师也可以根据规则进行使用了。

但是，过于遵循一贯性，制作的人做起来会很困难，保持这个意识即可。

Column

游戏开发者的材质管理

2017年1月举行了关于材质管理的学习会议Material Management Deep Dive。学习内容是开发者说明了在发布的游戏开发中如何管理材质。

到开发尾声时，材质数量会非常多，记忆存储器的管理也变得困难。针对这个问题的处理，对于今后的游戏开发者们来说也很有参考价值。

● 关于UE4的材质管理的学习会议

举行了Material Management Deep Dive，EpicGamesJapan Blog

https://www.unrealengine.com/ja/blog/deep-dive-mm

※地址可能改变。如有变动，请搜索会议名称。

 快捷键一览

节点名称	快捷键
Constant	1
Constant2Vector	2
Constant3Vector	3
Constant4Vector	4
Add	A
BumpOffset	B
制作注释	C
Divide	D
Power	E
MaterialFunctionalCall	F
If	I
LinearInterpolate	L
Multiply	M
Normalize	N
OneMinus	O
Panner	P
ReflectionVectorWS	R
ScalarParameter	S
TextureSample	T
TextureCoordinate	U
VectorParameter	V

Index

索引

索引

⊙ 撰稿合作

本书在撰稿、制作期间得到了以下诸位的帮助，
借此机会表达谢意。

省略敬称 顺序不同

● **素材制作合作：**　　Shanti Sharma（3D Artist）
　　　　　　　　　　　　Amit Kandwal（3D Artist）
　　　　　　　　　　　　Ahishek Jain（3D Artist）
　　　　　　　　　　　　铃木启司（3D Artist）
　　　　　　　　　　　　Ishi

● **图片提供：**　　　　久礼 义臣
● **小屋 概念艺术提供：**　Yap Kun Rong

● **合作：**　　　　　　佐佐木 瞬（Historia 株式会社　董事长）

● **特别感谢：**　　　　Miguel Alonso
　　　　　　　　　　　　张郑伟
　　　　　　　　　　　　池谷 纯一
　　　　　　　　　　　　Epic Games Japan 的全体员工

◉ 作者简介

茄子

游戏背景美术设计师
曾先后任职外包制作公司和游戏开发公司，现在是自由人。
游戏开发公司中背景美术设计师的组长，担任管理和技术等多项职责。

曾使用UnrealEngine3进行开发，之后使用UnrealEngine进行制作。

● **背景美术设计师的博客**
http://envgameartist.blogspot.jp/

文緒

擅长色彩处理的攀岩者。
工作中主要负责图像的R & D。
"纹章巢穴"工作室管理人。

UnrealEngine的经历是从UE4会员开始的。
但是是工作中没有使用过的业余UE4er。
偶尔做TA，但不是TA。

● **背景美术设计师的博客**
http://monsho.blog63.fc2.com/

● **背景美术设计师的博客**
https://sites.google.com/site/monshonosuana/